Hochfrequenz-Nachrichtentechnik
für Elektrizitätswerke

Hochfrequenz-Nachrichtentechnik

für Elektrizitätswerke

Von

Gerhard Dreßler †

Zweite völlig neu bearbeitete Auflage

von

Heinrich-Karl Podszeck

Oberingenieur, Berlin

Mit 92 Abbildungen

Springer-Verlag Berlin Heidelberg GmbH

1952

Aus dem Vorwort der ersten Auflage.

Die Nachrichtentechnik mit hochfrequenten Trägerströmen über Hochspannungsleitungen findet im Dienste der Elektrizitätsversorgung ständig wachsende Anwendung. Die Zahl der Hersteller von Hochfrequenzkanälen auf Starkstromleitungen ist in der ganzen Welt nur klein. Erfahrungen über den Einsatz solcher Anlagen sind daher nur an einigen wenigen Stellen gesammelt worden. Daraus erklärt sich wohl die verhältnismäßig geringe Zahl von Veröffentlichungen auf diesem Gebiet, die zudem im Schrifttum noch weit verstreut sind. Die wenigen zusammenfassenden Darstellungen gehen mit Ausnahme der Werbeschriften der Hersteller meist von der rechnerischen Behandlung der physikalischen Grundlagen dieser Technik aus. Sie sind mehr für den Fachmann auf dem Fernmeldegebiet als für Elektrizitätswerksleute bestimmt.

Jedenfalls ist in den letzten Jahren an den Verfasser vielfach der Wunsch nach einer zusammenhängenden Darstellung der Hochfrequenznachrichtentechnik auf Hochspannungsleitungen aus Elektrizitätswerkskreisen herangetragen worden, so daß er geglaubt hat, ihm durch eine Buchveröffentlichung entsprechen zu sollen.

Diese versucht, den vordringlich mit anderen Aufgaben beschäftigten Leiter von Elektrizitätsversorgungsunternehmungen, den starkstrommäßig orientierten Betriebsmann und den Bearbeiter der Nachrichtenanlagen bei den Elektrizitätswerken zunächst ohne engere spezialfachliche Voraussetzungen oder rechnerische Behandlung in die Probleme der Hochfrequenznachrichtentechnik auf Hochspannungsleitungen einzuführen. Dabei will sie ihn jedoch mit dem Stoff so vertraut machen, daß er weiß, welche berechtigten Forderungen man an das EW-Nachrichtennetz nach dem heutigen Stande der Technik stellen kann, wohin die künftige Entwicklung geht und welche Probleme noch einer Lösung harren. Hierzu muß manchmal auch die vergangene Entwicklung gestreift und Lösungsvorschläge, die sich nicht bewährt haben, müssen erörtert werden.

Die Darstellung stützt sich auf Erfahrungen, die beim Vertrieb und Einsatz solcher Anlagen in anderthalb Jahrzehnten gesammelt wurden. Aus naheliegenden Gründen wurden als Ausführungsbeispiele vielfach Erzeugnisse der Firma gebracht, bei der der Verfasser beruflich tätig ist. Jedoch sind auch die Fabrikate anderer Hersteller zur Darstellung der Gerätetechnik weitgehend herangezogen worden.

Neujahr 1940. **Gerhard Dreßler.**

Vorwort zur zweiten Auflage.

Der Verfasser schied bei Beginn des Krieges im Jahre 1939 aus der praktischen Mitarbeit in dem behandelten Sachgebiet aus. Aus Fachkreisen wurde nach dem Krieg oft der Wunsch geäußert, der vergriffenen ersten Auflage eine zweite folgen zu lassen. In dieser wird jetzt der Absicht des Verfassers entsprechend der Versuch unternommen, das Buch als Hilfsmittel für die Leiter und Betriebspraktiker der Elektrizitätsversorgungsunternehmen weiter auszugestalten. Es sollen vorwiegend die für das Sachgebiet allgemein gültigen Gedankengänge dargestellt werden. Die Beschreibung von Ausführungsbeispielen wurde deshalb auf wenige neuere Geräteausführungen beschränkt.

Der Wandlung des Sprachgebrauchs folgend, die sich in allen Ländern nach dem Erscheinen der ersten Auflage durchgesetzt hat, müßte der Titel des Buches heute etwa lauten „Trägerstrom-Nachrichtenübertragung über Hochspannungsleitungen". Damit wäre auch das behandelte Sachgebiet klarer gegenüber anderen Hochfrequenz-Nachrichtenmitteln abgegrenzt, die ebenfalls für Elektrizitätswerke Bedeutung gewinnen können. Der vom Verfasser gewählte Titel wurde jedoch beibehalten, da er geschichtlich bedingt und im deutschen Sprachgebiet der Fachwelt geläufig ist.

An einigen Stellen der zweiten Auflage wird die Betrachtungsweise der Fernmeldetechnik soweit angewandt, als es zum Verständnis der besonderen Technik nötig ist, ohne daß damit auch die benutzten Begriffe, Maßeinheiten und Rechenmethoden aus der Theorie der Fernmeldetechnik exakt dargestellt werden sollen. Wenn ein Fachausdruck zunächst ohne genauere Erläuterung gebraucht wird, empfiehlt es sich, an den im Sachverzeichnis angegebenen erklärenden Textstellen nachzulesen. Wo das Eingehen auf Einzelheiten oder angrenzende technische Sachgebiete zu weit vom Hauptthema ablenken würde, finden sich Hinweise auf entsprechende Erklärungen im Anhang. Aus dem vorliegenden Schrifttum sind nur wenige Arbeiten zusammengestellt, soweit sie ein tieferes Verständnis für theoretische Zusammenhänge vermitteln oder neuere Veröffentlichungen über besondere Fragen des behandelten Sachgebietes darstellen[1].

Die Bearbeitung der zweiten Auflage führte somit zu einer völlig neuen Fassung. Bildmaterial und beschreibender Text für die Ausführungsbeispiele wurde in dankenswerter Weise von den Herstellerfirmen zur Verfügung gestellt. Herr Dipl.-Ing. J. Herrmann, Berlin, hat wie bei der ersten Auflage, auch die Arbeit an der zweiten Auflage durch wertvolle Ratschläge gefördert. Allen, die zu dieser neuen Auflage beigetragen haben, sei an dieser Stelle nochmals gedankt.

Berlin, im Juni 1952.   **Heinrich-Karl Podszeck.**

---

[1] Die im Text in eckigen Klammern enthaltenen Ziffern verweisen auf das Schrifttumsverzeichnis Seite 179.

Inhaltsverzeichnis.

1. Über die Notwendigkeit werkseigener Nachrichtenanlagen für Elektrizitäts-Versorgungsunternehmen.

Die Versorgung großer Gebiete mit elektrischer Energie über Hochspannungsfreileitungen hat einen solchen Umfang angenommen, daß ein umfassendes Nachrichtennetz als Hilfsmittel für die Betriebsführung unerläßlich geworden ist. Die Nachrichtenanlagen dienen

a) der Führung des Betriebes gemäß dem Bestreben, die Energielieferung an die Verbraucher zuverlässig und billig durchzuführen;

b) der Überwachung des Betriebszustandes, um den vorliegenden Leistungsbedarf möglichst mit der vereinbarten Spannung und Frequenz zu befriedigen;

c) der Eingrenzung von Störungen der Energieversorgung auf tunlichst kleine Gebiete und auf möglichst kurze Zeiten.

Zur Lösung dieser Aufgaben werden in einem Verbundnetz beispielsweise zwischen den verschiedenen Kraftwerken Nachrichten über den zweckmäßigen Einsatz von Dampf- und Wasserkraftwerken ausgetauscht, ebenso Entscheidungen getroffen, in welchem Maße Energie selbst erzeugt oder durch Fremdbezug beschafft werden soll. An den Übergangsstellen zwischen verschiedenen Hochspannungsnetzen wird meist ein bestimmter Fahrplan eingehalten werden, der in einem Energieaustauschvertrag vereinbart ist, damit die Spitzendeckung in den einzelnen Netzen in wirtschaftlicher Weise durchgeführt werden kann. Auch Nachrichtenverbindungen zwischen den Energieerzeugungsstellen und den großen Verbrauchergruppen (Industriewerke, Stadtgemeinden, Bahnbetriebe usw.) werden gebraucht, um die Energielieferung befriedigend durchführen zu können.

Wenn Störungen im Hochspannungsbetrieb auftreten, ist eine rasche Verständigung zwischen den weit voneinander entfernt liegenden Stationen des Hochspannungsnetzes nötig, um die Störungsursachen festzustellen, sie zu beseitigen und ihre Auswirkungen auf eine möglichst kleine Zeitspanne zu beschränken.

Das Nachrichtennetz eines Elektrizitätsversorgungsunternehmens muß also die Kraftwerke, die Umspannwerke und die Übergabepunkte zu Netznachbarn und Großverbrauchern miteinander verbinden. Außer diesen „Bezirksnetzen", die der Betriebsführung innerhalb eines Elektrizitätsversorgungsunternehmens dienen, werden noch Fernverbindungen gebraucht, die über den Versorgungsbereich des Unternehmens hinausgehen und einen Nachrichtenaustausch zwischen allen im Verbundbetrieb arbeitenden Unternehmen ermöglichen. Durch das „Fernnetz" werden nur die Stellen miteinander verbunden, die über den Energieaustausch eines Versorgungsunternehmens mit den Netznachbarn als Ganzes verfügen.

Diese „Lastverteiler" müssen nicht unbedingt in einer Hochspannungsstation untergebracht sein. Sie können sich auch im Hauptverwaltungsgebäude eines Elektrizitätsversorgungsunternehmens in einer Großstadt weitab von jeder Hochspannungsanlage befinden. Es ist lediglich nötig, daß sie durch Nachrichtenanlagen mit allen für die Stromerzeugung und Stromverteilung wichtigen Stationen ihres Hochspannungsnetzes verbunden sind. In einem solchen Lastverteilerraum enden nicht nur die nötigen Fernsprechverbindungen; in symbolischen Netzbildern werden der Schaltzustand und die wesentlichen Meßwerte aus dem Hochspannungsnetz durch Fernübertragungsanlagen ununterbrochen wiedergegeben.

Die am weitesten verbreitete und für allgemeine Nachrichtenübermittlung geeignete Art von Nachrichtenmitteln ist naturgemäß der Fernsprecher. Eine Sprechverbindung ist aber durchaus nicht immer auch das einfachste und zweckdienlichste Nachrichtenmittel, ja für manche Aufgaben, wie zum Beispiel die ständige Fernüberwachung von Meßwerten ist sie wegen der Zwischenschaltung von Bedienungspersonal und der begrenzten Dauer der Gespräche ungeeignet. In anderen Fällen, wie etwa für den selektiven Streckenschutz, scheidet der Fernsprecher deswegen aus, weil die Herstellung einer Sprechverbindung viel zu lange dauert, da es darauf ankommt, in Bruchteilen von Sekunden das Ansprechen von Netzschutzrelais über große Entfernungen zu melden und selbsttätig, ohne Mitwirkung des Bedienungspersonals, Leitungen abzuschalten. Das Fernsprechen muß daher durch das Fernschreiben, das Fernmessen und Fernzählen, die Schalterstellungsfernmeldung und das Fernsteuern, das Fernregeln und die Fernübertragung von Selektivschutzsignalen seine Ergänzung finden.

Für die Lösung aller dieser Übertragungsaufgaben wurden im Laufe der Zeit werkseigene Nachrichtennetze aufgebaut. Das öffentliche Fernsprechnetz ist hinsichtlich Störungsfreiheit und ständiger Betriebsbereitschaft nicht den Anforderungen der Elektrizitätswerke gewachsen. Weder die Wartezeiten bei der Verbindungsherstellung noch die Abhängigkeit von betriebsfremden Verwaltungen bei der Beseitigung von Störungen lassen sich mit den Betriebserfordernissen der Elektrizitätswerke vereinbaren. Meistens liegen auch die Hochspannungsstationen weitab von den dichter besiedelten Bezirken, die in einem Stadtgebiet durch das öffentliche Fernsprechnetz erfaßt werden, und könnten nur über besonders zu bauende Ausläuferstrecken überhaupt angeschlossen werden. Die Freizügigkeit in der Umschaltung und kurzzeitigen Unterbrechung von Verbindungswegen, die sich die Postbehörden im Interesse einer regelmäßigen Durchprüfung und Überholung ihrer Verbindungen vorbehalten müssen, damit alle öffentlichen Teilnehmer gleichmäßig zufriedengestellt werden können, läßt sich beispielsweise mit der Dauerübertragung eines Fernmeßwertes für ein Kraftwerk schlecht vereinbaren, in dem eine Maschinenleistung nach einem aus mehreren fernübertragenen Summanden zusammengesetzten Gesamtwert geregelt wird. Auch der nur kurzzeitige Ausfall eines Summanden durch Maßnahmen einer fremden Verwaltung würde die Grundlagen für den ganzen Kraftwerksbetrieb fälschen.

Alle diese Gesichtspunkte haben dazu geführt, daß die Elektrizitätswerke sich werkseigene Nachrichtenanlagen aufgebaut haben. Es kann zwar in einzelnen Fällen zweckmäßig sein, eine Verbindung des öffentlichen Netzes zu benutzen, oder eine Leitung fest zu mieten, jedoch ist dies meistens nur bei kurzen Entfernungen wirtschaftlich; die Benutzungskosten oder die Mietkosten einer derartigen Verbindung werden gegenüber den Einrichtungs- und Betriebskosten einer werkseigenen Anlage mit wachsender Entfernung rasch sehr hoch.

2. Nachrichtenwege für Elektrizitätswerke.

Ein öffentliches Fernsprechnetz, dessen Leitungen in Großstädten fast immer verkabelt sind, ist frei von Witterungseinflüssen, wie Gewitter, Sturm und Rauhreif. Soweit die Vermittlungsämter für Selbstwählbetrieb der Teilnehmer eingerichtet sind, ist der Aufbau einer Sprechverbindung rasch und unabhängig von Dienststunden des Personals eines Vermittlungsamtes möglich. Ein wesentlicher Nachteil für den E-Werkssprechverkehr besteht jedoch darin, daß wichtige Betriebsgespräche bei öffentlichen Vermittlungsämtern mit Selbstwählbetrieb nicht auf bestehende Gespräche allgemeiner Art aufgeschaltet werden können, weil solche Aufschalteberechtigungen mit der Natur eines öffentlichen Vermittlungsamtes unvereinbar sind.

Bereits bei städtischen Elektrizitätswerken werden deshalb werkseigene Fernsprechnetze eingerichtet, wenn es sich um größere Städte handelt, damit ein stets betriebsbereites, vom allgemeinen Nachrichtenverkehr freies Fernsprechnetz ausschließlich dem Betriebsdienst der Stromversorgung zur Verfügung steht. Soweit die Leitungen dieses Fernsprechnetzes außerhalb des Einflußbereiches von Hochspannungsanlagen verlegt werden, besteht in deren Betriebsweise kein Unterschied gegenüber der normaler Postleitungen.

a) Werkseigene Fernmeldeleitungen.

Die Fernstromversorgung arbeitet über wesentlich größere Entfernungen als ein städtisches Stromversorgungsunternehmen. Solange es sich um Betriebsspannungen bis etwa 60 kV handelt, sind die technischen Voraussetzungen gegeben, auf den Hochspannungsgestängen ein besonderes Freileitungspaar für Fernsprechzwecke mitzuverlegen. Werden die Hochspannungsleitungen verkabelt, so verlegt man im gleichen Kabelgraben ein Fernmeldekabel. In beiden Fällen sind besondere Schutzeinrichtungen an den Enden der Fernmeldeleitungen nötig, um die durch Hochspannungsbeeinflussung entstehende Gefährdungsspannung zwischen Fernmeldeleitung und Erde von den angeschlossenen Fernmeldegeräten fernzuhalten. Wenn mehr als ein Drahtpaar für Nachrichtenübertragungen auf einem Hochspannungsgestänge gebraucht wird, verwendet man an Stelle von Freileitungen mehrpaarige Nachrichtenkabel. Diese können in Mittelspannungsnetzen an einem zwischen den Hochspannungsmasten gespannten Tragseil aufgehängt werden, oder aber auch in der Zugfestigkeit des Mantels so bemessen sein, daß es keines besonderen Tragseiles mehr bedarf. Solche „selbsttragenden Luftkabel" werden unterhalb der Hochspannungsfreileitungen aufgehängt und stellen reine Nachrichtenkabel dar. Sie können aber auch als Erdseile von Hochspannungsfreileitungen ausgebildet werden. Dann werden sie nicht mehr unterhalb, sondern oberhalb der Hochspannungsfreileitungen verlegt und genau wie die Erdseile an den Spitzen der einzelnen Maste möglichst gut geerdet. Der Mantel eines derartigen Kabels übernimmt dann die Funktion des Erdseils für die Hochspannungsanlage, ist also für den Blitzstrom bemessen, während im Innern einige Adernpaare für Fernmeldezwecke untergebracht sind.

Auch die Enden der Adernpaare von selbsttragenden Luftkabeln müssen wie die hochspannungsbeeinflußter Erdkabel oder Freileitungen mit Schutzeinrichtungen für die Fernmeldegeräte abgeschlossen werden. Während bei Anwendung geeigneter Schutzeinrichtungen die Fernmeldeanlagen mit Nachrichtenfreileitungen an Hochspannungsgestängen bis zu etwa 60 kV Betriebsspannung technisch befriedigend arbeiten, sind Erdkabel parallel zu Hochspannungskabeln und selbsttragende Luftkabel auf den Gestängen von Hochspannungsfreileitungen bis zu Betriebsspannungen von 110 kV gebaut worden.

Es sind auch Erdseile in Betracht gezogen worden, die als Hochfrequenzkabel ausgebildet sind. Sie hätten den großen Vorteil, daß über sie sehr viele Hochfrequenznachrichtenkanäle arbeiten könnten, und dabei nur wenige Adern im Kabel enthalten sein müßten. Das Gewicht des Kabels bliebe also klein. Außerdem würde keine unerwünschte Ausbreitung der hochfrequenten Nachrichtenströme und infolgedessen auch kein Wellenmangel auftreten, wie bei der Benutzung des vermaschten Hochspannungsnetzes als Nachrichtenleitung. Man wäre auch nicht auf einen so schmalen Frequenzbereich angewiesen wie bei der Trägerfrequenzübertragung über Hochspannungsfreileitungen. Bisher sind jedoch derartige selbsttragende Hochfrequenzkabel als Blitzseile von Hochspannungsfreileitungen nicht gebaut worden wegen der hohen Kosten, die in keinem Verhältnis zu der kleinen Zahl von Nachrichtenkanälen stehen, die man längs einer Hochspannungsleitung braucht.

b) Das Hochspannungsnetz.

Für die Elektrizitätsversorgungsunternehmen ist das Hochspannungsnetz selbst das natürliche Mittel für die Nachrichtenübertragung, da die Stationen, die miteinander verkehren sollen, durch die Hochspannungsleitungen miteinander verbunden sind.

Aus technischen und wirtschaftlichen Gründen kann man die Hochspannungsnetze der städtischen Stromversorgungsunternehmen jedoch nicht für die Nachrichtenübertragung benutzen. Bei den kleinen Entfernungen innerhalb eines Stadtgebietes kann ein werkseigenes Fernmeldeleitungsnetz mit wesentlich geringerem Aufwand eingerichtet werden als eine Nachrichtenanlage, die das städtische Stromverteilungsnetz als Nachrichtenleitung benutzen würde. Bei genügend großer Entfernung zwischen den Teilnehmern des Nachrichtenverkehrs jedoch lohnt es sich, keine Fernmeldeleitungen mehr zu verlegen, sondern mittels besonderer „Trägerfrequenzgeräte" den Nachrichtenverkehr direkt über die Hochspannungsleitung abzuwickeln. Technisch durchführbar ist dies, solange es sich um Hochspannungsfreileitungen handelt; kürzere Hochspannungskabelstücke (bis zu einigen Kilometern Länge) im Zuge der Hochspannungsleitungen bringen keine besonderen technischen Schwierigkeiten.

Das Hochspannungsnetz ist der wichtigste Nachrichtenweg für alle Energieversorgungsbetriebe, die über lange Freileitungen arbeiten. Die Hochspannungsleitungen sind mechanisch viel sicherer gebaut als Nachrichtenfreileitungen und bieten die nötige Betriebssicherheit. In den Hochspannungsnetzen mit Betriebsspannungen zwischen 60 kV und 220 kV haben dementsprechend Trägerfrequenznachrichtengeräte weitgehend Anwendung gefunden. Die Grenzen für ihre Verwendung sind vornehmlich wirtschaftlicher Natur. Bei niedrigeren Netzspannungen nimmt im allgemeinen die Vermaschung zu, auch liegen die Stationen näher beieinander und besondere Nachrichtenleitungen werden dann billiger als die Kosten der Leitungsausrüstung und der Trägerfrequenzgeräte. Bei sehr hohen Betriebsspannungen werden mitunter für die Großraum-Verbundwirtschaft so viel Nachrichtenkanäle für nötig erachtet, daß vielleicht wieder Nachrichtenkabelnetze zweckmäßiger werden. Hier steht man jedoch erst am Anfang einer Entwicklung und ist noch nicht über Vorüberlegungen hinausgekommen. Solange es, wie bislang, darauf ankommt, auf einem Hochspannungsleitungsabschnitt nur wenige Nachrichtenkanäle für die betrieblichen Belange der Elektrizitätswerke einzurichten, ist bei dem gegebenen Stand der Nachrichtentechnik die Trägerfrequenzübertragung über das Hochspannungsnetz das vorherrschende Nachrichtenmittel.

c) Drahtlose Übertragungen.

Für eine ungerichtete Strahlung im Langwellenbereich werden wesentlich größere Sendeleistungen gebraucht als bei einer Trägerfrequenzübertragung über Leitungen. Sie erfordert deshalb einen so hohen wirtschaftlichen Aufwand, daß sie keine über das Versuchsstadium hinausgehende Anwendung für die Belange der Elektrizitätswerke gefunden hat. Es kommt hinzu, daß derartige Übertragungen bei Gewittern und Schneestürmen nicht genügend sicher gegen atmosphärische Störungen sind, also gerade in der Zeit, in der man besonders mit Schäden im Hochspannungsbetrieb rechnen muß und zuverlässige Nachrichtenmittel, braucht. Außerdem ist das Langwellengebiet lückenlos durch andere Nachrichtendienste belegt, so daß man den Elektrizitätswerken gar kein Frequenzband zur Verfügung stellen kann.

Eine Rundstrahlung im Ultrakurzwellenbereich dagegen kann mit kleiner Sendeleistung durchgeführt werden, der wirtschaftliche Aufwand bleibt deshalb erträglich. Sie ist besonders geeignet, um innerhalb eines bestimmten Umkreises ortsveränderliche Stationen zu erreichen, also die Arbeitskolonnen, die Reparaturen an den Hochspannungsleitungen ausführen. Die Reichweite dieser nach Art des Polizeifunks ausgebildeten Anlagen hängt (abgesehen von der Sendeleistung, der Empfängerempfindlichkeit und dem Rauschpegel) im wesentlichen von der Antennenhöhe ab, da die optische Sicht zwischen Sende- und Empfangsantenne bei so kurzen Wellen nicht wesentlich überschritten werden darf. Diese Art der Nachrichtenübertragung ist als „Störtruppfunk" für Mittelspannungsnetze geringer Ausdehnung geeignet und stellt dort gewissermaßen einen beweglichen Arm als Verlängerung des Draht-Nachrichtennetzes dar; bei Höchstspannungsleitungen großer Länge dagegen genügt die Reichweite nicht. Eine Rundstrahlung im Ultrakurzwellengebiet zwischen ortsfesten Stationen ist technisch unzweckmäßig, auch sind in der Regel bereits in normalen Mittelspannungsnetzen bis etwa 30 kV die zu überbrückenden Entfernungen größer als die optische Sicht.

Als Nachrichtenweg zwischen ortsfesten Stationen kommt eher eine andere Art der drahtlosen Übertragung im Ultrakurzwellengebiet, die „Richtverbindung", in Betracht. Bei dieser Übertragungsart wird durch Richtantennen eine Bündelung der abgestrahlten Energie erreicht, und man kann infolgedessen mit verhältnismäßig geringer Sendeleistung arbeiten. Gewisse Überschreitungen der optischen Sicht sind bei zunehmender Wellenlänge, bereits im Metergebiet, möglich. Man kann jedoch auf diese Weise die Reichweite nicht beliebig vergrößern. Aus wirtschaftlichen Gründen ist eine Vergrößerung der Sendeleistung nicht zweckmäßig. Das wirksamste Mittel zur Vergrößerung der Reichweite besteht darin, die Antennen möglichst hoch aufzustellen. Bei großen Entfernungen werden unterwegs Zwischenverstärker gebraucht. Die Kosten derartiger Richtverbindungen sind immerhin noch so groß, daß sie voraussichtlich zunächst nur als Vielfach-Nachrichtenverbindung zwischen den Knotenämtern des Nachrichtennetzes in Betracht kommen werden, wo also ein Bündel von Nachrichtenkanälen gebraucht wird, um mehrere Gespräche gleichzeitig führen zu können. Solche Bündel ließen sich mit den im Langwellengebiet arbeitenden Trägerfrequenzverbindungen über Hochspannungsleitungen nicht gut ohne einen übermäßigen Verbrauch von Frequenzbändern herstellen. Da in der Erde verlegte Fernkabel und auch Luftkabel am Hochspannungsgestänge in vielen Fällen teurer sein werden als Richtverbindungen, kann diese Art der drahtlosen Übertragung für den Nachrichtendienst der Elektrizitätswerke eine gewisse Bedeutung erlangen [25].

d) Gesichtspunkte für die Wahl des Nachrichtenweges.

Für den Aufbau eines Nachrichtennetzes stehen also den Elektrizitätswerken folgende Nachrichtenwege zur Verfügung:

    A. Posteigene gemietete Leitungen

    B. Werkseigene Nachrichtenleitungen

        1. Freileitungen auf Nachrichtengestänge
        2.   ,,   ,, Hochspannungsgestänge
        3. Luftkabel am Tragseil, auf Nachrichtengestänge
        4.   ,,   ,,   ,, Hochspannungsgestänge
        5. Selbsttragendes Luftkabel, auf Nachrichtengestänge
        6.   ,,   ,,   ,, Hochspannungsgestänge
        7. Erdkabel, abseits der Hochspannungsfreileitungen
        8.   ,, , parallel zu Hochspannungsfreileitungen
        9.   ,, ,   ,,   ,, Hochspannungskabeln

    C. Hochspannungsnetz

    D. Drahtlose Übertragungen.

Die Anwendungsmöglichkeiten posteigener Leitungen (A) und drahtloser Verbindungen (D) waren soeben erörtert worden; beim Entwurf einer werkseigenen Nachrichtenanlage interessiert noch bevorzugt die Frage, innerhalb welcher technischen und wirtschaftlichen Grenzen Trägerfrequenzverbindungen über Hochspannungsleitungen (C) in Betracht kommen, und zwar im Vergleich zu werkseigenen Nachrichtenleitungen (B).

Die Trägerfrequenzübertragung über Hochspannungsleitungen ist vorwiegend geeignet für die Nachrichtenübertragung über große Entfernungen. Damit entfallen für den Vergleich mit werkseigenen Nachrichtenleitungen diejenigen, die ein eigenes Nachrichtengestänge voraussetzen, da dessen Bau- und Unterhaltungskosten für große Leitungslängen nicht vertretbar sind (B 1, 3, 5). Weiterhin bleibt für den Vergleich ein Erdkabel parallel zu Hochspannungskabeln außer Betracht, weil sich aus technischen Gründen keine Trägerfrequenzübertragung über längere Hochspannungskabel durchführen läßt (B 9). Es sind demnach nur Freileitungen und Luftkabel am Hochspannungsgestänge sowie Erdkabel abseits und parallel zu Hochspannungsfreileitungen (B 2, 4, 6, 7, 8 mit den Trägerfrequenzübertragungen zu vergleichen.

Nachrichtenfreileitungen am Hochspannungsgestänge sind bis zu 60 kV Betriebsspannung brauchbar (Anhang a), bei höheren Spannungen werden die Störspannungen zu groß; selbsttragende Luftkabel können wegen der Schirmwirkung ihres Mantels auch noch bei höheren Betriebsspannungen verwendet werden. Abgesehen von diesen technischen Gesichtspunkten sind für die Wahl zwischen einer werkseigenen Nachrichtenleitung und einer Trägerfrequenznachrichtenverbindung über Hochspannungsleitungen wirtschaftliche Gründe bestimmend. Der Aufwand für den Bau werkseigener Nachrichtenleitungen wächst proportional der Leitungslänge, ist unabhängig von dem Vermaschungsgrad des Netzes und wächst nur wenig mit der Anzahl der Nachrichtenkanäle, die auf einem Abschnitt gebraucht werden. Der Aufwand für eine Trägerfrequenznachrichtenanlage, die über Hochspannungsleitungen arbeitet, ist unabhängig von der Leitungslänge, wächst dagegen mit dem Vermaschungsgrad des Netzes infolge der Leitungsausrüstungen und wächst außerdem etwa proportional mit der Zahl der Nachrichtenkanäle infolge des Kostenanteils der Trägerfrequenzgeräte. Es lassen sich keine allgemeingültigen Regeln aufstellen, nach denen man entscheiden kann, wo werkseigene Fernmeldeleitungen zweckmäßiger sind und wo Trägerfrequenzübertragungen über Hochspannungsleitungen, jedenfalls lassen sie sich nicht so genau fassen, daß mit Sicherheit jeder Einzelfall danach beurteilt werden könnte. Eine annähernde Übersicht (Abb. 1) zeigt, welchen Einfluß die Betriebsspannung eines Hochspannungsnetzes (die Länge der Leitungsabschnitte und der Vermaschungsgrad, also der Charakter des Hochspannungsnetzes hängt mit ihr zusammen) auf die Wahl der Nachrichtenübertragungsart hat und welchen Einfluß die Anzahl der benötigten Nachrichtenkanäle je Abschnitt. Das Anwendungsgebiet der Trägerstromübertragung über Hochspannungsleitungen liegt demnach vornehmlich bei hohen Betriebsspannungen und einer kleinen Zahl von Nachrichtenkanälen.

Die Grenzen zwischen den Anwendungsgebieten der einzelnen Übertragungsarten lassen sich, wie erwähnt, nicht allgemein bestimmen; eine gegebene Einzelaufgabe bedarf einer genaueren Überprüfung, solange sie nicht ganz eindeutig in dem dargestellten ausschließlichen Anwendungsgebiet liegt. An den Grenzen dieses Gebietes ist es von entscheidender Bedeutung, ob die Hochspannungsleitung bereits besteht oder noch gebaut werden soll.

In dem ersten Fall müssen die Maste hoch genug sein, um eine zusätzliche Fernmeldefreileitung noch anzubringen, beziehungsweise müssen

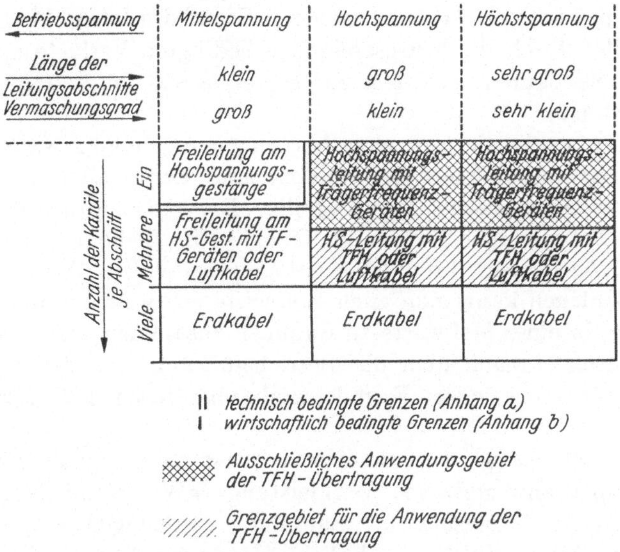

Betriebsspannung →	Mittelspannung	Hochspannung	Höchstspannung
Länge der Leitungsabschnitte →	klein	groß	sehr groß
Vermaschungsgrad →	groß	klein	sehr klein
Anzahl der Kanäle je Abschnitt			
Ein	Freileitung am Hochspannungsgestänge	Hochspannungsleitung mit Trägerfrequenz-Geräten	Hochspannungsleitung mit Trägerfrequenz-Geräten
Mehrere	Freileitung am HS-Gest. mit TF-Geräten oder Luftkabel	HS-Leitung mit TFH oder Luftkabel	HS-Leitung mit TFH oder Luftkabel
Viele	Erdkabel	Erdkabel	Erdkabel

‖ technisch bedingte Grenzen (Anhang a)
| wirtschaftlich bedingte Grenzen (Anhang b)

⬛ Ausschließliches Anwendungsgebiet der TFH-Übertragung

▨ Grenzgebiet für die Anwendung der TFH-Übertragung

Abb. 1. Einfluß des Hochspannungsnetzes auf die Wahl der Nachrichtenübertragungsart.

die Maste den zusätzlichen Spitzenzug eines Luftkabels noch aufnehmen können. Diese Voraussetzungen treffen öfters, besonders bei vorhandenen älteren Mittelspannungsnetzen, nicht zu. Bei einem nachträglichen Einbau einer Nachrichtenanlage erweist sich unter solchen Umständen eine Trägerfrequenzanlage meist als die beste Lösung.

Im zweiten Fall dagegen wird die Nachrichtenleitung gleichzeitig mit der Hochspannungsleitung gebaut und man kann sie bereits beim Entwurf der Hochspannungsleitung berücksichtigen. Der Aufwand für die Nachrichtenleitung und die durch sie bedingten Mehrkosten der Hochspannungsmaste werden dabei verglichen mit dem Aufwand für eine Trägerfrequenznachrichtenanlage; bei großen Leitungslängen erweist sich oft die Trägerfrequenzanlage als die wirtschaftlichere Lösung.

3. Nachrichten-Übertragungsaufgaben im Elektrizitätswerksbetrieb.

Die älteste und wichtigste Übertragungsaufgabe, die für die Führung des Betriebes von Hochspannungsanlagen gelöst werden mußte, war das Fernsprechen. Es entstanden etwa vom Jahre 1920 an in verschiedenen Ländern Trägerfrequenz-Fernsprechverbindungen, die über Hochspannungsleitungen arbeiteten; diese Einzelverbindungen wuchsen allmählich zu zusammenhängenden Fernsprechnetzen zusammen. Mit der Einführung der Verbundwirtschaft entstanden im Laufe der Zeit verhältnismäßig große werkseigene Trägerfrequenz-Fernsprechnetze. In Deutschland zum Beispiel enthielt das Netz nach dem Stand des Jahres 1947, also nach Abzug aller durch die Kriegsereignisse bedingten Verluste und vor Beginn der Neubauten nach dem Kriege, etwa 580 Trägerfrequenzsprechgeräte (Abb. 2).

Wenn über die Fernsprechverbindungen regelmäßig wiederkehrende Meßwertreihen durchgegeben werden, sind Fernmeßanlagen zur Entlastung der Fernsprechwege notwendig. Diese geben auch die Möglichkeit, den Betrieb einer Station unabhängig vom Bedienungspersonal und ohne Verzögerungen durch Übermittlungszeiten zu überwachen. Mit Fernmeßanlagen kann man auch Meßwerte aus weit auseinanderliegenden Orten in einer Meßwarte zu Summen zusammenfassen, nach denen dann Entscheidungen über die Betriebsführung, wie Einsatz weiterer Generatorgruppen oder Fremdstrombezug, rasch getroffen werden können.

Unter „Messung" wird in diesem Zusammenhang die Feststellung eines Momentanwertes, wie Wirkleistung (kW), Blindleistung (bkW) verstanden, im Gegensatz zur „Zählung", die Mengenwerte erfaßt, wie elektrische Arbeit (kWh oder bkWh). Meßwerte können angezeigt, ihr zeitlicher Verlauf kann auch in schreibenden Instrumenten auf einem durch ein Uhrwerk fortbewegtes Papierband aufgezeichnet werden (Tintenschreiber). Zählwerte dagegen werden durch Einrichtungen wiedergegeben, die Mengenwerte über einen gewissen Zeitraum zur Anzeige bringen, schreiben oder in Zahlen drucken (Zahlentrommelwerk, Maximumschreiber, Printometer).

Unter „Fernmessung" versteht man allgemein eine Übertragung von Meßgrößen, wenn am Sendeort zum Zwecke der Fernübertragung eine Umformung des Meßwertes in eine Hilfsgröße erfolgt, die den übertragenen Meßwert von der Länge und sonstigen physikalischen Eigenschaften der Übertragungsleitung unabhängig macht[1]. Bei der „Fernzählung" handelt es sich immer darum, daß einem bestimmten Teil einer

---

[1] Es gibt verschiedene Fernmeßverfahren, wie das Impulsfrequenzverfahren, das Frequenzvariationsverfahren und andere (Anhang f).

zu zählenden Arbeitsmenge ein Stromstoß entspricht, der durch kurzzeitiges Schließen eines Zählkontaktes ausgesandt wird. Das Zählwerk

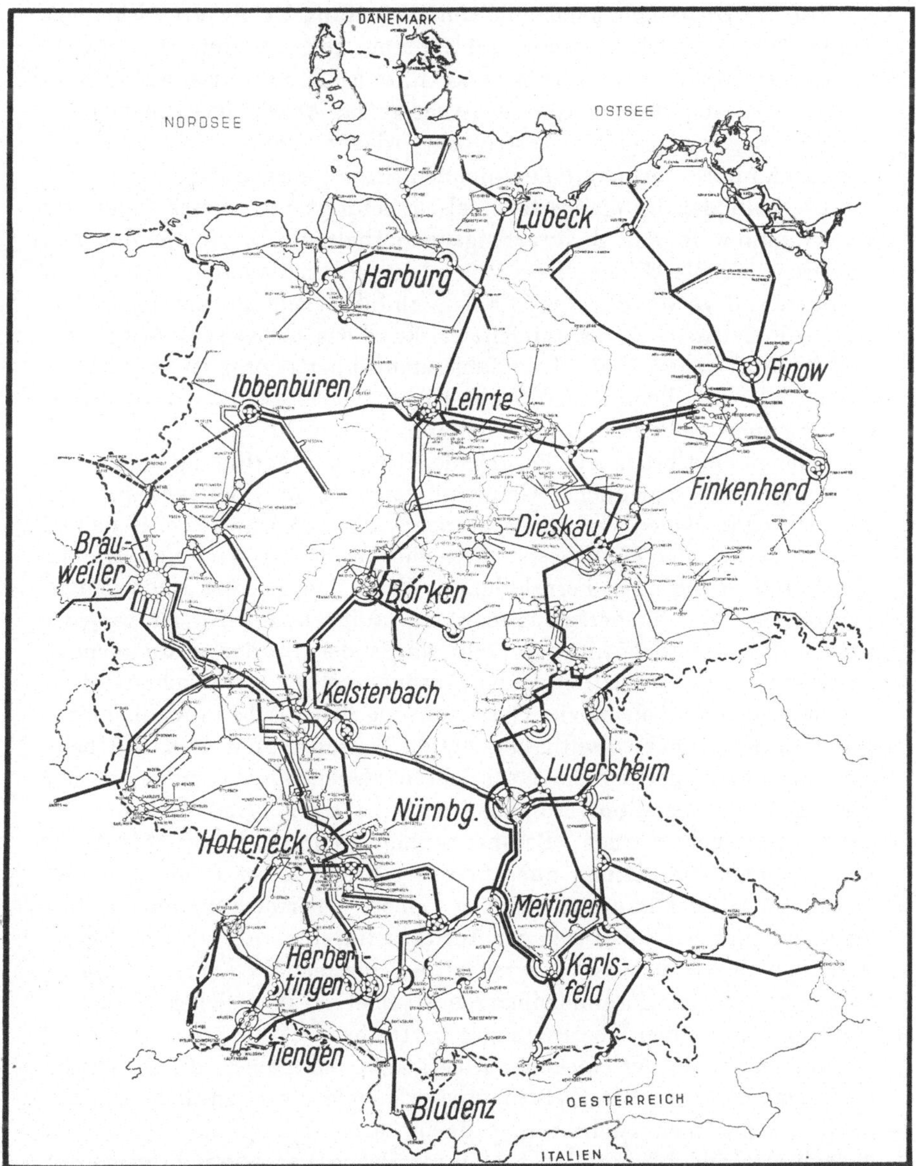

Abb. 2. Deutsches Trägerfrequenz-Fernsprechnetz auf Hochspannungsleitungen. Stand 1947.

am Empfangsort wird durch diesen Impuls um einen Schritt weiter fortgeschaltet. Wächst die zu zählende Menge rasch, so kommen die

Impulse häufiger, das Zählwerk läuft schneller, wächst die Menge langsamer, so kommen weniger Impulse, das Zählwerk läuft langsamer.

Für die Übertragungstechnik von Bedeutung ist der grundsätzliche Unterschied zwischen Messung und Zählung: gehen Fernmeßimpulse infolge einer Übertragungsstörung verloren, so ist die Momentanwertanzeige falsch; wenn die Störung vorüber ist, zeigt das Anzeigeinstrument (oder schreibt das registrierende Instrument) wieder richtig. Gehen dagegen Fernzählimpulse verloren (oder kommen Störimpulse hinzu), so wird das Zählwerk in der Empfangsstelle falsch betätigt und dieser Fehler ist fortan immer in der Zählwertangabe enthalten. Im Laufe der Zeit addieren sich alle Fehler. Es wurde in der Fernzähltechnik deshalb viel Mühe darauf verwandt, eine „Zählerstandübertragung" durchzubilden, bei der in gewissen Zeitabständen der Stand des Zählwerkes festgestellt und fernübertragen wird. Jede Zählerstandsübertragung ist unabhängig davon, ob vor Beginn des kurzzeitigen Zählerstand-Meldevorganges Übertragungsfehler vorgekommen waren oder nicht.

Solange eine besondere Fernmeldeleitung zur Verfügung steht, entsteht kein unterschiedlicher Geräteaufwand für die Übertragung, wenn die Leitung in beiden Verkehrsrichtungen benutzt wird wie bei Rede und. Gegenrede während eines Gespräches, oder nur in einer Richtung, wie bei der Fernmessung oder Fernzählung. Wenn dagegen die Nachrichtenverbindung mit Trägerfrequenzgeräten aufgebaut wird, ist in jeder Station für den abgehenden Verkehr ein Sender, für den ankommenden Verkehr ein Empfänger nötig; bei Ausnutzung beider Verkehrsrichtungen sind also doppelt so viel Geräte erforderlich, als beim Aufbau einer Verbindung für nur einseitig gerichteten Verkehr. Man muß also beim Entwurf der Trägerfrequenz-Nachrichtenanlagen unterscheiden, ob zur Lösung einer gestellten Aufgabe nur eine oder beide Verkehrsrichtungen gebraucht werden. Besonders dann, wenn ein Nachrichtenkanal in einer Verkehrsrichtung nur kurzzeitig belegt ist, wie zum Beispiel durch Schalterstellungsabfrage in einer Überwachungsanlage für Schalterstellungen, lohnt sich der Aufwand für einen Abfragekanal wirtschaftlich nicht. Meist ist er wirtschaftlich und technisch (Frequenzplanbelegung) nur im Zusammenhang mit anderen, in gleicher Verkehrsrichtung arbeitenden Übertragungen vertretbar.

Man kann die verschiedenen Übertragungsaufgaben, die durch die Nachrichtenanlagen der Elektrizitätswerke gelöst werden müssen, nach zwei verschiedenen Richtlinien ordnen. Einmal kann die Gliederung danach erfolgen, ob von den beiden möglichen Verkehrsrichtungen auf einer Nachrichtenleitung nur *eine* Verkehrsrichtung, *beide* Verkehrsrichtungen *zeitlich nacheinander* oder *beide* Verkehrsrichtungen *gleichzeitig* in Anspruch genommen werden. Außerdem lassen sich die Aufgaben nach der unterschiedlichen Übertragungsdauer gliedern in solche, die eine Verbindung *zeitlich unbegrenzt* belegen, dann solche, bei der die Dauer der Belegung vom Bedienungspersonal *willkürlich begrenzt* wird und solche, bei denen die Dauer der Leitungsbelegung durch das Arbeitsprinzip der angeschlossenen Geräte *selbsttätig begrenzt* ist und meist nur einige Sekunden dauert.

Ordnet man die Übertragungsaufgaben, die im Elektrizitätswerksbetrieb häufiger vorkommen, nach den beiden angegebenen Richtlinien, so erhält man eine gewisse Übersicht (Abb. 3), die allerdings nicht alle in der Praxis vorkommenden Abarten der einzelnen Aufgaben erfassen kann. Bei der Fernmessung gibt es mitunter die „zyklische Meßwertübertragung", die einen Übertragungsweg in einer Verkehrsrichtung dauernd belegt. Es wird hierbei eine bestimmte Anzahl von Meßwerten durch synchron laufende Verteiler am Sende- und Empfangsort zeitlich nacheinander übertragen. Wenn der Synchronlauf der Verteiler jedoch nicht anders erreicht werden kann, muß mitunter nach jedem Verteilerumlauf durch einen Synchronisierimpuls der Gleichlauf der Verteiler gesichert werden. Dieser Impuls muß entgegengesetzt der Meßwertübertragungsrichtung über die Leitung gegeben werden, wenn Meßwerte aus mehreren Sendeorten nach dem Prinzip der zyklischen Übertragung nach einem gemeinsamen Empfangsort zu übertragen sind. Eine andere Variante der Übertragungsaufgabe ist mit der Wahlfernmessung gegeben. Meistens wählt man die Meßstellen vom Empfangsort aus. Dazu wird natürlich nicht nur in der Übertragungsrichtung für die eigentliche Fernmessung, sondern auch in der entgegengesetzten Richtung für die Anwahl ein Übertragungskanal gebraucht; ebenso ist bei der Fernregelung meistens ein Übertragungskanal entgegengerichtet dem eigentlichen Regelkanal nötig, damit man das Regelergebnis dauernd vor Augen hat und dementsprechend weiterregeln kann. Auch eine Fernmeldeanlage für Schalterstellungen kann man lediglich dann in nur einer Verkehrsrichtung betreiben, wenn man darauf verzichtet, von der Meldungsempfangsstelle aus auch eine Abfrage durchzuführen. Man braucht aber Kanäle in beiden Verkehrsrichtungen zeitlich nacheinander, sobald die überwachende Stelle in der Lage sein soll, auch von sich aus eine Schalterstellungsabfrage vorzunehmen.

Die in Europa gebräuchlichen Trägerfrequenz-Fernsprechgeräte sind so ausgebildet, daß beide Verkehrsrichtungen gleichzeitig zur Verfügung stehen; einer der beiden Gesprächspartner kann also dem anderen ins Wort fallen. In Amerika dagegen sind auch Hochfrequenzsprechgeräte in Gebrauch, durch die beide Verkehrsrichtungen nur zeitlich nacheinander belegt werden (Einkanalgeräte, s. S. 77).

Von den genannten Nachrichtenmitteln sind das Fernsprechen und das Fernschreiben naturgemäß für Mitteilungen allgemeiner Art geeignet.

Richtung	Übertragungs-aufgabe	Übertragungsdauer		
		unbegrenzt	willkürlich begrenzt	selbsttätig begrenzt
nur *eine* Ver-kehrs-richtung	Messung	1. Registrier-Empfänger 2. Summierung des Fernmeß-wertes an der Empfangs-stelle mit an-deren Sum-manden 3. Ableitung von Regelimpul-sen an der Empfangs-stelle	Wahlfern-messung	Meßwertabfrage
	Zählung	jede Zählung	—	Zählerstand-meldung
	Reglung	selbsttätige Fernreglung mit oder ohne Verbindung mit Fern-messung	stetige Hand-fernreglung von Generato-ren, Wasser-schiebern, Soll-wertsanzeigern usw.	schrittweise Handfernreg-lung von Stu-fentransforma-toren
beide Ver-kehrsrich-tungen *zeit-lich nach-einander*	Meldung	—	—	Schalterstellung Buchholz-schutz, Mano-meterkontakt usw.
	Steuerung	—	—	Schalterstellung Parallel-schalten, Meß-wertanwahl usw.
	Schreiben	—	jedes Fern-schreiben	—
beide Ver-kehrsrich-tungen *gleichzeitig*	Strecken-schutz	—	—	jeder Strecken-schutz
	Sprechen	—	jedes Fern-gespräch	—

Abb. 3. Übertragungsaufgaben für den Nachrichtenverkehr in Hochspannungsnetzen.

Mit der wachsenden Ausdehnung der großen Elektrizitätsversorgungsnetze nahm nicht nur der Bedarf an Nachrichtenmitteln für die unmittelbare Führung des technischen Betriebes der Hochspannungsanlagen zu, sondern auch der Bedarf an Nachrichtenwegen für den Verwaltungsdienst. Insbesondere kann die Belegung der Nachrichtenwege zwischen den Hauptverwaltungen der großen Unternehmen manchmal derart wachsen, daß bei bestimmten stark belasteten Verbindungen der Betriebsmann in einer ähnlichen Lage ist wie er bei Benutzung des öffentlichen Nachrichtennetzes wäre: die Verbindungen sind dauernd besetzt. Der Fernsprechverkehr in den werkseigenen Nachrichtenanlagen kann dann aber durch Aufschalterechte so eingerichtet werden, daß Betriebsgespräche den Vorrang vor Verwaltungsgesprächen haben.

Beim Fernschreiben kommt es meist nicht auf eine Aussprache zwischen den beiden Partnern an, sondern nur auf eine zunächst einseitige Mitteilung vom Absender zum Empfänger. Es haben sich im Laufe der Jahre zwei verschiedene Anwendungsgebiete herausgebildet, die die Wahl des Nachrichtenweges für eine Fernschreibverbindung bestimmen. Handelt es sich um den Fernschreibverkehr zwischen den Hauptverwaltungen verschiedener Unternehmungen, die vorwiegend Verwaltungsnachrichten durchzugeben haben, so liegen die Teilnehmer für diese Art von Fernschreibmitteilungen meist in Orten, die bereits durch das Postnetz gute Nachrichtenverbindungen miteinander haben. Das öffentliche Fernschreibnetz ist nicht so stark besetzt, wie das Fernsprechnetz, auch kann für eine Fernschreibmitteilung des Verwaltungsdienstes im allgemeinen eine gewisse Wartezeit in Kauf genommen werden, wenn der Fernschreibanschluß des Adressaten zufällig besetzt sein sollte. Diese Art von Fernschreibverkehr wird, zumal es sich auch oft um betriebsfremde Partner handelt (Regierungsstellen, öffentliche Verwaltungen, Lieferfirmen), über das öffentliche Fernschreibnetz abgewickelt.

Handelt es sich dagegen darum, zwischen betriebswichtigen Punkten des Hochspannungsnetzes als Ergänzung zum Betriebsfernsprecher eine Fernschreibverbindung ausschließlich für die technische Betriebsführung einzurichten, so sind die Voraussetzungen zum Bau einer werkseigenen Fernschreibanlage gegeben. Die Teilnehmer sind die Kraft- oder Umspannwerke eines Energieversorgungsunternehmens, zwischen denen Schaltbefehle und sonstige kurze wichtige Meldungen zur Vermeidung von Hörfehlern schriftlich übermittelt werden sollen. Sie sind durch die Hochspannungsleitungen bereits auf der kürzest möglichen Strecke miteinander verbunden. Es liegt nahe, werkseigene Fernschreibverbindungen aufzubauen, die von fremden Verwaltungen unabhängig und stets betriebsbereit sind. Ob man dabei die vom öffentlichen Fernschreibdienst her bekannten Fernschreibmaschinen verwendet oder HellSchreiber, die bei höheren Störspannungen im Nachrichtenkanal auch da noch betriebsicher arbeiten, wo der normale Fernschreiber versagen muß, hängt von den unterschiedlichen Betriebsbedingungen ab (Anhang c).

Es soll hier nochmals wiederholt werden, daß bei den Trägerfrequenz-Nachrichtenanlagen, die über Hochspannungsleitungen arbeiten, die Fernsprechverbindungen bei weitem überwiegen. In Deutschland beträgt die Zahl der Fernsprechgeräte über 90% von allen eingebauten Trägerfrequenz-Nachrichtengeräten. Wenn über Impulsübertragungsgeräte in diesem Abschnitt viel mehr gesagt wurde als über Fernsprechgeräte, so nur deshalb, um die für die Übertragungsgeräte wesentlichen Unterschiede bei den verschiedenen Nachrichten-Übertragungsaufgaben deutlich hervorzuheben.

4. Geschichtliche Entwicklung der Trägerfrequenzübertragung über Hochspannungsleitungen.

Die ersten Versuche, hochfrequente Ströme über Drahtleitungen, und zwar über Schwachstromleitungen, für den Nachrichtenaustausch zu benutzen, wurden von Ruhmer in Deutschland und Squier in Amerika in den Jahren 1908—1911 ausgeführt. Eine später vielfach erwähnte theoretische Abhandlung über den Einsatz von Hochfrequenzanlagen auf Leitungen stammt von Stone-Stone aus dem Jahre 1912. An eine Hochfrequenzübertragung auf Starkstromleitungen hat zunächst keiner von ihnen gedacht.

Sieht man von einigen allgemeineren Angaben in französischen, deutschen und englischen Patentschriften über die Verwendung von Hochfrequenzströmen auf Hochspannungsleitungen ab, bei denen die sogenannten Hochfrequenzströme entweder im hörbaren Bereich liegen oder drahtlos übertragen und nur mit der Hochspannungsleitung als Antenne aufgefangen werden, so findet sich die erste Literaturstelle über ultra-akustische, also hochfrequenzte Übertragungen auf Hochspannungsleitungen im heutigen Sinne, in einer japanischen elektrotechnischen Zeitschrift vom Juni 1919. Aus dem gleichen Monat stammt das erste erteilte deutsche Patent über eine Betriebstelefonie mit ultra-akustischen Strömen für Elektrizitätswerke.

Nach den japanischen Veröffentlichungen ist in Japan die erste Hochfrequenztelefonie-Versuchsanlage auf einer etwa 19 Meilen langen 30 kV- bzw. 60 kV-Leitung im Dezember 1918 eingesetzt worden. In Europa wurden im Jahre 1920 die ersten deutschen Anlagen errichtet. Alle Erstanlagen stellten Versuche dar, drahtlose Sender und Empfänger mit Hilfe von Antennen an die Hochspannungsleitungen anzukoppeln, um eine leitungsgerichtete Übertragung zu erreichen. Erst als hochspannungssichere Koppelkondensatoren an Stelle der Antennen traten, gewann die

Hochfrequenztelefonie umfangreichere praktische Bedeutung, indem sie sich allmählich vom drahtlosen Funkgerät zum Draht-Betriebsfernsprecher entwickelte. In gleicher Richtung ging die Entwicklung in Amerika, Frankreich und Italien.

Es waren schon etwa 100 Geräte dieser Art eingesetzt, als in den Jahren 1923—1924 in Deutschland und Amerika fast gleichzeitig Hochfrequenzgeräte auf dem Markt erschienen, die einen Wahlruf wie im Selbstanschlußverkehr erlaubten und mit Wellenwechsel für den beliebigen Verkehr aller Sprechstellen untereinander ausgerüstet waren. Damit war der entscheidende Anstoß für die Weiterentwicklung im Sinne des drahtgebundenen Betriebsfernsprechers gegeben.

Die Hochfrequenzsprechnetze gewannen an Zuverlässigkeit, als etwa 1926 Hochfrequenzsperren in den Hochspannungsleitungen eingeführt wurden. Damit wurden die Hochfrequenzströme im wesentlichen auf den gewünschten Sprechabschnitt begrenzt, und die Nachrichtenübertragung wurde weitgehend unabhängig von Schalthandlungen und Erdung der Leitungen hinter diesen Sperren.

Während die eingangs geschilderte Entwicklung in Deutschland und Amerika zwar unabhängig voneinander, aber ziemlich gleichzeitig verlief, zögerten die Amerikaner lange mit dem Einführen von Hochfrequenzsperren. Die weitere Entwicklung verlief in Deutschland und Amerika wieder fast in gleichem Rhythmus und gleicher Richtung, obwohl zwischen beiden Ländern ein Erfahrungsaustausch nicht bestand. Sie betraf vor allem die Sicherung des Sprechverkehrs gegen atmosphärische Einflüsse, die Verbesserung der Sprachqualität im Sinne der Richtlinien des CCI[1] und schließlich die Vervollkommnung der Einrichtungen zur Zusammenschaltung von Hochfrequenz- und Niederfrequenz-Sprechabschnitten. Später und zögernder als die Entwicklung des Hochfrequenz-Fernsprechens setzte die der Hochfrequenzübertragung für andere Fernmeldezwecke der Elektrizitätswerke ein.

Im amerikanischen Schrifttum findet sich eine Veröffentlichung aus dem Jahre 1927 über die Verwendung von Hochfrequenzströmen auf Hochspannungsleitungen für Schaltersteuerung im Elektrizitätswerksdienst. Aus dem gleichen Jahre stammt die Beschreibung einer Hochfrequenzübertragung in Amerika, die der Meldung der Stromrichtung von einem Ende eines Leitungsabschnittes zum anderen dient zu dem Zweck, diesen Abschnitt selektiv zu schützen.

Im Anfang der zwanziger Jahre hatte bei der Projektierung des Bayernwerks zwar OSKAR VON MILLER bereits die Aufgabe gestellt, Meßwerte drahtlos oder mit hochfrequenten Strömen über die Hochspannungsleitung auf große Entfernungen zu einer Zentralbefehlsstelle zu übertragen.

---

[1] Comité Consultatif International des Communications Téléphoniques à grande distance.

Es mußten aber erst geeignete Fernmeß-Systeme entwickelt werden, ehe diese Aufgabe gelöst werden konnte. Im Jahre 1928 wurden in Deutschland die ersten Fernmeßübertragungen mit hochfrequenten Strömen über Starkstromleitungen auf Entfernungen von mehr als 100 km ausgeführt.

Je mehr sich der Verbundbetrieb einbürgerte, desto häufiger wurde der Wunsch der Lastverteiler, Meßwerte von den verschiedenen Kraftwerken stets sichtbar vor Augen zu haben oder auch umgekehrt die Gesamtsumme der Erzeugung den einzelnen Kraftwerken als Programmwert wieder zu melden. Mit der zunehmenden Zahl der Übertragungskanäle nahmen die verfügbaren Plätze im Frequenzplan ab. Man benutzte deshalb bald einen einzigen hochfrequenten Träger für die Übertragung mehrerer Meßwerte zwischen den gleichen Orten dadurch, daß man ihn mit mehreren Tonfrequenzen modulierte. Derartige tonfrequenzmodulierte Hochfrequenzübertragungen für Fernmessung wurden erstmalig 1932 von deutschen Firmen in der Schweiz und in den folgenden Jahren in Deutschland. Italien, Norwegen, Frankreich, Belgien, Schweden und Japan ausgeführt.

Etwa um die gleiche Zeit fand auch der hochfrequente Selektivschutz Eingang in Frankreich und in Deutschland.

Etwa vom Jahre 1935 an begann man in Europa, Hochfrequenzübertragungen über Hochspannungsleitungen für Schalterstellungsmeldungen und Fernsteuerung zu verwenden. Zur selben Zeit wurden auch die ersten kombinierten Geräte für Fernsprechen und Fernbedienung hergestellt, um dem Wellenmangel zu begegnen.

Etwa im Jahre 1939 waren in Deutschland Einseitenband-Fernsprechgeräte fertig entwickelt, die weniger Platz im Frequenzplan belegen als die bis dahin gebauten Zweiseitenbandgeräte. Die Auswirkungen des Krieges haben dazu geführt, daß nur wenige Geräte auf 220 kV- und 110 kV-Leitungen in Betrieb genommen werden konnten. Weiter wurde im Jahre 1944 die erste Fernmeßübertragung nach dem Vielbandprinzip eingebaut, die gegenüber einer 6fach-Ausnutzung (durch Modulation des Trägers mit Tonfrequenzen) eine Belegung eines gleichbreiten Frequenzbandes mit der doppelten Zahl von Fernmeßkanälen gestattete.

Während des Krieges wurden vornehmlich in den USA Untersuchungen darüber begonnen, welche Vorteile die Frequenzmodulation für die Hochfrequenzanlagen auf Hochspannungsleitungen gegenüber der bisher ausschließlich angewandten Amplitudenmodulation bringt. Die Einseitenbandübertragung wird voraussichtlich als Hilfsmittel gegen den immer mehr zunehmenden Wellenmangel und gegen die mit der Betriebsspannung wachsenden Störungen der Trägerfrequenzübertragung durch Korona-Erscheinungen bei Leitungen für 220 kV und darüber Anwendung finden, während die Frequenzmodulation nur ein Hilfsmittel gegen die Störungen darstellen kann.

5. Herrichten der Hochspannungsleitung als Trägerfrequenz-Übertragungsweg.

Beim Trägerfrequenznachrichtenverkehr der Elektrizitätswerke werden die Hochspannungsleitungen selbst für die Übertragung der hochfrequenten Ströme benutzt. Sie verbinden meist auf kürzestem Weg die Stellen, die miteinander verkehren sollen und haben gegenüber Schwachstromfreileitungen eine bessere Isolation und eine wesentlich größere mechanische Festigkeit, so daß Beschädigungen durch Witterungseinflüsse sehr selten sind. Für den Aufbau einer Trägerfrequenznachrichtenanlage entfallen somit alle Aufwendungen für Leitungsmaterial.

Man muß die Hochfrequenzströme den Hochspannungsleitungen zuführen und sie wieder von ihnen ableiten, ohne daß die Nachrichtengeräte oder das Bedienungspersonal durch die Hochspannung gefährdet werden, und ohne daß für die Starkstromübertragung durch die Hochfrequenznebenschlüsse nennenswerte Verluste entstehen.

In einem Hochspannungsleitungsnetz (Abb. 4) werden also besondere Wege für Hochfrequenznachrichtenströme gebildet. Dabei werden „Hochfrequenzsperren" an allen Stellen gebraucht, an denen die Hochfrequenzströme in Hoch-

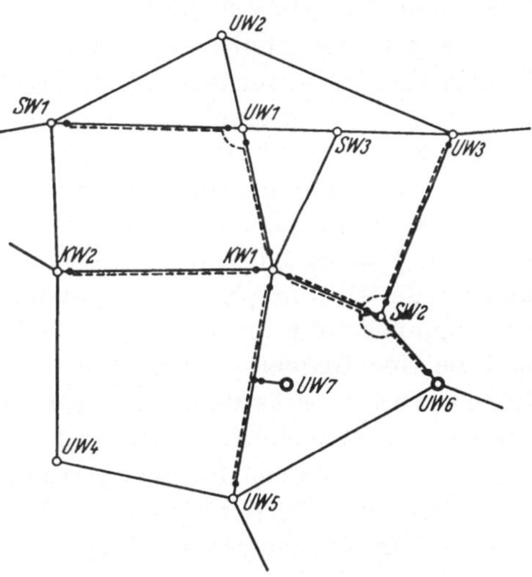

Abb. 4. Schema eines Hochspannungsnetzes.
KW Kraftwerke; *UW* Umspannwerke; *SW* Schaltwerke;
- - - Hochfrequenzwege; ○ Starkstromstationen;
● Endpunkte für den Hochfrequenzweg (Sperren).

spannungsschaltanlagen oder Leitungsteile außerhalb des Nachrichtenweges abfließen könnten, und außerdem „Ankopplungen" an allen Stellen, an denen Nachrichtengeräte an die Hochspannungsleitungen angeschlossen werden oder der Trägerfrequenznachrichtenweg eine Hochspannungsstation umgehen soll.

Vom Nachrichtenweg abzweigende „Stichleitungen" des Hochspannungsnetzes werden für die Trägerfrequenzübertragung gesperrt, und Hochspannungsstationen, die im Zuge des Nachrichtenweges liegen, werden überbrückt. Eine „Überbrückungsschaltung" besteht aus zwei Sperren, die verhindern, daß die ankommende und die weitergehende Hochspannungsleitung unerwünschte Verluste durch die Sammelschienen der zu überbrückenden Hochspannungsstation haben, und zwei miteinander verbundenen Ankopplungen, die vor den Sperren angeschlossen werden und den gewünschten Umgehungsweg für die Hochfrequenzströme bilden.

Bei der Benutzung einer Hochspannungsleitung als Nachrichtenweg tritt erschwerend gegenüber der Nachrichtenfreileitung die Forderung auf, daß bei stillgelegtem Hochspannungsbetrieb und geerdeter Hochspannungsleitung die Nachrichtenanlage einwandfrei weiterarbeiten muß. Ein Abfluß der Hochfrequenzströme nach Erde und damit auch eine zu große zusätzliche Dämpfung für die Nachrichtenübertragung wird durch Sperren verhindert, die in die Erdleitungen eingeschaltet sind. Soweit die Erdung der Hochspannungsleitungen in den Schaltanlagen erfolgt, sind Sperren vorhanden, weil sie für den normalen Betrieb bereits eingebaut sind; werden die Freileitungen dagegen bei Reparaturarbeiten auf der Strecke geerdet, so verwendet man tragbare Sperren, um den Nachrichtenverkehr über die geerdete Hochspannungsleitung aufrecht zu erhalten.

Die Sperren und Ankopplungen, die zur Einrichtung eines Hochfrequenzübertragungsweges über eine Hochspannungsleitung gebraucht werden, faßt man auch unter der Bezeichnung „Leitungsausrüstung" zusammen. Während die Sperren den Starkstrom ungehindert durchlassen und für die Hochfrequenzströme undurchlässig sein sollten, haben die Ankopplungen die umgekehrte Aufgabe, den Starkstrom fernzuhalten und die Hochfrequenzströme ungehindert durchzulassen. Die Betriebsfrequenzen der Starkstromnetze liegen zwischen $16^2/_3$ Hz und 60 Hz, die der Trägerfrequenznachrichtenanlagen zwischen 50 kHz und 300 kHz. Geeignete Mittel sind daher für die Sperrung Spulen (Selbstinduktionen), bemessen für den Betriebsstrom der Hochspannungsanlage, und für die Ankopplung Kondensatoren (Kapazitäten), bemessen für die Betriebsspannung der Hochspannungsanlage. Während die Sperren eine Baueinheit darstellen, die für die jeweilige Betriebsspannung isoliert aufgehängt oder aufgestellt wird, bestehen die Ankopplungen meist aus drei Baueinheiten, dem „Koppelkondensator", der „Sicherungseinrichtung" und dem „Koppelfilter" (oder „Leitungsabstimmfilter").

Die drei Aufgaben der Leitungsausrüstung, nämlich die Ankopplung, Sperrung und Überbrückung werden nunmehr genauer behandelt.

a) Ankopplung.

Als man die Entwicklung der Hochfrequenzübertragung über Hochspannungsleitungen begann, standen hochspannungssichere Kondensatoren mit ausreichender Kapazität noch nicht zur Verfügung. Es lag nahe, wie in der Funktechnik Antennen zu benutzen. Sie wurden in hinreichendem Abstand von den Hochspannungsleitern unter diesen an den Leitungsmasten befestigt. Bei dieser Luftdrahtkopplung, die unter der Bezeichnung „Antennenkopplung" bekannt geworden ist, wurden die Antennen auf mehr als 100 m Länge gespannt und auf die benutzten Trägerfrequenzen abgestimmt. Da in die Resonanzabstimmung die Kapazität der Hochspannungsschaltanlage mit eingeht, entstanden bei Änderungen des Schaltzustandes unerwünschte Verstimmungen.

Eine Antennenkopplung hat nur einen kleinen Wirkungsgrad. Die Kapazität der Antenne gegen Erde ist größer als die gegen die Hochspannungsleitung. Auch hierdurch entstehen Verluste. Ein weiterer Teil der Hochfrequenzenergie wird in den Raum abgestrahlt. Schließlich ist die Störanfälligkeit gegen fremde Raumwellen nicht unbeträchtlich.

Antennenkopplung wird deshalb heute nur noch beim Betrieb tragbarer Trägerfrequenzsprechgeräte für das Sprechen von einer Baustelle an der Hochspannungsleitung zur nächsten ortsfesten Trägerfrequenzsprechstelle benutzt. Im übrigen wurde die Antennenkopplung verlassen, als betriebssichere Koppelkondensatoren zur Verfügung standen.

Ein Vorschlag, zwei große Drahtgitterflächen als Luftkondensator zu verwenden, von denen die eine mit der Hochspannungsleitung, die andere mit dem Trägerfrequenzgerät verbunden ist, ergab bei den erforderlichen großen Abmessungen zu große bauliche Schwierigkeiten.

Man war immer bestrebt, nach Möglichkeit vorhandene Hochspannungsapparate für die Ankopplung mitzubenutzen, um besondere Koppelglieder und damit zusätzliche Fehlerquellen zu vermeiden. Isolierte Blitzseile und Blitzseile, die bis zum zweiten oder dritten Mast über Hochfrequenzsperren geerdet sind, erwiesen sich als ungeeignet zur Ankopplung, und zwar wegen der gleichen Mängel, wie sie bei den unter den Hochspannungsleitungen gespannten Antennen auftraten. Da zudem ein Blitzseil aus Eisen besteht, entstehen weitere Verluste für die Hochfrequenzströme.

Man versuchte auch, die Kapazität der Durchführungen zur Ankopplung von Trägerfrequenznachrichtenanlagen an die Hochspannungsleitungen nutzbar zu machen. Die Koppelkapazitäten, die man dabei erreichen kann, sind aber zu gering, um eine ausreichende Übertragung von Hochfrequenzenergie auf die Hochspannungsleitung zu ermöglichen.

Im allgemeinen ist eine direkte Erdung dieser Teile der Hochspannungsanlage vorgeschrieben. Wenn man sie für die Trägerfrequenznachrichtenanlage mitbenutzt, müssen sie gegen Erde isoliert oder zumindest gesperrt werden; dadurch ist ihre Verwendung für den eigentlichen Hochspannungsbetrieb in Frage gestellt. Das gleiche gilt für die Ölschalter und Transformatoren, soweit deren Kapazitäten für die Ankopplung von Trägerfrequenznachrichtengeräten ausgenutzt werden sollen. Zudem wird die Trägerfrequenzverbindung dann bei jeder Abschaltung der Leitung bzw. der Transformatoren unterbrochen.

Die Entwicklung besonderer Koppelkondensatoren für Trägerfrequenznachrichtenübertragung auf Hochspannungsleitungen war somit nicht zu umgehen. Sie erfolgte gleichzeitig mit der der Hochspannungskondensatoren für andere Anwendungsgebiete (wie kapazitive Spannungswandler und Phasenschieber). Seit vielen Jahren kennt man die Betriebssicherheit der Koppelkondensatoren, so daß heute praktisch alle Anlagen mit Kondensatorkopplung arbeiten.

Abb. 5. Ölpapierkondensator 110 kV, 2000 cm, für Freiluftmontage
(Dielektra).

In Europa führte diese Entwicklung der Koppelkondensatoren über den Hartpapierkondensator, der nur für Innenräume geeignet war und den Porzellankondensator für Freiluftmontage, der bei hohen Betriebsspannungen nicht billig genug hergestellt werden konnte, zum Ölpapierkondensator (Abb. 5). Dieser wird etwa seit dem Jahre 1931 ausschließlich verwendet. Er wird für Kapazitäten von 1000 cm und 2000 cm (1 Farad $= 10^6$ Mikrofarad $= 0,9 \cdot 10^{12}$ Zentimeter) wie ein Spannungs-, wandler aus Flachwickeln von Lagen Papier und Metallfolie aufgebaut, die in einem mit Schirmen versehenen Porzellangefäß im Vakuum erhitzt und unter Öl gesetzt sind. Die Einzelwickel sind derart in Reihe geschaltet, daß an jedem Wickel nur eine Teilspannung von wenigen Kilo-

Abb. 6. Kopplungsanordnung mit stehendem Koppelkondensator und aufgebauter Sperre (Siemens & Halske).

volt liegt. Wichtig ist für die Hochfrequenzübertragung, daß die Induktivität der Wickel durch geeignete Maßnahmen so klein wie möglich gehalten wird, damit die in der Frequenzlage verschiedenen Trägerströme gleichmäßig übertragen werden. Ein Ausdehnungsgefäß nimmt die Schwankungen des Ölvolumens auf, die durch Temperaturveränderungen entstehen, ohne daß Außenluft und damit Feuchtigkeit in den Kondensator eindringen kann.

Diese Koppelkondensatoren können auch für 220 kV in einer Baueinheit hergestellt werden. Für so hohe Betriebsspannungen wird der Koppelkondensator so schwer, daß er zweckmäßig nicht mehr aufgehängt, sondern aufgestellt wird.

Beim Aufbau einer Freiluftschaltanlage erweist es sich manchmal als zweckmäßig, einen stehenden Koppelkondensator so auszubilden, daß

Abb. 7. Kopplungsanordnung mit hängendem Koppelkondensator
(Brown Boveri).

die zur Nachrichtenanlage gehörende Hochfrequenzsperre fest darauf angeschraubt wird. Es ergeben sich dadurch besonders einfache Aufbauten und eine klare, übersichtliche Leitungsführung für die Hochspannungsanlage (Abb. 6). Bei hängenden Anordnungen wird dasselbe durch das Anhängen des Koppelkondensators an die Hochfrequenzsperre erreicht (Abb. 7).

Es ist üblich, eine Hochspannungsleitung nach der verketteten Spannung zu benennen. Eine 110 kV-Leitung zum Beispiel hat bei einem in Stern geschalteten Transformator eine Phasenspannung von $\dfrac{110}{\sqrt{3}} = 63,5$ kV. Solange der Sternpunkt über Petersenspulen geerdet ist, können bei Erdschluß eines Leiters die beiden anderen Leiter eine Spannung gegen Erde annehmen, die etwa gleich der verketteten Spannung ist. Ein Koppelkondensator liegt demnach im normalen Betrieb nur an der Phasenspannung, er muß aber mit Rücksicht auf einen möglichen Erdschluß für die verkettete Spannung, also für die Nennspannung der Hochspannungsleitung bemessen sein.

In Netzen mit höherer Betriebsspannung, etwa 150 kV oder 220 kV, wird aus starkstromtechnischen Gründen häufiger der Sternpunkt starr geerdet. Ein Koppelkondensator, der zwischen einem Leiter und Erde eingeschaltet ist, kann dann für eine geringere Spannung als die Nennspannung der Starkstromleitung gebaut sein. Übereinstimmend mit den Bemessungsgrundsätzen für die Hochspannungsgeräte wird in den verschiedenen Ländern mit unterschiedlichen Zahlenwerten für diese Herabsetzung der Isolation gerechnet. Der kleinste Wert beträgt 0,7; es wird voraussichtlich eine Vereinbarung für alle Länder zustande kommen, nach der mit der 0,8 fachen verketteten Spannung gerechnet werden soll.

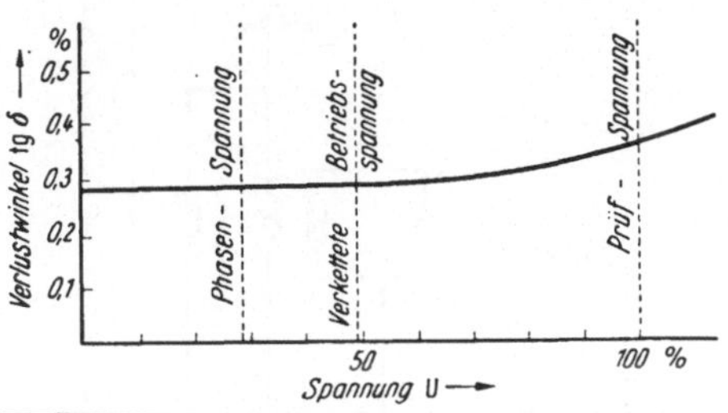

Nenn-spannung in kV	Prüf-spannung trocken oder unter Regen in kV	Mindest-Überschlag-spannung in kV	50 % Mindeststoß-überschlag-spannung in kV
20	64	70	150
30	86	95	200
45	119	131	260
60	152	167	320
110	262	288	530
150	350	385	760
220	504	555	1130

Abb. 8. Verlustwinkelmessung bei der Kondensatorprüfung.

Ursprünglich prüfte man die Koppelkondensatoren mit sehr hohen Spannungen, da sie als Fremdkörper in der Hochspannungsanlage unbedingt die größte Sicherheit haben sollten. Es stellte sich jedoch bald heraus, daß zu hohe Prüfspannungen leicht zu Schäden führen, die später im Betrieb vorzeitige Defekte zur Folge haben.

Während der Spannungsprüfung wird mit einer Meßbrücke der Verlustwinkel mit einem schreibenden Gerät gemessen. Der Kondensator ist einwandfrei, wenn der Verlustwinkel während des ganzen Prüfvorganges mindestens bis zur verketteten Spannung nicht ansteigt, (Abb. 8).

Die Durchschlagspannungen der Kondensatoren liegen im allgemeinen etwa 30% bis 50% über den Mindestüberschlagspannungen. Bei Stoßbeanspruchungen gelten in Deutschland die Werte für eine Halbwertsdauer von 50 μs und eine Stirndauer von 0,5 μs.

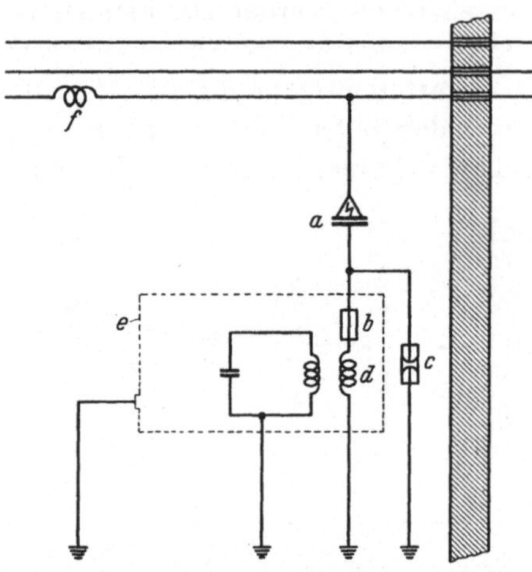

Abb. 9. Anschluß einer TF-Sprechstelle an einen Hochspannungsleiter mit Resonanzabstimmung (Telefunken).

a Koppelkondensator; b Stromsicherung; c Spannungssicherung; d Koppelübertrager mit 5000 Volt Spannungssicherheit; e HF-Gerät; f Hochfrequenzsperre.

Zunächst wurden die Trägerfrequenznachrichtengeräte an die Koppelkondensatoren mit einer Resonanzabstimmung angeschlossen (Abb. 9). Die Anordnung hat zwei Aufgaben zu erfüllen. Einmal soll für den Trägerfrequenznachrichtenweg ein möglichst verlustfreier Durchlaß von der Hochspannungsleitung zum Nachrichtengerät geschaffen werden, und zweitens soll der von der Hochspannung herrührende Ladestrom des Koppelkondensators dauernd zur Erde abgeleitet werden, damit keine gefährlichen Berührungsspannungen entstehen.

Der Ladestrom eines 2000 cm-Kondensators beträgt bei 110 kV-Leitungen mit einer Netzfrequenz von 50 Hz etwa 45 mA; die Leitung vom Kondensator zur Erde führt also nur einen kleinen Strom. Trotzdem müssen alle Klemmstellen sehr sicher und die Verbindungsleitungen

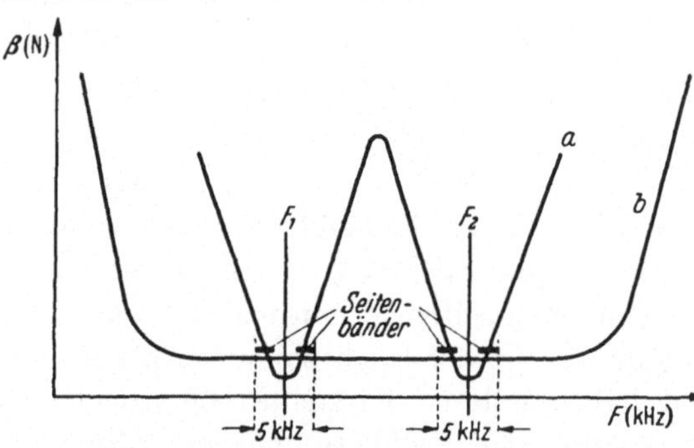

Abb. 10. Dämpfungsverlauf für eine Ankopplung.

zwischen den einzelnen Apparaten mechanisch sehr zuverlässig ausgeführt sein, da eine Unterbrechung dieser Erdleitung ein Anwachsen der Spannung an der Kondensatorklemme, an die die Fernmeldeanlage angeschlossen ist, zur Folge hat. Ohne Sicherungseinrichtung träte bei Unterbrechung der Erdleitung die volle Betriebsspannung des Hochspannungsnetzes an den Eingangsklemmen der Fernmeldeanlage auf.

Es war üblich, mit einer Abstimmung der Ankopplung auf zwei Resonanzpunkte zu arbeiten, weil man bei Fernsprechanlagen in Europa allgemein Zweikanalgeräte verwendet, für den ankommenden Sprechverkehr eine andere Trägerfrequenz als für den abgehenden. Mit einer „Mehrfachankopplung" sollte erreicht werden, daß man möglichst wenig Koppelkondensatoren braucht, die besonders bei höheren Betriebsspannungen teuere Bauelemente der Nachrichtenanlage darstellen. Eine einwandfreie Übertragung der Sprache ist jedoch bei Resonanzabstimmungen nicht möglich, da die höheren Frequenzen des Sprachfrequenzbandes ·übermäßig gedämpft werden (Abb. 10, Kurve *a*). Man suchte nach Ankopplungsschaltungen, die alle Frequenzen eines Sprachkanals möglichst gleichmäßig durchlassen und darüber hinaus auch den Anschluß weiterer Hochfrequenzgeräte gestatten, die mit anderen Trägerfrequenzen arbeiten (Abb. 10, Kurve *b*).

Etwa seit dem Jahre 1934 sind deshalb an Stelle der Resonanzabstimmungen Bandfilter eingeführt worden (Abb. 11). Der Koppelkondensator stellt einen Bestandteil der Bandfilterschaltung dar und das Koppelfilter (Abb. 12) enthält nur die Teile, die zur Ergänzung der Koppel-Kapazität zu einem Bandfilter nötig sind. Um die Filtereigenschaften der Anordnung nicht zu beeinträchtigen, wird die Verbindungsleitung vom Koppelkondensator zum Koppelfilter und von da zur Erde immer als blanke Freileitung ausgeführt, die man so kurz wie möglich macht. Mit Rücksicht auf die geforderte mechanische Zuverlässigkeit dieser Erdleitung wird ein Kupfer

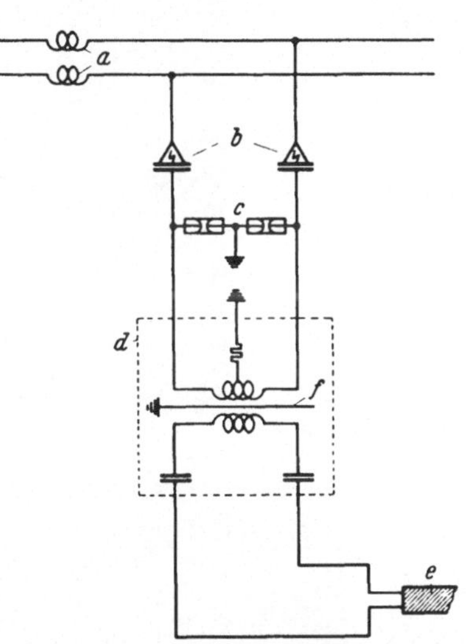

Abb. 11. Schaltung einer Ankopplung mit Bandfilter (Siemens & Halske).

a Hochfrequenzsperren; *b* Koppelkondensatoren; *c* Grobspannungsableiter; *d* Koppelfilter; *e* Kabel; *f* Isolierwandler 5000 Volt Sicherheit.

leiter mit einem Querschnitt von mindestens 6 mm² auf 10 kV-Stützern verlegt, obwohl diese Leitung normalerweise keine Spannung gegen Erde hat und nur einen Strom von 45 mA führt.

Der Grobspannungsableiter (Abb. 13), eine Funkenstrecke mit 2 kV Ansprechspannung, ist nicht an das Koppelfilter angeschlossen, sondern unmittelbar an den Koppelkondensator. Hiermit wird erreicht, daß bei Kondensatordurchschlägen oder bei Unterbrechung der Erdleitung eine unmittelbare Erdung an der Stelle der Schaltung entsteht, an der die Überspannung auftritt. Die Elektroden des Grobspannungsableiters haben einen so großen Querschnitt, daß auch große Ströme zur Erde abgeleitet werden können.

Die Eingangswicklung des Koppelfilters ist gegen die Sekundärwicklung mit mindestens 5 kV Spannungsfestigkeit isoliert.

Außer dieser einfachsten Art der Sicherung — lediglich ein Spannungsableiter für die Begrenzung der Überspannung und genügend hohe Isolation durch einen Transformator, der gleichzeitig Erdungsdrossel und Filterbauteil darstellt — gibt es vielerlei Sicherungseinrichtungen, die darüber hinaus Hochspannungsschmelzsicherungen, Trennschalter

Abb. 12 a u. b. Koppelfilter für Freiluftmontage (Siemens & Halske).
a) Geschlossen. b) Offen.

und besondere Erdungsdrosseln für die Ableitung der Kondensatorladeströme enthalten. Früher waren derartige Aufbauten durch die große Störanfälligkeit der Koppelkondensatoren bedingt. Solche umfangreicheren Sicherungseinrichtungen stellen stets eine besondere Baueinheit der Nachrichtenanlagen dar (Ausführungen von DeTeWe, Telefunken). Bei den neueren, einfachen Sicherungsanordnungen werden auch oft das Koppelfilter und die Sicherungseinrichtung zu einer einzigen Baueinheit zusammengefaßt (Ausführungen der AEG und amerikanischer Firmen).

Die Zuführungsleitung vom Koppelfilter zum Hochfrequenzgerät wird meistens als Kabel ausgeführt und ist für etwa 2 kV isoliert gegen Erde.

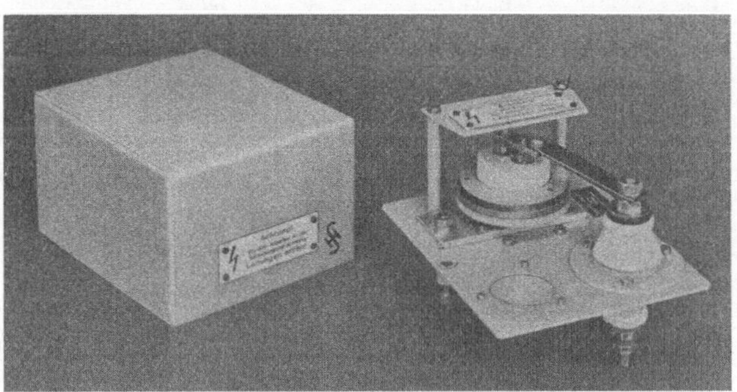

Abb. 13. Grobspannungsableiter für Freiluftmontage (Siemens&Halske).

Es genügt bei Abständen bis zu einigen hundert Metern meistens ein Fernsprechkabel (einpaarig, Bandeisenbewehrung); nur bei besonders großen Entfernungen müssen kapazitätsarme Kabel oder Freileitungen verwendet werden, damit die Dämpfung für die Hochfrequenzströme nicht unzulässig auf hoch wird. Wenn ein derartiges Zuführungskabel im gleichen Graben größere Strecken parallel zu Hochspannungskabeln verlegt ist, oder wenn diese Zuführungen als Freileitungen durch Hochspannungsschaltanlagen verlaufen, muß unmittelbar vor dem Hochfrequenzgerät nochmals eine Sicherungseinrichtung eingebaut werden, um der Hochspannungsbeeinflussung zu begegnen.

Die Breite des Durchlaßbereiches der Koppelfilter ist abhängig von der Kapazität des Koppelkondensators und von der

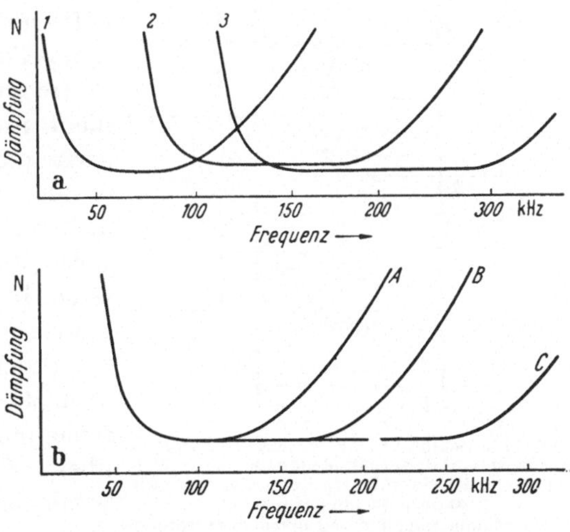

Abb. 14 a u. b. Bandfilterdurchlaßbereich.

a) Abhängig von seiner Lage im Frequenzgebiet. Durchlaßbereiche 1, 2, 3 bei gleichbleibender Koppelkapazität.

b) Abhängig von der Größe der Koppelkapazität. Durchlaßbereiche A, B, C bei wachsender Koppelkapazität.

Lage des Durchlaßbereiches innerhalb des Gebietes 50 kHz bis 300 kHz. Bei den tiefen Frequenzen ist der Durchlaßbereich wesentlich schmaler als in den höheren Frequenzlagen, gleiche Koppelkapazität vorausgesetzt (Abb. 14 a).   Diese Eigenschaft der Koppelfilter wird beim Aufbau von Überbrückungsschaltungen dazu benutzt, bei gemeinsamer Ankopplung mehrerer Trägerfrequenzen eine unerwünschte Übertragung von Trägerfrequenzen durch Überbrückungsschaltungen zu verhindern.

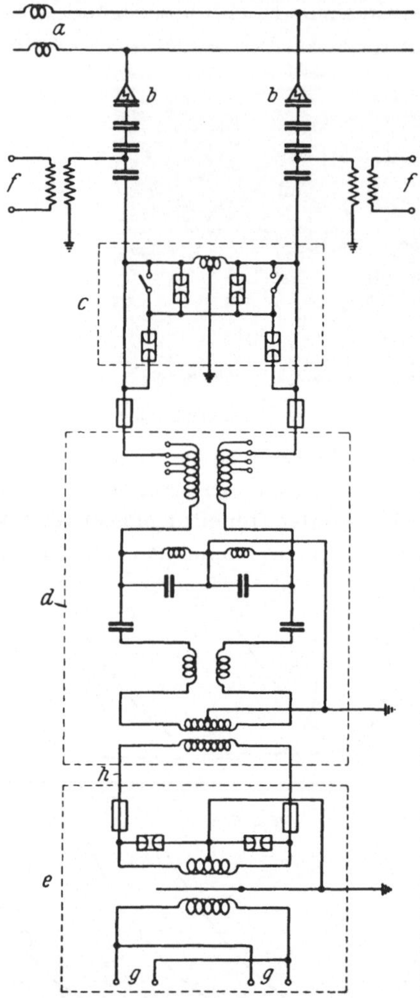

Je größer die Kapazität des Koppelkondensators wird, um so breiter wird der Durchlaßbereich des Koppelfilters. (Abb. 14 b).   Bei etwa 10 000 cm umfaßt er das ganze Frequenzband 50 kHz bis 300 kHz.   In Mittelspannungsnetzen sind die Mehrkosten für die Vergrößerung der Koppelkapazität unbedeutend, und man hat hier mit Nutzen derartige Breitbandkopplungen angewendet. In Hochspannungsnetzen kann man die wirtschaftlichen Mehraufwendungen für die vergrößerten Koppelkapazitäten meist nur dann vertreten, wenn die Kondensatoren nicht nur zur Ankopplung der Trägerfrequenznachrichtenanlage verwendet werden, sondern auch noch andere Aufgaben erfüllen, beispielsweise die der Spannungswandler (Abb. 15). So nützlich Breitbandkopplungen mit großen Koppelkapazitäten sind, so führen sie doch auch zu einer unerwünschten Verschleppung von Trägerfrequenzen über Überbrückungsschaltungen, wenn nicht diese Begleiterscheinung durch zusätzliche Einrichtungen unwirksam gemacht wird (s. S. 48).

Abb. 15. Anschluß von TF-Sprechstellen an zwei Hochspannungsleiter mit Bandfilter, unter Mitbenutzung der vergrößerten Koppelkapazität als Spannungswandler (Ericsson).
a Hochfrequenzsperren; *b* Koppelkondensatoren; *c* Sicherungseinrichtung; *d* Ankopplungsfilter; *e* Anpassungstransformator; *f* Meßwandler; *g* HF-Geräteanschlüsse; *h* Kabel.

b) Sperren.

Bereits in den ersten Jahren der Hochfrequenzübertragung über Hochspannungsleitungen hatte man erkannt, daß Abzweige von der Hauptleitung (Stichleitungen) eine unerwünschte Senkung der Hochfrequenzenergie herbeiführen können. Insbesondere hatte man festgestellt, daß eine vollständige Auslöschung der Hochfrequenzenergie stattfindet, wenn die Länge der Stichleitung in einem bestimmten Verhältnis zur Länge der elektrischen Welle steht, die für die Nachrichtenübertragung benutzt wird. Eine solche am Ende offene Stichleitung stellt also an der Abzweigstelle einen Kurzschluß dar. Andererseits hatte man auch erkannt, daß durch eine passend bemessene Schleife in der Hochspannungsleitung Wellen mit gegenläufiger Phase an die Stellen der Leitung kommen, in die die Trägerfrequenz der Nachrichtenanlage nicht eintreten soll, zum Beispiel an Abzweigpunkte von Stichleitungen. Die Bedingungen für beide Erscheinungen erkennt man aus folgender Betrachtung:

Bezeichnet man mit

$\mathfrak{W}_{al}$ den Eingangsscheinwiderstand der offenen Stichleitung

$\mathfrak{W}_{ak}$ den Eingangsscheinwiderstand der kurzgeschlossenen Stichleitung

l die Länge der Stichleitung

F die Trägerfrequenz der Nachrichtenanlage

$\mathfrak{Z}$ den Wellenwiderstand der Leitung (eine Konstante; zwischen einem Leiter und Erde etwa 400 Ω, zwischen zwei Leitern etwa 600 Ω s. S. 55)

c die Fortpflanzungsgeschwindigkeit der Trägerwelle auf der Hochspannungsfreileitung (300 000 km/s),

so ist:

$$\mathfrak{W}_{al} = -j\mathfrak{Z}\,\mathrm{ctg}\,\frac{2\pi\,Fl}{c} \quad (1\mathrm{a}) \qquad \text{und} \qquad \mathfrak{W}_{ak} = j\,\mathfrak{Z}\,\mathrm{tg}\,\frac{\pi 2\,Fl}{c} \quad (1\mathrm{b})$$

Eine Auswertung dieser beiden Gleichungen ergibt folgende Gegenüberstellung:

Eigenschaft f. TF $\searrow$ / Schaltstand $\rightarrow$	1. Offene Stichleitung $\mathfrak{W}_{al} = -\,j\,\mathfrak{Z}\,\mathrm{ctg}\,\dfrac{2\,\pi\,Fl}{c}$	2. Kurzgeschlossene Stichleitung $\mathfrak{W}_{ak} = j\,\mathfrak{Z}\,\mathrm{tg}\,\dfrac{2\,\pi\,Fl}{c}$
A) $\mathfrak{W} = 0$ (Kurzschluß)	bei $\mathrm{ctg}\,\dfrac{2\pi\,Fl}{c} = 0$	bei $\mathrm{tg}\,\dfrac{2\pi\,Fl}{c} = 0$

Dies ist nur für folgende Winkel der Fall

	1. Offene Stichleitung	2. Kurzgeschlossene Stichleitung
	$\dfrac{\pi}{2}$, $\dfrac{3\pi}{2}$, $\dfrac{5\pi}{2}$, $\cdots$	0, π, 2π, 3π, $\cdots$

Der Ausdruck $\dfrac{2\pi\,Fl}{c}$ nimmt diese Winkelwerte an, wenn

	1. Offene Stichleitung	2. Kurzgeschlossene Stichleitung
	$\dfrac{Fl}{c} = \dfrac{1}{4}$, $\dfrac{3}{4}$, $\dfrac{5}{4}$, $\cdots$	$\dfrac{Fl}{c} = 0$, $\dfrac{1}{2}$, $\dfrac{2}{2}$, $\dfrac{3}{2}$, $\cdots$

somit Kurzschluß bei

	1. Offene Stichleitung	2. Kurzgeschlossene Stichleitung
	$l = \dfrac{c}{F}\cdot\dfrac{1}{4}$, $\dfrac{c}{F}\cdot\dfrac{3}{4}$, $\dfrac{c}{F}\cdot\dfrac{5}{4}$, $\cdots$	$l = \dfrac{c}{F}\cdot 0$, $\dfrac{c}{F}\cdot\dfrac{1}{2}$, $\dfrac{c}{F}\cdot\dfrac{2}{2}$, $\dfrac{c}{F}\cdot\dfrac{3}{2}$, $\cdots$

Fortsetzung S. 32

Eigenschaft f. TF ↓ / Schaltzustand →	1. Offene Stichleitung $\mathfrak{W}_{al} = -\,i\,\mathfrak{Z}\,\operatorname{ctg}\dfrac{2\pi Fl}{c}$	2. Kurzgeschlossene Stichleitung $\mathfrak{W}_{ak} = i\,\mathfrak{Z}\,\operatorname{tg}\dfrac{2\pi Fl}{c}$
B) $\mathfrak{W} = \infty$ (Sperre)	bei $\operatorname{ctg}\dfrac{2\pi Fl}{c} = \infty$	bei $\operatorname{tg}\dfrac{2\pi Fl}{c} = \infty$

Dies ist nur für folgende Winkel der Fall

$$0,\ \pi,\ 2\pi,\ 3\pi,\ \cdots \qquad\qquad \frac{\pi}{2},\ \frac{3\pi}{2},\ \frac{5\pi}{2},\ \cdots$$

Der Ausdruck $\dfrac{2\pi Fl}{c}$ nimmt diese Winkelwerte an, wenn

$$\frac{Fl}{c} = 0,\ \frac{1}{2},\ \frac{2}{2},\ \frac{3}{2},\ \cdots \qquad\qquad \frac{Fl}{c} = \frac{1}{4},\ \frac{3}{4},\ \frac{5}{4},\ \cdots$$

somit Sperrung bei

$$l = \frac{c}{F}\cdot 0,\ \frac{c}{F}\cdot\frac{1}{2},\ \frac{c}{F}\cdot\frac{3}{2},\ \cdots \qquad l = \frac{c}{F}\cdot\frac{1}{4},\ \frac{c}{F}\cdot\frac{3}{4},\ \frac{c}{F}\cdot\frac{5}{4},\ \cdots$$

Für Stichleitungen, die an der Trägerfrequenzübertragung nicht beteiligt sind (Abb. 16a) ergeben sich je nach ihrer Länge und dem Schaltzustand an ihrem Ende folgende Extremfälle:

Schaltung am Ende		Länge	Fall Nr.	Wirkung auf Trägerfrequenzverbindung als
Einleiterkopplung	Zweileiterkopplung			
offen	offen	$\dfrac{c}{F} \times \dfrac{1}{4};\ \dfrac{3}{4};\ \dfrac{5}{4}\cdots$	1A	Kurzschluß
geerdet	kurzgeschlossen		2B	Sperre
geerdet	kurzgeschlossen	$\dfrac{c}{F} \times \dfrac{1}{2};\ \dfrac{2}{2};\ \dfrac{3}{2}\cdots$	2A	Kurzschluß
offen	offen		1B	Sperre

Eine Stichleitung muß in den Fällen 1A und 2A unbedingt unmittelbar an der Abzweigstelle gesperrt sein, damit die Trägerfrequenz nicht ausgelöscht wird, während in den Fällen 1B und 2B eine Sperrung nicht nötig wäre. Alle Längen, die ein ganzzahliges Vielfaches von $\frac{1}{4}$ der Wellenlänge c/F darstellen, sind demnach kritisch. Bei solchen Stichleitungen kann man auf keinen Fall etwa einer bequemeren Montage zuliebe die Sperre erst am Leitungsende einbauen.

Stichleitungen sind dagegen als Teil eines Trägerfrequenz-Übertragungsweges verwendbar, (also in dem Fall, daß an ihrem Ende ein Trägerfrequenznachrichtengerät angeschlossen wird), weil dann keiner der beiden Extremfälle vorliegt.

Für die Bemessung einer „Resonanzschleife" (Abb. 16b), die auch „Antennensperre" genannt wird, wäre Fall 2B maßgebend. Man könnte danach als Sperre an bestimmten Leitungspunkten eine Schleife in die Hochspannungsleitung einbauen, die allerdings für den Frequenzbereich von 50 kHz bis 300 kHz je nach der zu sperrenden Trägerfrequenz zwischen 1,5 km und 0,25 km lang sein müßte. Zur Sperrung mehrerer Trägerfrequenzen würden mehrere Resonanzschleifen an einer Stelle gebraucht und bei Änderung der Trägerfrequenzen müßten auch die Längen der als Hochspannungsleitung gebauten Drosselschleifen geändert werden. Man hat wegen des Platzbedarfs, der Kosten und des Mangels an Bewegungsfreiheit, kurz also wegen der Unhandlichkeit der ganzen Anordnung, in der Praxis keinen Gebrauch von dieser Art der Sperrung gemacht.

Für den Anlagenbau ist noch die Einschleifung (Abb. 16c) von Interesse. Man kann sie bei einer Anlage mit Einleiterkopplung als Resonanzschleife nach Fall 2 B betrachten, so lange die Hin- und Rückleitung miteinander gekoppelt sind (wie es meistens der Fall ist), bei einer Anlage mit Zweileiterkopplung dagegen nicht. Damit keine Energieverluste für die Trägerfrequenzübertragung auftreten

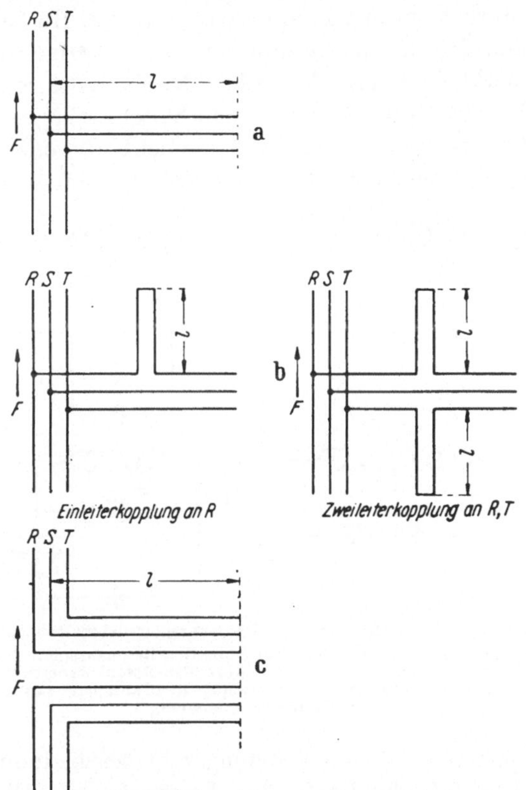

Abb. 16a—c. Einfluß der Hochspannungsleitungsführung auf die Trägerfrequenzübertragung.
a) Stichleitung. b) Resonanzschleife. c) Einschleifung.

können, wird der Trägerfrequenz-Übertragungsweg im Zuge der Hauptleitung durch eine Überbrückungsschaltung (s. S. 48) durchgeschaltet. Wenn jedoch eine Trägerfrequenzverbindung sowohl auf der Hauptleitung weiterlaufen als auch zum Ende der Einschleifungsleitung hinführen soll, kann ihre Länge auch nach Fall 1 A oder 2 A bei einem ganzzahligen Vielfachen von $\frac{1}{4}$ der Wellenlänge liegen. Der Abschlußwiderstand, den das Trägerfrequenzgerät darstellt, schließt die Wirkungen dieser beiden Extremfälle aus. Sollen in der Station am Ende der Einschleifungsleitungen lediglich zwei verschiedene aus den beiden Richtungen der Hauptleitung einlaufende Trägerfrequenzverbindungen enden, so entstehen auch keine Schwierigkeiten.

Um Stichleitungen kritischer Länge zu sperren und übermäßige Energieverluste im Übertragungsweg an den Ankopplungs- und Überbrückungsstellen zu vermeiden, verwendet man Drosselspulen als Sperren. Die Induktivität dieser Spulen muß so bemessen sein, daß sie für den Starkstrom mit Frequenzen unter 100 Hz kein Hindernis bedeuten, für den Hochfrequenzstrom mit rd. 1000fachen Frequenzen jedoch eine merkliche Sperre darstellen. Man will die vom Starkstrom durchflossene Induktivität möglichst klein halten, teils aus wirtschaftlichen Gründen, teils auch um die in der Spule bei Kurz- oder Erdschlüssen auftretenden mechanischen Kräfte besser beherrschen zu können. Zur Erhöhung der Sperrwirkung der kleinen Induktivitäten werden Resonanzabstimmungen mit Kondensatoren durchgeführt (Abb. 17).

Man benutzte anfangs einwellig abgestimmte Spulen. Um die vom Starkstrom durchflossene Induktivität und den Abstimmkondensator möglichst klein zu halten, koppelte man einen auf die Trägerfrequenz abgestimmten Sekundärkreis, der eine Spule mit höherer Windungszahl besaß, induktiv mit einer Spule kleinerer Windungszahl im Leitungszuge. Die Sekundärkreiskopplung brachte jedoch, wenn Wanderwellen auftraten, so hohe Spannungen an die Sekundärspule, daß die Kondensatoren mit festem Dielektrikum, die dem Drehkondensator zur Erzielung ausreichender Kapazität parallel geschaltet wurden, häufig durchschlugen. Man hat deshalb diese Abstimmart verlassen. Da Fernsprechanlagen bei weitem am häufigsten gebaut und dazu zwei Trägerfrequenzen gebraucht werden, wurden bald zweiwellig abgestimmte Sperren die Regel. Die hierfür früher angewandte Abstimmart, die Gesamtinduktivität der Spule in zwei Hälften zu teilen und jeder Hälfte einen besonderen Kondensator parallel zu schalten, wird wegen der Abgleichsschwierigkeiten, die bei dieser Schaltung auftreten, kaum noch verwendet.

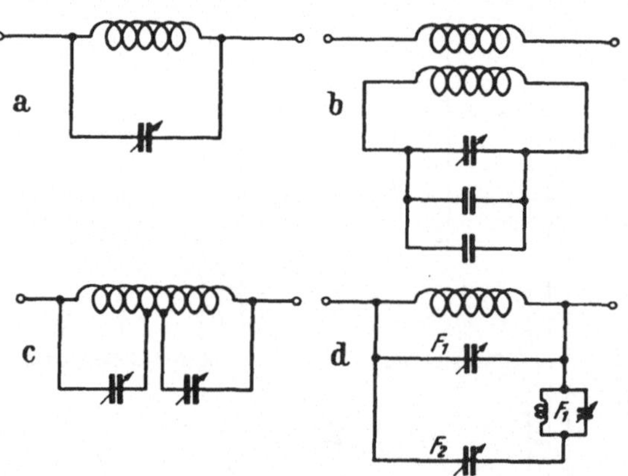

Abb. 17a—d. Beispiele von Resonanzsperren-Schaltungen. a) Einwellen-Resonanzsperre. b) Einwellen-Resonanzsperre mit abgestimmtem Sekundärkreis. c) Zweiwellen-Resonanzsperre mit Serienabstimmung. d) Zweiwellen-Resonanzsperre mit Parallelkreisabstimmung.

Häufig gebraucht wird eine Schaltung (Abb. 17d), bei der eine Induktivität von etwa 0,15 mH bis 0,25 mH zunächst durch einen Parallelkondensator auf eine Frequenz F_1 abgestimmt wird. Ein weiterer Kondensator wird in Reihe mit einem auf F_1 abgestimmten Sperrkreis ebenfalls der Induktivität parallelgeschaltet und so bemessen, daß die ganze Schaltanordnung auch die Frequenz F_2 sperrt. Dabei ist F_1 die höhere, F_2 die tiefere der beiden Trägerfrequenzen.

Mit der Resonanzabstimmung kann man den Sperrwiderstand für beide Trägerfrequenzen auf ein Mehrfaches des Wellenwiderstandes der Leitung bringen. Dies reicht aus, um die Trägerstromübertragung bei Erdung der Hochspannungsleitung hinter den Sperren und bei Änderungen des Schaltzustandes der Hochspannungsanlagen einwandfrei aufrecht zu halten.

„Resonanzsperren" sind für Betriebsströme von 150 A bis 800 A gebaut worden. Die mechanische Festigkeit wird allgemein für Stoßkurzschlußströme von 25000 A bis 30000 A ausgebildet. Am häufigsten wird die 400 A-Sperre verwendet (Abb. 18). Die Abstimmittel sind bei manchen Sperren (Abb. 18a und b) im Innern der zylindrisch gewickelten Spule untergebracht. Bei neuen Konstruktionen verläßt man im allgemeinen das Prinzip, die Abstimmteile durch Schutzmäntel vor der direkten Beregnung zu schützen und baut diese selbst in einem regensicheren Gehäuse ein. Man hat dann bessere Bedingungen für die Wärmeabführung und kann die gleichen Leiterquerschnitte mit höheren Betriebsströmen belasten, oder bei gleichen Nennstromstärken die Sperren etwas kleiner bauen.

An die „Abstimmkondensatoren" werden hohe Anforderungen gestellt. Zunächst müssen sie für eine sehr hohe Prüfspannung gebaut sein, da bei den Kurzschlußströmen längs der Spule ein hoher Spannungsabfall auftritt und auch Beschädigungen durch Wanderwellen zu befürchten sind. Defekte an den Abstimmkondensatoren können nur mittelbar durch Messungen in der Trägerfrequenznachrichtenanlage festgestellt werden, weil die Sperren im Betrieb unter Hochspannung stehen und für direkte Messungen nicht zugänglich sind. Die Auswechslung defekter Abstimmkondensatoren ist also immer mit einer Abschaltung der Hochspannungsanlage, dem Ausbau der Sperre und einer Neuabstimmung verbunden. Um diesen Unannehmlichkeiten auszuweichen, wählt man die Spannungsfestigkeit der Abstimmkondensatoren so hoch, wie es nur irgend in Ansehung ihrer Abmessungen und ihrer Kosten vertretbar ist.

Darüber hinaus werden zum Schutz der Kondensatoren noch Spannungsableiter zwischen den Endpunkten der Spule eingebaut, beispielsweise Kathodenfallableiter. Die Ansprechspannung solcher Ableiter liegt einerseits unter der Nennspannung der Abstimmkondensatoren, anderer-

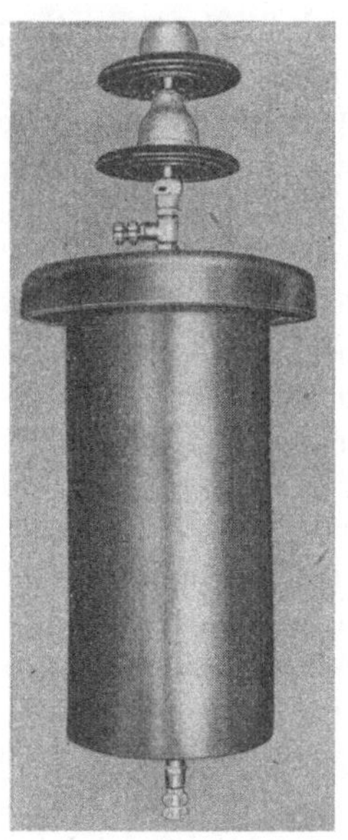

a   b

c   d

Abb. 18a—d. Beispiele von Resonanzsperren-Ausführungen.
a) 400 A-Innenraumsperre (Siemens & Halske). b) 400 A-Freiluftsperre mit Silimanit-
überwurf (Siemens & Halske). c) 250 A-Sperre ohne zugehörigen Überwurf (Asea).
d) 500A-Sperre ohne zugehörigen Überwurf (Asea).

seits aber auch über der Spannung, die beim Stoßkurzschluß längs der Spule auftritt; damit werden also die Abstimmkondensatoren gegen die kurzzeitigen Überspannungen bei Wanderwellen geschützt, während die länger andauernden Überspannungen beim Stoßkurzschluß, die den Kathodenfallableiter zerstören könnten, nicht groß genug sind, um ihn zum Ansprechen zu bringen.

Eine weitere Anforderung an die Abstimmkondensatoren betrifft ihre Temperaturkonstanz. Man verlangt, daß der Kapazitätswert sich trotz der großen Temperaturschwankungen, denen der Kondensator in einer Freiluftschaltanlage ausgesetzt ist, möglichst wenig ändert, damit die Abstimmung auf die zu sperrende Trägerfrequenz der Nachrichtenanlage sich nicht in einem unzulässigen Maß ändert.

Im Laufe der Entwicklung mußten viele Erfahrungen gesammelt werden, bevor man befriedigende Ausführungen von Abstimmkondensatoren durchbilden konnte. Man verwendet seit vielen Jahren unter anderen in einem verlöteten Metallbecher eingebaute Goldglimmerkondensatoren, die hinsichtlich Spannungsfestigkeit und Temperaturkonstanz allen Anforderungen entsprechen.

Es hat nicht an Versuchen gefehlt, die Konstruktion der Resonanzsperren so auszuführen, daß man mit einer Schaltstange die Abstimmung während des Betriebes der Hochspannungsanlage ohne Ausbau der Sperre ändern kann. Diese Versuche sind gegenstandslos geworden. Die Sperren sollten früher hauptsächlich deshalb bequem nachstimmbar sein, weil die älteren Abstimmkondensatoren einen zu großen Temperaturgang hatten. Auch das früher übliche Ausweichen mit der Trägerfrequenz einer Nachrichtenanlage vor fremden störenden Sendern ist heute meist wegen des Mangels an Platz im Frequenzplan nicht mehr möglich und auch wegen der verbesserten Trennfilter in den Eingangskreisen der Trägerfrequenzgeräte nicht mehr nötig.

Die Resonanzsperren stellen einen Sperrkreis dar, der im Prinzip aus einer Spule und einem parallelgeschalteten Kondensator besteht. Der Scheinwiderstand einer solchen Schaltung ist ein reiner Blindwiderstand und mit den Bezeichnungen $|\Re| =$ Betrag des Scheinwiderstandes, $\omega = 2\,\pi$ fache Trägerfrequenz F, $L =$ Induktivität und $C =$ Kapazität dargestellt durch

$$|\Re| = \frac{j\,\omega\,L}{1 - \omega^2\,L C}. \tag{2}$$

Der Sperrbereich einer Resonanzsperre (Abb. 19, Kurve a) läßt sich daraus ableiten zu

$$F_2 - F_1 = \frac{1}{\pi}\sqrt{\frac{1}{(2\,C R)^2} + \frac{1}{L C}} \tag{3}$$

wobei R den Sperrwiderstand für die beiden äußersten Frequenzen des zu sperrenden Frequenzbandes darstellt.

Man ist bestrebt, auch bei tiefen Trägerfrequenzen keine allzu-großen Unterschiede zwischen den Werten des Sperrwiderstandes für die Frequenzen innerhalb des Sperrbereichs entstehen zu lassen, weil die Güte der Übertragung davon abhängt. Bei gleichbleibendem L kann man dies durch Einfügen eines ohmschen Widerstandes in den Abstimmkreis erreichen. Dadurch sinkt allerdings der Sperrwiderstand im Resonanzpunkt (Abb. 19, Kurve b); insbesondere darf dabei der Wert R nicht zu klein werden.

Die Resonanzsperren wurden weiterentwickelt in dem Bestreben, die für den Betriebsstrom bemessene Spule nicht nur zur Sperrung von zwei, sondern von möglichst vielen Trägerfrequenzen zu benutzen. Dieser Wunsch, ein für Starkstromverhältnisse gebautes Element der Anlage, das verhältnismäßig teuer ist, für möglichst viel Nachrichtenwege aus-zunutzen, war bereits für die Entwicklung der Ankopplungsschaltungen mit Bandfiltern ausschlag-gebend, um Koppelkonden-satoren einzusparen. Hier wur-de der Durchlaßbereich durch Vergrößerung der Kopplungs-kapazität verbreitert.

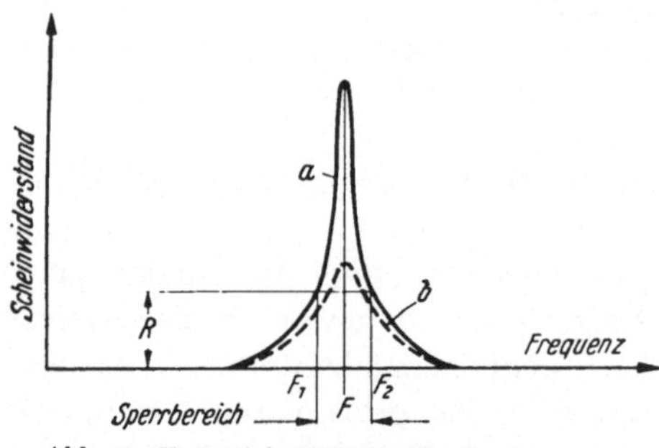

Abb. 19. Verlauf des Scheinwiderstandes einer Resonanzsperre.

Wenn man die Induktivität der vom Starkstrom durch-flossenen Spule einer Hoch-frequenzsperre vergrößert, so wächst sowohl der Sperrwider-stand im Resonanzpunkt als auch die Breite des Durchlaßbereichs. Man kann auf diese Weise Sperren bauen, die auf nur wenige nebeneinander liegende breitere Sperrbereiche abgestimmt zu werden brauchen, damit sie innerhalb des Frequenz-bereiches 50 kHz bis 300 kHz zur Sperrung aller Trägerfrequenzen ver-wendet werden können. Bei diesen „Bandsperren" treten infolge der größeren Induktivität auch größere mechanische Kräfte bei Kurzschlüssen im Starkstromnetz und auch höhere Spannungen an den Abstimmkon-densatoren auf.

Den Extremfall der Bandsperre stellt die „Allwellensperre" dar, die alle Frequenzen zwischen 50 kHz und 300 kHz sperrt. Eine reine Induktivität von 2 mH ergibt ohne jegliche Abstimmittel einen genügenden Sperr-widerstand für den ganzen Frequenzbereich (für 50 kHz $= \omega L = 628\ \Omega$). Die bei Kurzschlüssen auftretenden mechanischen Kräfte werden aller-dings so groß, daß man eine derartige Spule besser nicht mehr als Zylin-derwicklung ausführt, sondern in Scheibenwicklungen. Die Abmessungen und das Gewicht sind zu groß für eine Aufhängung; man stellt diese Allwellensperren auf Hochspannungsstützern auf (Abb. 20).

Wenn an einem Punkt eines Hochspannungsleiters mehrere, beispielsweise 6 Trägerfrequenzen (entsprechend 3 Sprechverbindungen) gesperrt werden sollen, müssen bei Verwendung von zweiwellig abgestimmten Resonanzsperren 3 Sperren in Reihe geschaltet werden. Obwohl eine derartige Anordnung bereits unbequeme zusätzliche Montageanordnungen in die Hochspannungsanlage bringt, wird dies im Bedarfsfall noch durchgeführt. Eine Allwellensperre verwendet man im allgemeinen wegen der Anschaffungskosten erst dann, wenn mindestens 5 bis 6 Trägerfrequenzen gesperrt werden müssen. Sie haben allerdings gegenüber den Resonanzsperren den technischen Vorteil, daß keine Fehler an Abstimmkondensatoren auftreten können — weil diese nicht vorhanden sind — und außerdem werden bei Umstimmungen und Erweiterungen der Trägerfrequenznachrichtenanlage keinerlei Änderungen an den Allwellensperren nötig. Man muß bei der Anwendung von Allwellensperren lediglich darauf achten, daß keine Längsresonanz der Sperreninduktivität mit der Kapazität der Transformatoren und Sammelschienen auftreten kann, da sonst für einzelne Hochfrequenzkanäle ein praktisch widerstandsloser Abflußweg statt der gewünschten Sperrung entsteht.

Bisher wurden nur „Betriebssperren" behandelt; diese sind dadurch gekennzeichnet, daß ihr Sperrwiderstand lediglich hoch genug sein muß, um den unerwünschten Abfluß

Abb. 20. Allwellensperre für 700 A und 220 kV (Siemens-Schuckertwerke).

der trägerfrequenten Nachrichtenströme so weit zu vermindern, daß die Hochfrequenzübertragung unabhängig vom Schaltzustand der Hochspannungsanlage, auch bei Erdungen der Hochspannungsleitungen über die Sperren, einwandfrei arbeiten kann.

Eine andere Art von Sperren, die „Übersprechsperren", müssen wesentlich größere Sperrwiderstände aufweisen als die Betriebssperren, und auch möglichst den ganzen Frequenzbereich 50 kHz bis 300 kHz sperren. Die Übersprechsperren werden an bestimmten Punkten eines großen zusammenhängenden Hochspannungsnetzes so eingebaut, daß einzelne Hochfrequenz-Teilnetze entstehen, die soweit voneinander entkoppelt sind, daß in jedem Teilnetz alle Trägerfrequenzen des ganzen Bereichs verwendet werden können. Übersprechsperren haben also die Aufgabe, ein sehr großes Maschennetz, innerhalb dessen mehr Trägerfrequenz-kanäle gebraucht werden als in dem Frequenzbereich 50 kHz bis 300 kHz untergebracht werden können (s. S. 72ff.), für den Trägerfrequenz-Nachrichtenbetrieb in kleinere Maschennetze aufzuteilen.

Für die Entkopplung einzelner Teile eines Hochspannungsnetzes voneinander gibt es verschiedene Mittel, wie Hochspannungstransformatoren, Verwendung von Leitungsstrecken mit Eisenüberzug oder auch Vierpolsperren. Die Anwendung dieser Mittel ist mit hohen Kosten verknüpft, und man versucht deshalb, durch entsprechende Frequenzplanung und Verwendung frequenzbandsparender Übertragungssysteme diesen Aufwand für Netzentkopplungen so lange als möglich zu vermeiden.

Ein Hochspannungstransformator stellt eine gute Entkopplungseinrichtung dar, bei der ein unerwünschter Übertritt der Hochfrequenznachrichtenströme von einer Seite zur anderen praktisch nicht stattfindet. Solange diese Transformatoren für den Aufbau der Starkstromanlage notwendig sind, wie zum Beispiel für den Übergang auf andere Betriebsspannungen, kann man in den Netzen verschiedener Betriebsspannung voneinander unabhängige Frequenzpläne für die Hochfrequenznachrichtenanlagen aufstellen. Eine Verwendung gleicher Trägerfrequenzen auf Leitungen verschiedener Betriebsspannung in einer Station vermeidet man dabei immerhin doch, weil bei der Einführung der Hochspannungsleitungen in die Station eine unerwünschte Kopplung der Netze verschiedener Betriebsspannung sich oft nicht ganz verhindern läßt. Zur Begrenzung der Kurzschlußleistungen werden zwischen größeren Teilen des Hochspannungsnetzes auch Transformatoren mit dem Übersetzungsverhältnis 1:1 eingesetzt. Die Bestrebungen, diese Trenntransformatoren auch so auszubilden, daß sie gleichzeitig als Übersprechsperren für die Hochfrequenznachrichtenströme dienen, und erst recht die Forderung, derartige Starkstromtransformatoren nur mit Rücksicht auf die Belange der Trägerfrequenznachrichtenanlagen einzubauen, haben wegen der damit verbundenen Kosten bis jetzt zu keinen wesentlichen Ergebnissen geführt.

Ein Überzug der Hochspannungsleitung mit Eisen wirkt ebenfalls im Sinne einer Übersprechsperre. Bekanntlich drängen sich die Wechselströme bei steigender Frequenz immer mehr an der Oberfläche des Leiters zusammen („Skineffekt"). Besteht die oberste Schicht aus einem Stoff mit schlechterem Leitvermögen als der Innenleiter und mit einer beträchtlichen Permeabilität wie etwa Eisen, so tritt eine höhere Dämpfung der Hochfrequenzströme auf, die schließlich zu einer Auslöschung der hochfrequenten Ströme führen kann. Es sind jedoch erhebliche Leitungslängen erforderlich, um eine genügende Sperrwirkung zu erreichen, so daß in der Praxis die Anwendung des Eisenüberzuges zur Sperrung der Hochfrequenzströme kaum in Betracht kommt. Die Bedingungen für eine brauchbare Übersprechsperre durch eine Ummantelung des Hochspannungsleiters mit Eisen ergeben sich aus einer genaueren Betrachtung der Erhöhung des ohmschen Widerstandes eines Leiters infolge der Stromverdrängung. Mit guter Annäherung gilt für den hier in Betracht kommenden Trägerfrequenzbereich [12, 17]:

$$R \approx \frac{1}{2r} \sqrt{\frac{\mu F}{\pi \sigma}} = 10 \; \frac{\mathrm{mm}}{r} \sqrt{\frac{\mu}{\mu_0} \; \frac{F}{\mathrm{kHz}} \; \frac{S \frac{\mathrm{m}}{\mathrm{mm^2}}}{\sigma} \; \frac{\Omega}{\mathrm{km}}} \; . \tag{4}$$

Hierbei bedeutet r den Leiterhalbmesser, F die Frequenz, σ die Leitfähigkeit und μ die Permeabilität. Ferner ist:

$$\mu_0 = 4 \pi \; 10^{-9} \; \frac{\mathrm{H}}{\mathrm{cm}}$$

Bei einem Kupferleiter mit

$$\sigma = 58 \; S \; \frac{\mathrm{m}}{\mathrm{mm^2}}, \quad \mu = 1 \, \mu_0$$

und einem Halbmesser von 7,2 mm, erhält man bei $F = 100 \; \mathrm{kHz}$

$$R_{\mathrm{Cu}} \approx \frac{10}{7,2} \sqrt{\frac{1 \cdot 100}{58} \; \frac{\Omega}{\mathrm{km}}} \approx 2 \; \frac{\Omega}{\mathrm{km}} \; .$$

Nimmt man an Stelle des Kupferleiters einen Eisenleiter gleichen Halbmessers mit $\mu = 500 \, \mu_0$ und $\sigma = 10 \; S \; \frac{\mathrm{m}}{\mathrm{mm^2}}$, so erhöht sich der Hochfrequenzwiderstand infolge der Permeabilität und des schlechten Leitvermögens auf

$$R_{\mathrm{Fe}} \approx \frac{10}{7,2} \sqrt{\frac{500 \cdot 100}{10} \; \frac{\Omega}{\mathrm{km}}} \approx 100 \; \frac{\Omega}{\mathrm{km}} \; .$$

Die Dicke einer Schicht, deren Gleichstromwiderstand gleich dem Hochfrequenzwiderstand des massiven Leiters ist[1],

---

[1] Diese „Dicke der äquivalenten Leitschicht" darf nicht verwechselt werden mit der „Eindringtiefe", die nach der Formel

$$\frac{d}{\mathrm{mm}} = 2 \sqrt{\frac{\pi \varrho}{\mu F}} = 100 \sqrt{\frac{\varrho}{\Omega} \; \frac{\mathrm{km}}{\mathrm{mm^2}} \; \frac{\mu_0}{\mu} \; \frac{\mathrm{Hz}}{F}}$$

berechnet wird. Dabei bedeutet ϱ den spezifischen Widerstand, $\frac{\mu}{\mu_0}$ die auf die Permeabilität des Vakuums bezogene Permeabilität des Leitermaterials bei niederen Frequenzen und F die Frequenz. Die Eindringtiefe nimmt mit der Wurzel aus der Frequenz ab. Für die Frequenzen 50 kHz bis 300 kHz, wie sie für Nachrichtenübertragungen über Hochspannungsleitungen in Betracht kommen, kann man sich als Eindringtiefe in Kupfer etwa 1 mm merken (für eine mittlere Trägerfrequenz), während das entsprechende Maß bei 50 Hz Netzfrequenz 60 mm beträgt.

ist [27]

$$\vartheta = \frac{1}{\sqrt{\pi F \sigma \mu}} = \frac{15,9}{\sqrt{\dfrac{\sigma}{\mathrm{S}\,\dfrac{\mathrm{m}}{\mathrm{mm}^2}} \cdot \dfrac{F}{\mathrm{kHz}} \cdot \dfrac{\mu}{\mu_0}}}\,\mathrm{mm} \tag{5}$$

sie beträgt also für den Kupferleiter

$$\vartheta_{\mathrm{Cu}} = \frac{15,9}{\sqrt{58 \cdot 100 \cdot 1}}\,\mathrm{mm} \approx \frac{1}{5}\,\mathrm{mm}$$

und für den Eisenleiter

$$\vartheta_{\mathrm{Fe}} = \frac{15,9}{\sqrt{10 \cdot 100 \cdot 500}}\,\mathrm{mm} \approx \frac{1}{50}\,\mathrm{mm},$$

Aus rein mechanischen Gründen wird man eine Schichtdicke unter 0,1 mm nicht wählen können, wenn man Kupfer mit Eisen ummantelt. Man kann daher den eben errechneten Wert für den Hochfrequenzwiderstand eines Eisenleiters auf den eisenummantelten Kupferleiter anwenden

$$R_{\mathrm{Cu\,Fe}} \approx 100\,\frac{\Omega}{\mathrm{km}}\,.$$

Für die Dämpfung gilt

$$\beta = \frac{R}{2Z}$$

(s. S. 54). Da der Wellenwiderstand Z zwischen zwei Leitern einen mittleren Wert von 600 Ω besitzt, erhält man für den metallischen Übertragungsweg

$$\beta = \frac{2 \cdot 100}{2 \cdot 600}\,\frac{\mathrm{N}}{\mathrm{km}} = 0{,}165 \cdot \frac{\mathrm{N}}{\mathrm{km}}\,.$$

Will man eine Dämpfung von 6 Neper erreichen, wie sie für eine Übersprechsperre ausreicht, so müßte man 36 km Kupferleitung mit Eisen ummanteln. Derartige Aufwendungen lediglich für die Nachrichtenanlagen wird man beim Bau von Hochspannungsfreileitungen kaum machen wollen.

Die letzte der drei erwähnten Möglichkeiten für eine Netzentkopplung besteht darin, eine regelrechte Vierpolsperre zu bauen, wie sie in der Fernmeldetechnik üblich ist [27], mit dem Unterschied, daß die Bauelemente für Hochspannungsverhältnisse ausgeführt sein müssen (Abb. 21). Im Gegensatz zur Betriebssperre, die eine Zweipolsperre darstellt, wird eine Vierpolsperre mit Kapazitäten für die volle Betriebsspannung wie die Koppelkondensatoren ausgeführt, und mit Induktivitäten, die für den vollen Betriebsstrom gebaut sind. Die Anordnung stellt jeweils zwischen einem Hochspannungsleiter und Erde eine Spulenleitung dar, die Ströme mit tiefen Frequenzen im Durchlaßbereich von 0 bis ω_0 Hz praktisch ohne Dämpfung durchläßt. Im Sperrbereich oberhalb der Grenzfrequenz wächst die Dämpfung rasch an. Der Zusammenhang zwischen der Grenzfrequenz ω_0, der Größe der Induktivität L und der Kapazität C ist durch die Gleichung

$$2\pi F_0 = \omega_0 = \frac{2}{\sqrt{LC}} \qquad (6)$$

gegeben; die Dämpfung b verläuft im Sperrbereich nach der Gleichung

$$b = 2 \, \mathfrak{Ar} \, \mathfrak{Cof} \, \frac{\omega}{\omega_0}.$$

Setzt man entsprechend den Anforderungen an eine Übersprechsperre $b = 6$ Neper, so ergibt sich $\frac{\omega}{\omega_0} \approx 10$. Damit auch die tiefste Trägerfrequenz der Nachrichtenanlagen, 50 kHz ($\omega = 2\pi \cdot 50 \cdot 10^3$ Hz), genügend gesperrt wird, muß also die Grenzfrequenz ω_0 bei etwa 31 kHz liegen. Da jedoch

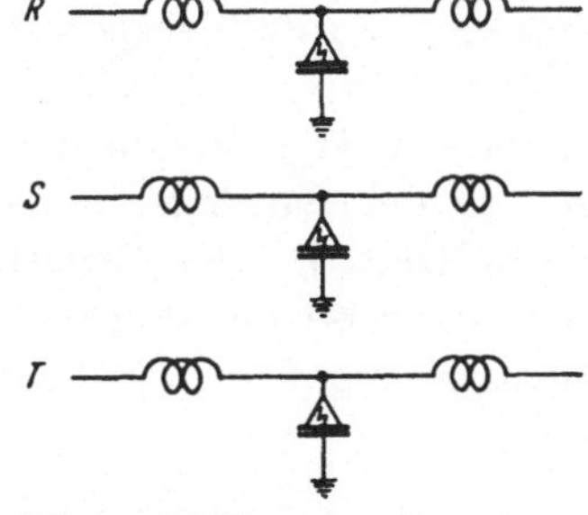

Abb. 21. Schaltung einer Vierpolsperre zur Netzentkopplung.

$$L = \frac{2Z}{\omega_0} \qquad \text{und} \qquad C = \frac{2}{\omega_0 Z} \qquad (7)$$

ist, ergibt sich für $Z = 400 \, \Omega$

$$L = \frac{2 \cdot 400}{31\,000} \, 10^{-3} \, \text{H} \qquad \text{und} \qquad C = \frac{2}{40 \cdot 0{,}31} \, 10^{-6} \, \text{F}$$

$$L = 25{,}7 \, \text{mH} \qquad \text{und} \qquad C = 0{,}16 \, \mu\text{F}.$$

Bei eingliedrigen Spulenleitungen mit den für Übersprechsperren erforderlichen Dämpfungswerten werden also die Kondensatoren und Spulen zu groß und damit viel zu teuer. Daran ändert sich auch nichts, wenn die Spulenleitung aus mehreren hintereinander geschalteten Gliedern aufgebaut wird. Außerdem würden derartige Werte von L und C die charakteristischen Daten der Leitung bereits soweit verändern, daß Schwierigkeiten in der Schutzanlage des Hochspannungsnetzes zu erwarten sind. Hinreichend kleine Werte von L und C und damit auch eine Verminderung des wirtschaftlichen Aufwandes kann man nur durch Verwendung zweckmäßiger Abwandlungen der Grundschaltung erreichen. die so ausgelegt werden, daß nicht der ganze Frequenzbereich 50 kHz bis 300 kHz, sondern nur breitere Frequenzbänder innerhalb desselben gesperrt werden.

Einen Sonderfall von Hochfrequenzsperren stellen die ,,tragbaren Hochfrequenzsperren'' dar, die als Betriebssperren da verwendet werden, wo eine abgeschaltete Hochspannungsleitung unterwegs geerdet wird. Beim Aufbau einer tragbaren Hochfrequenzsprechstelle (s. S. 137), die den Sprechverkehr zwischen einem Bautrupp auf der Strecke und der nächsten ortsfest eingebauten Station ermöglicht, werden tragbare Sperren in die

Erdleitungen eingebaut, über die die Hochspannungsleitung zu beiden Seiten der Baustelle aus Sicherheitsgründen geerdet ist.

Die Einsatzbedingungen für tragbare Sperren sind somit andere als die der ortsfest eingebauten Betriebssperren. Sie führen keinen Betriebsstrom, werden für verschieden abgestimmte Trägerfrequenzverbindungen je nach Lage der Baustelle im Hochspannungsnetz verwendet, müssen also Allwellensperren sein, und außerdem weiß man beim Einbau auf freier Strecke nie sicher, an welche der drei Leiter des Drehstromsystems die Trägerfrequenznachrichtenanlage angekoppelt ist, man sperrt also an der Baustelle in der Erdungsleitung immer alle drei Phasen gegen Erde. Bei den Bauarbeiten an der Hochspannungsleitung werden normalerweise die drei Hochspannungsleiter kurzgeschlossen und gemeinsam geerdet. Man kann dabei eine zweipolige tragbare Allwellen-

Abb. 22. Tragbare Allwellensperre für drei Phasen
(Siemens & Halske).

sperre verwenden, die in die Erdleitung eingeschaltet ist. Solange es sich um nur eine Trägerfrequenznachrichtenanlage handelt, die an einen Hochspannungsleiter angekoppelt ist, genügt diese Anordnung. Meistens sind jedoch an mehr als einen Hochspannungsleiter Trägerfrequenzanlagen angekoppelt, sei es, daß eine Anlage an zwei Leiter angeschlossen ist, sei es, daß an jeden Hochspannungsleiter voneinander unabhängige Trägerfrequenzanlagen angekoppelt sind. Um eine allen diesen Fällen Rechnung tragende Sperrung zu erreichen, wird die tragbare Allwellensperre dreiphasig ausgeführt.

Die Voraussetzungen dafür, daß die tragbaren Sperren tatsächlich sachgemäß von den Bautrupps angewendet werden, bestehen darin, daß sie leicht zu transportieren sind, bequem an einen Gittermast aufgehängt und die Erdseile rasch und zuverlässig angeschlossen werden können. Die für eine tragbare Allwellensperre erforderliche Induktivität mit kleinen

Abmessungen ist bei dem Ausführungsbeispiel (Abb. 22) durch einen Kern aus Hochfrequenzeisen erreicht. Dieser ist so bemessen, daß bei einer versehentlichen Zuschaltung der Hochspannung die Induktivität durch Übersättigung des Eisens aufgehoben wird und damit eine fast widerstandslose Erdleitung entsteht. Das Gewicht der Sperre beträgt etwa 20 kg. Für jede Baustelle werden zwei Exemplare entsprechend den beiden Erdungspunkten benötigt.

Die Bandsperren, Allwellensperren, und tragbaren Sperren enthalten ebenfalls Spannungsableiter, wie sie bereits bei den zweiwelligen Resonanzsperren erwähnt wurden, um die Spule gegen Überspannungen zu schützen.

c) Überbrückungsschaltungen.

Eine Trennstelle im Zug der Hochspannungsleitung wird von den hochfrequenten Trägerströmen der Nachrichtenanlage durch Überbrückungsschaltungen umgangen. Als man noch mit Antennenkopplung zu arbeiten versuchte, lag es nahe, auch die Überbrückungen durch einen Luftdraht parallel zu den beiden Endstrecken der zu koppelnden Hochspannungsleitungen herzustellen. Diese Art der Überbrückung erwies sich als genau so wenig geeignet wie die Antennenkopplung überhaupt. Man baute deshalb sowohl die Überbrückungsschaltungen als auch die Ankopplungen mit Koppelkondensatoren auf.

Für den Betrieb der Hochspannungsanlage ist es wichtig, daß die Trägerfrequenz-Überbrückungsschaltungen keine Gefährdungsspannung aus einem spannungführenden Abschnitt der Hochspannungsleitung in einen abgeschalteten Leitungsabschnitt übertragen können. Man kann also schon aus diesem Grund eine Trennstelle nicht einfach durch einen Kondensator überbrücken, ganz abgesehen davon, daß die Kapazität eines Koppelkondensators für die Hochfrequenzströme einen Widerstand darstellt, der im Vergleich zum Wellenwiderstand der Leitung zu groß ist.

Die Forderung, daß keine Gefährdungsspannung durch die Überbrückungsschaltung übertragen werden soll, ist erfüllt, wenn jeder Kondensator über eine abgestimmte Induktivität geerdet wird (Abb. 23b). Durch eine magnetische Kopplung wird die Übertragung eines Frequenzbandes erreicht. Die später verwendeten Brücken mit Resonanzabstimmung (Abb. 23c) waren auf die beiden durchzulassenden Trägerfrequenzen abgestimmt; die Qualität der Sprechverbindungen litt wie bei der Ankopplung mit Resonanzabstimmung darunter, daß die höheren Frequenzen des Sprachbandes abgeschnitten werden (Abb. 10a). Bei den modernen Überbrückungsschaltungen (Abb. 23d) werden einfach zwei normale Ankopplungsschaltungen mit Bandfiltern durch ein Kabel miteinander verbunden. Der Durchlaßbereich einer derartigen Überbrückungsschaltung entspricht dem der verwendeten Koppelfilter.

Die Überbrückungsschaltungen mit Resonanzabstimmung waren nur für die beiden zu übertragenden Trägerfrequenzen durchlässig und eine Erweiterung dieser Schaltung auf den Durchlaß von mehr als zwei Trägerfrequenzen ist verhältnismäßig umständlich. Bei der Überbrückungsschaltung mit Bandfiltern ist von vornherein ein Durchlaß für eine Reihe von Trägerfrequenzen gegeben. Solange nicht in der zu überbrückenden Station Trägerfrequenzen nach nur einer der beiden Richtungen gesandt

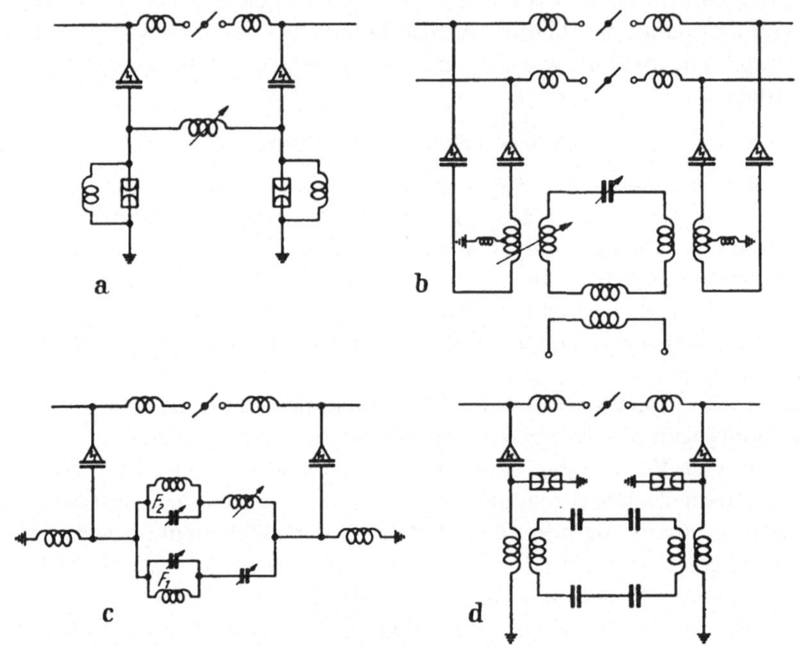

Abb. 23 a—d. Überbrückungsschaltungen.

a) Brücke mit Abstimmspule zwischen den Kondensatoren (Einleiterkopplung). b) Brücke mit galvanischer Trennung der Brückenzweige und angekoppelter Sprechstelle (Zweileiterkopplung). c) Brücke mit Resonanzabstimmung für zwei Trägerfrequenzen (Einleiterkopplung). d) Brücke mit Bandfiltern für ein breites Frequenzband (Einleiterkopplung).

oder aus nur einer Richtung empfangen werden sollen, ist dieser breite Durchlaßbereich durchaus erwünscht (Abb. 24a).

Eine Einwegbrücke, die nach beiden Richtungen mit dem gleichen Durchlaßbereich arbeitet, ist auch nach beiden Richtungen für Trägerfrequenzen durchlässig, die nur nach einer Richtung gehen sollen oder aus nur einer Richtung kommen und in der Brückenstation enden sollen. Damit keine unnötigen Verluste für diesen Träger entstehen, müssen entweder Allwellensperren in beiden Abschnitten der Hochspannungsleitung eingebaut sein, oder bei Verwendung von Resonanzsperren auch in dem Leitungsabschnitt in dem das Frequenzpaar F_1/F_2 nicht gebraucht wird, Sperren für dieses Frequenzpaar eingebaut sein. Billiger und besser für die Frequenzplanung ist es jedoch, das Übertreten des Frequenzpaares in den Leitungsabschnitt überhaupt zu verhindern, und zwar dadurch, daß man für die beiden Koppelfilter Durchlaßbereiche verwendet, die sich überlappen (Abb. 24b). Das Frequenzpaar F_3/F_4, das die Brücke durchlaufen soll, liegt im Durchlaßbereich beider Filter, also in dem Frequenzgebiet, in dem sich die Durchlaßbereiche überschneiden, wäh-

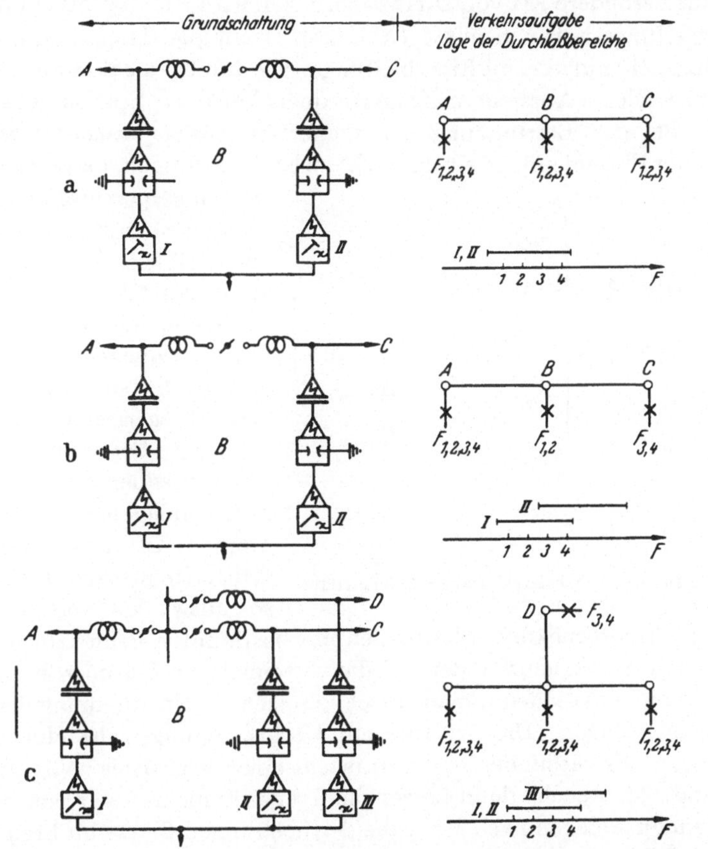

Abb. 24a—c. Überbrückungsschaltung mit Bandfiltern für verschiedene Durchlaßbereiche (Einleiterkopplung.)

a) Einwegbrücke ohne Eingrenzung der übertragenen Frequenzbänder. b) Einwegbrücke mit Eingrenzung der übertragenen Frequenzbänder. c) Dreiwegebrücke mit Eingrenzung der übertragenen Frequenzbänder.

rend das Frequenzpaar F_1/F_2, das in der Brückenstation endet, nur im Durchlaßbereich des Koppelfilters liegt, über dessen Leitungsabschnitt es übertragen werden soll; das zweite Koppelfilter hat für F_1/F_2 eine hohe Dämpfung, das Frequenzpaar wird also gesperrt.

Es können auch „Dreiwegebrücken" aufgebaut werden; bei Resonanzabstimmung der Überbrückungsschaltungen brachte dies einige

Abstimmschwierigkeiten, die bei Verwendung von Bandfilterschaltungen nicht auftreten. Dreiwegebrücken kommen viel seltener vor als Einwegbrücken. Allerdings sind sie dann oft mit der Aufgabe verbunden, daß der Durchlaßbereich nach den drei Richtungen verschieden gewählt werden muß, um eine unerwünschte Verbreitung von Trägerfrequenzen im Hochspannungsnetz zu verhindern (Abb. 24c).

Eine besondere Art von Dreiwegebrücken wird zur Überbrückung von Einschleifungsstellen benutzt (Abb. 25), wenn die Trägerfrequenzverbindung nicht nur über die Einschleifungsstelle durchgeschaltet werden soll, sondern auch ein Abzweig im Trägerfrequenzkanal zur Station gebraucht wird. Bei der Bestimmung der Trägerfrequenzen braucht man die Länge der Einschleifungsleitung nicht zu berücksichtigen, da sie nicht wie eine ungesperrte offene Stichleitung einen Kurzschluß für die Trägerfrequenzverbindung darstellt (s. S. 32).

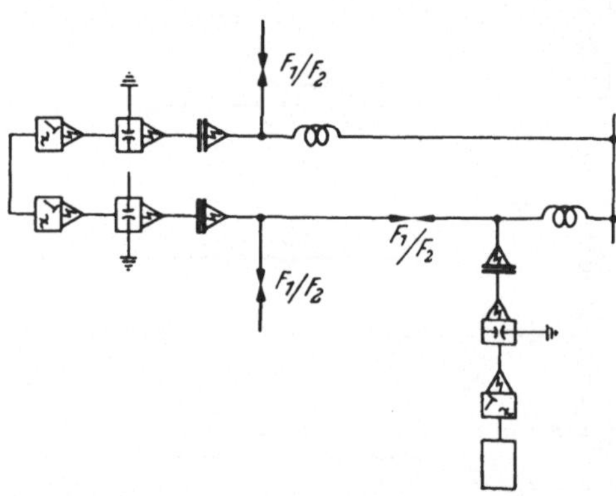

Abb. 25. Dreiwegebrücke an einer Einschleifungsstelle.

Wenn man neue Trägerfrequenzanlagen bauen will, müssen die bereits vorhandenen Trägerfrequenzanlagen bei der Bestimmung der Trägerfrequenzen für die neuen Anlagen berücksichtigt werden. Oft kann man die Trägerfrequenzen nicht mehr so auswählen wie es nötig wäre, um Überbrückungsschaltungen mit bestimmten Begrenzungen der übertragenen Frequenzbänder auf die verschiedenen Leitungsabschnitte aufzubauen — es sei denn, man entschließt sich zur Umstimmung der vorhandenen Anlagen. Dies ist aber mit Unterbrechungen des Hochspannungsbetriebes verbunden und verursacht einen verhältnismäßig großen Aufwand. Man sucht dann besser die Trägerfrequenzen der neu hinzukommenden Anlagen nach Maßgabe der noch freien Plätze im Frequenzplan aus, ohne Rücksicht darauf, daß gleichzeitig auch sich zweckmäßig überlappende Koppelfilterdurchlaßbereiche finden lassen. Die Überbrückungen werden in solchen Fällen mit Koppelfiltern aufgebaut, die alle den gleichen, möglichst breiten Durchlaßbereich haben. Die gewünschte Selektivität der Überbrückungsschaltung wird dann mit zusätzlichen Bandfiltern erreicht, die nur für die durchzuschaltenden Kanäle durchlässig sind (Abb. 26).

Der breite Durchlaßbereich der Überbrückungsschaltungen, den man mit Rücksicht auf die Mehrfachankopplung anstrebte und mit der Einführung der Bandfiltertechnik auch erreichte, wird also zur Vermeidung unnötiger Energieverluste und unnötiger Verschleppung der Trägerfrequenzen im Hochspannungsnetz wieder eingeengt, wenn in der zu über-

brückenden Station ein Träger-
stromkanal beginnen oder enden soll. Die technischen Mittel
dazu sind Koppelfilter mit sich
überlappenden Durchlaßberei-
chen oder zusätzliche Bandfilter.

Es kommt auch manchmal
der Fall vor, daß die zu über-
brückende Trennstelle in der
Hochspannungsleitung nicht
aus einer vollständigen Hochspannungsstation besteht, sondern nur aus einem Freileitungs-
trennschalter. Der Starkstrom-
techniker neigt zu der Annahme,
daß hier die Hochfrequenzsperren überflüssig sind, da ein
Abfluß der Hochfrequenzenergie
über Kapazitäten von Sammelschienen oder Transformator-
wicklungen nach Erde nicht in
Betracht kommt. Diese Auf-
fassung ist nur mit Einschrän-
kungen richtig. Wenn bei einer
solchen „Trennschalterbrücke",

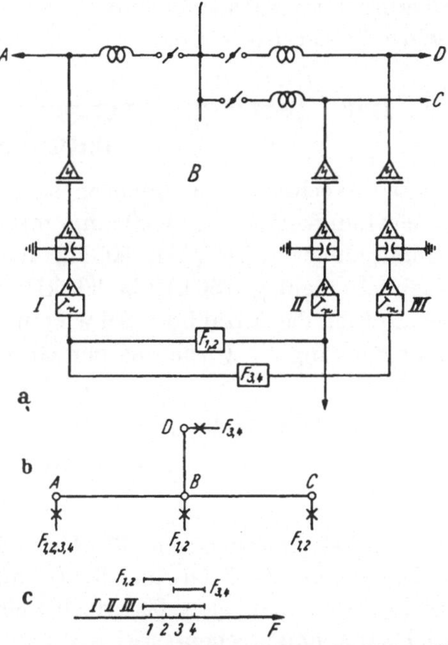

Abb. 26 a—c. Dreiwegebrücke mit Zusatzbandfiltern für bestimmte Durchlaßbereiche (Einleiterkopplung).
a) Grundschaltung. b) Verkehrsaufgabe. c) Lage der Durchlaßbereiche.

die sich von der normalen Über-
brückungsschaltung durch das Fehlen der Sperren unterscheidet, der
Trennschalter offen ist, liegen
für die Hochfrequenzübertragung übersichtliche Verhältnisse
vor. Ist dagegen der Trennschalter geschlossen, die ganze
Schaltungsanordnung für den
Hochfrequenzweg also kurzgeschlossen, so können die an
der Hochspannungsleitung an-
geschalteten Bandfilteranord-
nungen Störungen der Hochfrequenzübertragung verursachen. Man baut dann besser

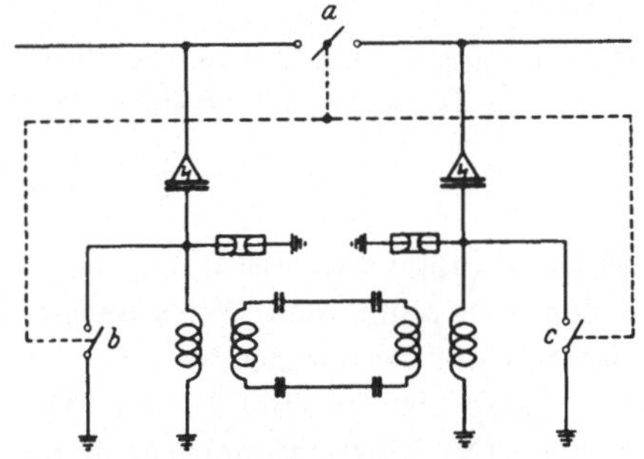

Abb. 27. Trennschalterbrücke ohne Hochfrequenzsperren.
a Trennschalter; b, c Hilfsschalter; a, b und c entweder gleichzeitig offen oder gleichzeitig geschlossen.

entweder doch Hochfrequenzsperren ein, um bei beiden Stellungen
des Trennschalters gleichartige Abschlußbedingungen für den Hoch-

frequenzübertragungsweg zu haben, oder man baut Schalter ein (Abb. 27), um durch Erdung bestimmter Schaltungspunkte die kurzgeschlossene Überbrückungsschaltung unwirksam zu machen, gegebenenfalls mit Sperre in der Erdleitung.

6. Der Übertragungsvorgang auf den Hochspannungsleitungen.

Die Wechselströme pflanzen sich in Freileitungen mit der Lichtgeschwindigkeit $c = 300\,000$ km/s fort. Dies gilt sowohl für die Starkstromfrequenzen $16^2/_3$ Hz, 50 Hz als auch für Trägerfrequenzen der Nachrichtenanlagen 50 kHz bis 300 kHz. Unter „Frequenz" F versteht man bekanntlich die Anzahl der Schwingungen je Sekunde, so daß die Länge einer Schwingung λ sich aus der Gleichung

$$F \cdot \lambda = c$$

bestimmen läßt als die „Wellenlänge"

$$\lambda = \frac{300\,000\,000}{F}. \tag{8}$$

Den Starkstromfrequenzen $16^2/_3$ Hz und 50 Hz entsprechen demnach die Wellenlängen 18000 km und 6000 km, während den Trägerfrequenzen der Nachrichtenanlagen, 50 kHz bis 300 kHz die Wellenlängen 6000 m bis 1000 m entsprechen.

Bezeichnet man die am Leitungsanfang ausgesandte Leistung mit N_1, die am Ende der Leitung abgenommene Leistung mit N_2, so wird der aus der Starkstromtechnik bekannte „Wirkungsgrad" η definiert durch die Gleichung

$$\eta = \frac{N_2}{N_1}.$$

Der Wirkungsgrad ist stets positiv und kleiner als Eins. In der Schwachstromtechnik rechnet man dagegen mit der „Dämpfung"

$$b = \frac{1}{2} \ln \frac{N_1}{N_2}. \tag{9}$$

Die Dämpfung kann positiv und negativ sein (Verstärkung) und beliebige Zahlenwerte annehmen. Wirkungsgrad und Dämpfung sind reine Zahlen. Während der Wirkungsgrad als Dezimalbruch oder in Prozenten angegeben wird, ist es üblich, den Dämpfungsangaben die Bezeichnung „Neper" (N) hinzuzufügen (nach dem Erfinder der natürlichen Logarithmen: NAPIER).

Der Zusammenhang zwischen Wirkungsgrad und Dämpfung ist gegeben durch

$$\eta = \frac{N_2}{N_1} = e^{-2b} \quad \text{oder} \quad b = \frac{1}{2} \ln \frac{1}{\eta}.$$

Der Wirkungsgrad ist demnach in der Fernmeldetechnik immer sehr klein.

In Amerika und einigen Staaten Europas wird ein anderes Dämpfungsmaß verwendet, das sich aus

$$b = \ln \sqrt{\frac{N_1}{N_2}} \text{ Neper} = \lg \frac{N_1}{N_2} \text{ Bel}$$

ergibt. An Stelle des natürlichen Logarithmus tritt also der gewöhnliche (BRIGGsche) Logarithmus und an Stelle der Wurzel aus dem Leistungsverhältnis das Leistungsverhältnis selbst. Um bequemere Maßzahlen zu haben, nimmt man den zehnten Teil der aus $\lg \frac{N_1}{N_2}$ sich ergebenden Zahlenwerte und bezeichnet sie mit „Dezibel". Aus

$$\ln \sqrt{\frac{N_1}{N_2}} \text{ Neper} = 10 \text{ Dezibel} \cdot \lg \frac{N_1}{N_2}$$

ergibt sich

$$1 \text{ Dezibel} = \frac{\frac{1}{2} \ln \frac{N_1}{N_2} \text{ Neper}}{10 \lg \frac{N_1}{N_2}} = \frac{2{,}30\,259 \ldots \text{ Neper}}{20} = 0{,}115 \ldots \text{ Neper.}$$

In Anlehnung an den Sprachgebrauch bei der Beschreibung von Wasserläufen spricht man in der Fernmeldetechnik von „Pegeln", wenn man Spannungen oder Ströme an irgend einem Punkt der Leitung mit den entsprechenden Werten am Anfang der Leitung vergleicht. Als Pegel bezeichnet man den natürlichen Logarithmus des Spannungs- (oder Strom-)Verhältnisses. Da bei der Betrachtung von Verhältniszahlen die absolute Höhe des Anfangspegels beliebig ist, kann man einen Nullpunkt der Pegelskala willkürlich festsetzen. Durch internationale Vereinbarung hat man dem Pegel Null die Spannung U_0 zugeordnet, die an einem Widerstand $Z = 600 \, \Omega$ die Leistung $N_0 = 1 \, \text{mW}$ ergibt. Aus

$$N_0 = \frac{U_0^2}{Z} = 1 \, \text{mW} \quad \text{folgt} \quad U_0 = \sqrt{N_0 \cdot Z} = 0{,}775 \, \text{V}$$

und aus

$$N_0 = I_0^2 Z = 1 \, \text{mW} \quad \text{folgt} \quad I_0 = \sqrt{\frac{N_0}{Z}} = 1{,}29 \, \text{mA} .$$

Zur Messung eines Pegelwertes wird ein „Normalgenerator" benutzt, der einen inneren Widerstand von $600 \, \Omega$ hat und an einen gleichgroßen Außenwiderstand eine Leistung von $1 \, \text{mW}$ abgibt. Seine EMK beträgt $2 \cdot 0{,}775 = 1{,}55 \, \text{V}$. Bezieht man den Wert an der Meßstelle auf den entsprechenden Wert am Anfang des Übertragungsweges, so spricht man vom „relativen Pegel", vergleicht man dagegen mit einem genormten Bezugswert, so spricht man vom „absoluten Pegel". Die an einem beliebigen Punkt der Leitung gemessenen Werte werden auf den Nullpunkt der Pegelskala bezogen durch die Gleichungen

$$p_N = \ln \sqrt{\frac{N}{N_0}} = \ln \sqrt{\frac{N}{1}} \qquad \text{für den Leistungspegel} \qquad (10)$$

$$p_U = \ln \frac{U}{U_0} = \ln \frac{U}{0,775} \qquad \text{für den Spannungspegel} \qquad (11)$$

$$p_I = \ln \frac{I}{I_0} = \ln \frac{I}{1,29} \qquad \text{für den Strompegel} \qquad (12)$$

Dämpfungen bewirken eine Pegelsenkung, Verstärkungen eine Pegelhebung. Stellt man den Pegelverlauf längs einer Leitung einschließlich ihrer Ankopplungen, Überbrückungsschaltungen und Verstärker dar (Abb. 28), so erhält man ein „Pegeldiagramm“. Die Pegelhöhe entspricht an jedem Leitungspunkt der Summe der bis zu diesem Punkt der Leitung durchlaufenen Dämpfungen und Verstärkungen.

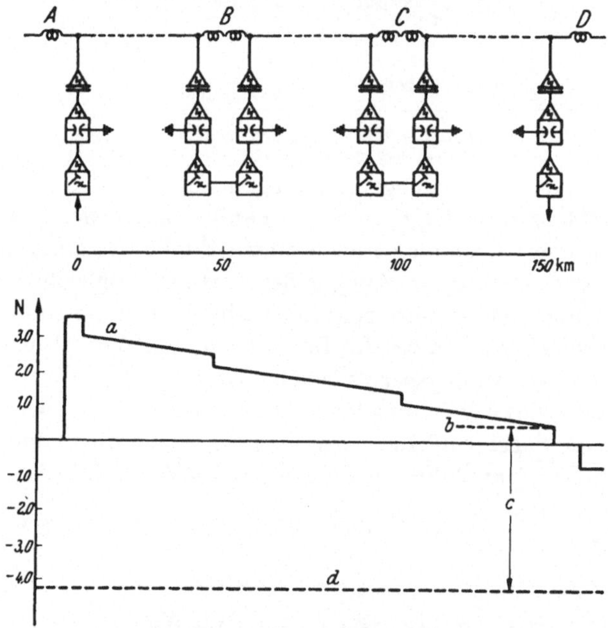

Abb. 28. Pegeldiagramm eines Trägerfrequenzkanals.
A Sender; B, C Überbrückungen; D Empfänger; a Sendepegel; b Empfangspegel c Störpegelabstand; d Störpegel.

Betrachtet man den Pegelverlauf längs einer Leitung mit gleichbleibendem Scheinwiderstand, so gibt der Verlauf des Spannungspegels zugleich auch ein Bild über den Verlauf des Leistungspegels. Um einen solchen Überblick auch bei zusammengesetzten Leitungen zu erhalten, deren Scheinwiderstand an verschiedenen Punkten voneinander abweichende Werte besitzt, rechnet man praktisch nur mit dem Leistungspegel. Gemäß den Definitionsgleichungen (10) und (11) stimmen für eine Freileitung mit $Z = 600\,\Omega$ der Spannungs- und Leistungspegel zahlenmäßig überein. Mißt man zum Beispiel eine Spannung $U = 15$ Volt an einer Freileitung, so errechnet man (e^n Tabelle, s. S. 176/177) den Leistungspegel

$$p_N = \ln \sqrt{\frac{N}{N_0}} = \ln \sqrt{\frac{U^2}{Z \cdot 10^{-3}}} = \ln \sqrt{\frac{225}{600} 10^3} = 2{,}96 \text{ N},$$

den Spannungspegel

$$p_U = \ln \frac{U}{U_0} = \ln \frac{15}{0{,}775} = 2{,}96 \text{ N}.$$

Mißt man dagegen eine Spannung $U = 15$ Volt an einem Kabel mit $Z = 140\,\Omega$, so ist der Leistungspegel

$$p_N = \ln \sqrt{\frac{15^2}{140 \cdot 10^{-3}}} = \ln 40{,}2 = 3{,}69 \text{ N},$$

der Spannungspegel

$$p_U = \ln \frac{U}{U_0} = \ln \frac{15}{0{,}775} = 2{,}96 \text{ N}.$$

Da man, wie erwähnt, praktisch nur mit dem Leistungspegel rechnet, ist es üblich, beim Vergleich von Leistungswerten den allgemeinen Begriff „Pegel" zu benutzen, während beim Vergleich von Spannungswerten oder Stromwerten dies ausdrücklich in den Bezeichnungen „Spannungspegel" oder „Strompegel" hinzugefügt wird.

Durch Behördenvorschriften ist in vielen Ländern die Sendeleistung von Hochfrequenznachrichtengeräten für Elektrizitätswerke auf maximal 10 Watt begrenzt, gemessen am Eingang auf der Hochspannungsleitung. Dem entspricht ein maximal zulässiger Sendepegel

$$p_{N\,max} = \ln \sqrt{10\,000} = 4{,}61 \text{ N}.$$

Bei Einleiterkopplung ($Z = Z_E$ ungefähr $400\,\Omega$) ist demnach

$$U_{E\,max} = \sqrt{N_{max}\,Z_E} = \sqrt{4\,000} = 63{,}5 \text{ V},$$

bei Zweileiterkopplung ($Z = Z_z$ ungefähr $600\,\Omega$) ist

$$U_{Z\,max} = \sqrt{N_{max}\,Z_z} = \sqrt{6\,000} = 77{,}5 \text{ V}.$$

Durch Messungen an Hochspannungsleitungen wurde festgestellt, daß in dem interessierenden Frequenzgebiet 50 kHz bis 300 kHz der „Störpegel", also die von Isolationsmängeln und Koronaerscheinungen herrührenden Störungen, bezogen auf 5 kHz Bandbreite bei

      110 kV-Leitungen bis zu —4 Neper
      220 kV-Leitungen bis zu —2 Neper

anwachsen kann. Der „Nutzpegel", also die vom Nachrichtensender kommende Hochfrequenzleistung, muß am Empfangsort noch über dem Störpegel liegen. Der „Störpegelabstand", also die Differenz Nutzpegel minus Störpegel, sollte in Anlehnung an die für postalische Nachrichtenanlagen festgelegten Werte etwa 4 Neper betragen, mindestens jedoch 3 Neper, wenn die Sprechverbindungen brauchbar sein sollen.

a) Leitungsgerichtete Übertragung.

Bei der Trägerfrequenznachrichtenübertragung über Hochspannungsleitungen arbeitete man anfangs, wie erwähnt, mit den Mitteln der drahtlosen Telefonie, insbesondere mit der Antennenkopplung. Es bildete sich dabei die Vorstellung heraus, die Übertragung sei ein Raumstrahlungsvorgang, der sich in Richtung der Hochspannungsleitung bevorzugt vollzieht. Man sprach deshalb allgemein von „Leitungsgerichteter Hochfrequenzübertragung", ein Ausdruck, der sich bis heute erhalten hat. Diese Vorstellung trifft jedoch nur bedingt den Sachverhalt. Wenn man zunächst von der Ankopplung absieht und nur die Fortpflanzung der hochfrequenten Ströme in einer Leitungsschleife betrachtet, so verbindet man damit die Vorstellung, daß sich um den Leiter (Abb. 29) ein kreis

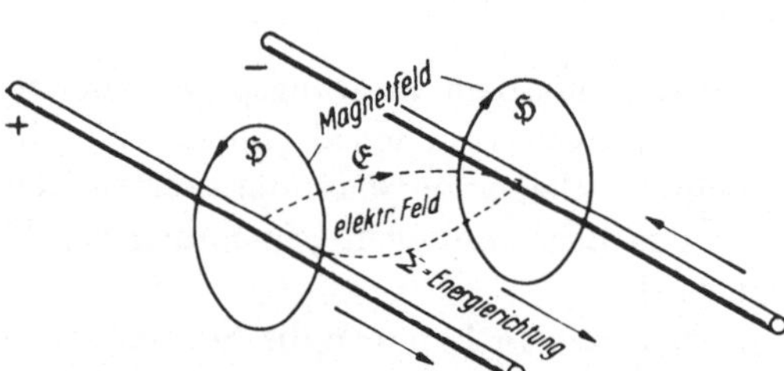

Abb. 29. Energiefluß im Feld einer Doppelleitung.

förmiges Magnetfeld und zwischen den Leitern ein elektrisches Feld ausbildet. Senkrecht zu den beiden Feldern pflanzt sich die elektrische Energie im Dielektrikum zwischen Hinund Rückleiter fort [19]. Die Anschauung über die Fortpflanzung der elektrischen Energie ist für alle Wechselströme gleich, ob es sich um Starkstrom mit $16^2/_3$ Hz oder 50 Hz oder um hochfrequente Trägerströme von Nachrichtenanlagen zwischen 50000 Hz und 300000 Hz handelt, unterschiedlich ist allein die Dämpfung. Diese hängt ab von der Leitungslänge l, dem ohmschen Hochfrequenzwiderstand des Leiters R und dem Wellenwiderstand der Leitung Z

$$b = l\,\frac{R}{2\,Z}$$

für eine gleichmäßige unendlich lange Leitung, oder bezogen auf 1 km Leitungslänge

$$\beta = \frac{R}{2\,Z}\,. \tag{13}$$

Diese Gleichung gestattet die Berechnung der Dämpfung einer Hochspannungsfreileitung aus den Leitungseigenschaften. Nach Gl. (3) wächst der Widerstand eines Leiters mit der Wurzel aus der Frequenz (Abb. 30a). Der Zahlenwert des ohmschen Hochfrequenzwiderstandes R in Gl. (13) nähert sich mit zunehmendem Leiterdurchmesser dem Zahlenwert des Gleichstromwiderstandes, der Einfluß der Frequenz wird dabei also immer geringer.

Aus der Leitungstheorie ist weiter bekannt der ,,Wellenwiderstand'' [19]

$$\mathfrak{Z} = \sqrt{\frac{R + j\omega L}{G + j\omega C}} \; . \tag{14}$$

Dabei ist

R der Widerstand in Ohm
L die Induktivität in Henry
C die Kapazität in Farad
G die Ableitung in Siemens

$\omega = 2\pi F$ die 2π fache Trägerfrequenz in Hertz.

Bei Hochspannungsfreileitungen sind die Werte R und G klein wegen der großen Leiteroberfläche und der normalerweise guten Isolation. Die

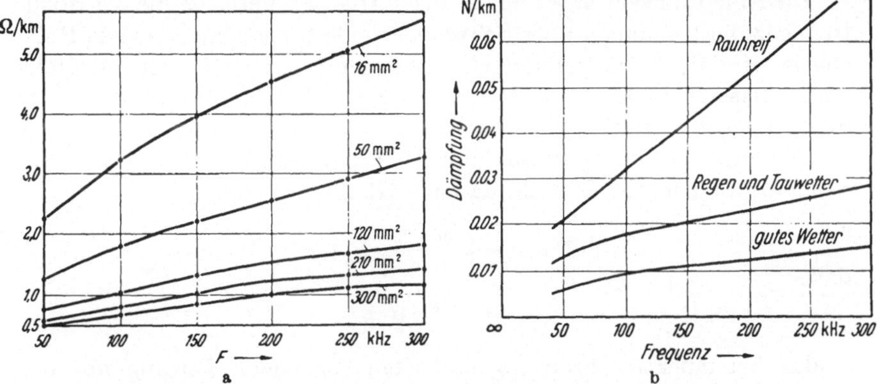

Abb. 30 a u. b. Eigenschaften von Hochspannungsfreileitungen für Trägerfrequenzübertragung.
a) Widerstandszunahme bei Hochspannungsseilen infolge Stromverdrängung (Stahlaluminium).
b) Dämpfungszunahme bei Hochspannungsleitungen abhängig vom Wetter.

Werte $j\omega L$ und $j\omega C$ sind dagegen sehr groß bei den Trägerfrequenzen der Nachrichtenanlagen. Praktisch ist also

$$Z = |\mathfrak{Z}| = \sqrt{\frac{L}{C}} \; . \tag{15}$$

Mit den Werten

$$L = \frac{\mu_0}{\pi} \left(\ln \frac{a}{r} + \frac{1}{4} \right) \; . \tag{16}$$

$$C = \frac{\varepsilon_0 \pi}{\ln \dfrac{a}{r}} \tag{17}$$

von Freileitungen, deren Leiterhalbmesser r und deren Leiterabstand a ist (wobei $\mu_0 =$ Permeabilität, $\varepsilon_0 =$ Dielektrizitätskonstante des leeren Raumes), ergeben sich als mittlere Werte für

Freileitungen zwischen zwei Leitern $Z = 600\,\Omega$
,,　　　　　,,　　einem Leiter und Erde　$Z = 400\,\Omega$.

Der Wert von Z ist zwischen einem Leiter und Erde kleiner, weil der

Wert von C in diesem Fall größer als bei Zweileiterkopplung ist. Bei noch größeren Werten von C, wie sie bei Hochspannungskabeln vorliegen, sinkt der Wert von Z noch weiter. Der Wellenwiderstand eines Hochspannungskabels liegt in der Größenordnung von $50\,\Omega$.

Zu beachten ist, daß der Wellenwiderstand Z reell ist, also ein ohmscher Widerstand, und unabhängig von der Leitungslänge.

Weitere Verluste, etwa durch Abstrahlung, sind in dem benutzten Frequenzbereich vernachlässigbar klein; dies würde sich nur ändern, wenn der Abstand zwischen Hin- und Rückleiter in die Größenordnung der benutzten Wellenlängen fällt. Da bei Hochspannungsleitungen die Leiterabstände einige Meter betragen, die Wellenlängen jedoch 1000 m bis 6000 m, kommen merkbare Verluste durch Strahlung nicht in Betracht.

Die Ableitungsverluste und die dielektrischen Verluste, die bei Hochfrequenzübertragungen über Schwachstromleitungen eine gewisse Rolle spielen, sind für Hochspannungsfreileitungen bei gutem Wetter ebenfalls vernachlässigbar klein. Bei Rauhreif wächst die Dämpfung infolge der dielektrischen Verluste in der Eisschicht in dem betrachteten Frequenzbereich annähernd proportional mit der Frequenz (Abb. 30b, [13]). Genauer ergibt sich aus Gl. (13), da nach Gl. (3):

daß
$$R \approx \frac{1}{2\,r} \sqrt{\frac{\mu\,F}{\pi\,\sigma}} \approx k_1 \sqrt{F}$$

$$\beta = \frac{k_1}{k_2} \sqrt{F},$$

β also bei einer in ihren Eigenschaften gegebenen Leitung mit der Wurzel aus der Frequenz wächst. Die Abweichung von der Proportionalität ist für den interessierenden Frequenzbereich jedoch gering. Für überschlägige Rechnungen kann man sich merken, daß eine 100 km lange 110 kV-Leitung für 100 kHz bei normalem Wetter eine Dämpfung von etwa 1 Neper hat.

b) Zweileiterkopplung und Zwischensystemkopplung.

Man kann die Trägerfrequenznachrichtenanlagen an zwei Hochspannungsleitern anschließen und unterscheidet dann je nach der Schaltung (Abb. 31) zwischen einer „Doppelleiterkopplung“, die früher zur Erhöhung der Übertragungssicherheit bei Bruch eines Koppelleiters verwendet wurde, einer „Zweileiterkopplung“, die ebenfalls zwei Leiter einer Drehstromleitung belegt, und einer „Zwischensystemkopplung“, bei der je ein Leiter zweier auf einem gemeinsamen Gestänge verlegten Drehstromleitungen verwendet wird. Man kann jedoch auch zwischen einem Hochspannungsleiter und Erde anschließen und erhält so eine „Einleiterkopplung“, bei der man nur die halbe Zahl von Koppelkondensatoren und Sperren im Vergleich zu den anderen Kopplungsarten braucht.

Bei der Zweileiterkopplung (und der Zwischensystemkopplung) kann man von einer metallischen Hin- und Rückleitung für die hochfrequenten Trägerströme sprechen. Der dritte, nicht durch Sperren gegen die Hochspannungsstationen abgeriegelte Leiter eines Drehstromsystems (oder auch die vier nicht gesperrten Leiter bei zwei parallel verlaufenden Drehstromleitungen) sind an der Übertragung nicht beteiligt, so daß der Schaltzustand der Hochspannungsstationen keinen Einfluß auf die Trägerfrequenzübertragung hat, weder an den Endstellen, noch an den Überbrückungsstellen. So lange der Abstand zwischen den beiden gekoppelten Leitern kleiner ist als der Abstand der Leiter gegen Erde, beträgt der Wellenwiderstand bei Zweileiter- und Zwischensystemkopplung etwa 600 Ω, infolgedessen ist nach Gl. (13) die Leitungsdämpfung etwas kleiner als bei Einleiterkopplung. Da außerdem der wesentliche Anteil der Dämpfung einer Einleiterkopplung entfällt, nämlich der Einfluß der Erdrückleitung, verwendet man die Zweileiter- oder die Zwischensystemkopplung (abgesehen von der höheren Sicherheit bei Bruch eines Koppelleiters) immer dann, wenn große Entfernungen überbrückt werden sollen.

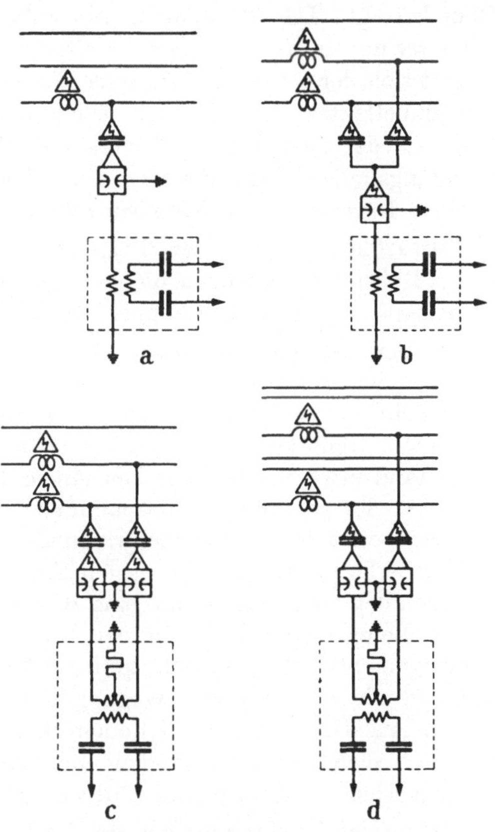

Abb. 31a—d. Kopplungsarten.
a) Einleiterkopplung. b) Doppelleiterkopplung.
c) Zweileiterkopplung. d) Zwischensystemkopplung.

c) Einleiterkopplung und der Einfluß nicht gekoppelter Hochspannungsleiter.

Von der Fernsprechtechnik mit Niederfrequenzströmen wußte man, daß über einen Draht und Erde als Rückleitung eine Sprachübertragung durchgeführt werden kann. Man glaubte anfangs, daß bei der Ankopplung der Trägerfrequenzgeräte an nur einen Leiter auch die Erde die

Rückleitung der Hochfrequenzströme übernähme. Theoretische Überlegungen und praktische Versuche haben aber gezeigt, daß für Trägerfrequenzen im Bereich von 50 kHz bis 300 kHz bei Hochspannungsleitungen
üblicher Länge der Widerstand der Erdrückleitung mehrere tausend
Ohm beträgt. Die Stromfäden im Erdboden drängen sich unter dem
Hinleiter um so mehr zusammen, je höher die Frequenz ist. Damit verringert sich der stromdurchflossene Querschnitt im Erdboden nach Art
des Skineffektes. Es läßt sich rechnerisch derjenige Kupferdraht bestimmen, der den gleichen Widerstand wie die Erde hat. Für Hochspannungsfreileitungen, die 10 m über dem Erdboden verlegt sind, hat
er einen Durchmesser von einigen zehntel Millimeter.

Tatsächlich arbeiten viele Trägerfrequenzanlagen mit Einleiterkopplung. Dabei dienen jedoch die beiden anderen Leiter des Drehstromsystems, an die nicht angekoppelt ist, als Rückleiter.

Bei der Betrachtung dieses Vorgangs geht man davon aus, daß die
zwischen dem Koppelleiter und Erde angelegte Hochfrequenzsendespan-
nung sich im Verhältnis der Teil-Wellenwiderstände (entsprechend den
Teilkapazitäten) aufteilt. Zwischen zwei Leitern beträgt der Wellenwiderstand etwa $600 \, \Omega$, zwischen einem Leiter und Erde etwa $400 \, \Omega$.
so daß $^2/_3$ der gesamten Sendespannung zwischen den zwei Leitern liegt,
Die zu übertragende Trägerschwingung kann man in zwei Teilschwingungen zerlegen, nämlich eine gegen Erde symmetrische Teilschwingung
zwischen den zwei Leitern und eine zweite Teilschwingung zwischen den
beiden Leitern einerseits und der Erde andererseits. Die erste Teilschwingung pflanzt sich mit der geringen Dämpfung der Kupferleiter fort,
während die zweite Teilschwingung der hohen Erddämpfung unter-
worfen ist. Nach wenigen Kilometern ist die zweite Teilschwingung
praktisch nicht mehr vorhanden, und nur noch die erste gegen Erde
symmetrische Teilschwingung wird weiter übertragen.

Am fernen Empfangsort kommt eine Teilspannung an, die zur Hälfte
an den Klemmen eines Empfängers liegt, wenn dieser zwischen dem
Koppelleiter und der Erde angeschlossen wird.

Bei Einleiterkopplung entsteht also an allen Koppelstellen gegenüber
der Zweileiterkopplung eine zusätzliche Dämpfung, die „Einphasenzusatzdämpfung". Bei der Ankopplung eines Senders beträgt sie etwa
$\ln 3/2 = 0,4 \, \mathrm{N}$ und bei der Ankopplung eines Empfängers etwa $\ln 2 = 0,7 \, \mathrm{N}$.
Diese Richtwerte lassen sich noch genauer bestimmen, wenn der Einfluß
des dritten Leiters einer Drehstromleitung berücksichtigt wird. Außerdem ist die Einphasenzusatzdämpfung — wenn auch in geringem Maß —
vom Schaltzustand der Hochspannungsanlage abhängig, da an den Enden
der nicht gekoppelten Leiter, die als Rückleiter für die Hochfrequenzströme dienen, keine Sperren eingebaut sind.

Die Größe der Einphasenzusatzdämpfung und ihre Abhängigkeit vom Schaltzustand war Gegenstand genauerer theoretischer Betrachtungen und Messungen [7]. Es bestätigte sich, daß sie unabhängig ist von der Länge der Leitung und ihrer Dämpfung. Maßgebend ist vielmehr der Abschluß der Hochspannungsleitung an beiden Enden.

d) Vergleich der Kopplungsarten.

Bei der Doppelleiterkopplung wird zwar auch an zwei Leiter angekoppelt, die beiden Koppelkondensatoren sind jedoch parallel an dasselbe Koppelfilter angeschlossen. Diese Anordnung weist eine größere Sicherheit als die Einleiterkopplung auf für den Fall, daß einer der beiden Koppelleiter reißt; die Einphasenzusatzdämpfung ist dabei aber noch größer als bei der Einleiterkopplung. Die Vorstellung, daß durch Parallelschalten zweier Leiter (nach Art der Querschnittverdopplung bei Übertragung von Niederfrequenzströmen) die Übertragungsbedingungen verbessert würden, ist unzutreffend. Beim Bau neuer Anlagen wird deshalb die Doppelleiterkopplung nicht mehr benutzt.

Zur Beantwortung der Frage, welche der Kopplungsarten für eine gegebene Aufgabe zweckmäßigerweise angewandt wird, vergegenwärtige man sich deren charakteristische Eigenschaften:

		Wirtschaftlicher Aufwand	Dämpfung	Sicherheit bei Bruch eines Koppelleiters	Abhör- und Störmöglichkeit durch Rundfunkanlagen
a	Einleiterkopplung	Minimum	größer als c und d	Minimum	größer als c und d
b	Doppelleiterkopplung	doppel von a	größer als a	größer als a	größer als a
c	Zweileiterkopplung	doppel von a	Minimum	wie b	Minimum
d	Zwischensystemkopplung	doppel von a	wie c	wie b	wie c

Die Einleiterkopplung wird aus wirtschaftlichen Gründen bevorzugt verwendet und ist auch technisch ausreichend, so lange es sich nicht um große Entfernungen oder um Höchstspannungsleitungen mit hohem Störpegel handelt. Bei Bruch des Koppelleiters kann der Betrieb der Trägerfrequenzanlage aussetzen, wenn die Unterbrechung (und möglicherweise Erdung) des defekten Leiters in der Nähe einer Ankopplungs- oder Überbrückungsstelle liegt. Bei einer größeren Entfernung des Fehlerortes von den Koppelstellen jedoch kann sich die Unterbrechung des Koppelleiters zwar als ein größerer Dämpfungszuwachs auswirken, die Trägerfrequenzanlage braucht aber dabei nicht außer Betrieb zu gehen.

Die Zweileiterkopplung und die Zwischensystemkopplung bringen eine größere Sicherheit bei Bruch eines Koppelleiters, da die Trägerfrequenzanlage über den zweiten gekoppelten Leiter weiter arbeitet. Für die Zwischensystemkopplung kommt noch als weiterer Vorteil hinzu, daß eines der beiden Drehstromsysteme auch unterwegs ohne Sperren geerdet werden kann und die Trägerfrequenznachrichtenanlagen dabei trotzdem in Betrieb bleiben. Man kann allerdings bei der Zwischensystemkopplung nicht so weit gehen, daß an zwei auf getrennten Gestängen verlegte Drehstromsysteme angekoppelt wird, weil durch größere Entfernungen zwischen den beiden gekoppelten Leitern sich die Zwischensystemkopplung wieder in zwei Einleiterkopplungen auflöst.

Zweileiter- und Zwischensystemkopplung werden wegen ihrer geringeren Dämpfung immer angewandt, wenn große Entfernungen oder hohe Störpegel vorliegen, praktisch also bei 220 kV-Leitungen und längeren Trägerfrequenzverbindungen in 110 kV-Netzen. Wenn mehrere Überbrückungsschaltungen in einem Übertragungsabschnitt liegen, tritt infolge der Summe dieser Dämpfungen eine starke Senkung des Nutzpegels auf; durch Anwendung der Zweileiterkopplung kann ein allzustarkes Absinken verhindert werden. Hochspannungsleitungen, die im Winter besonders stark von Rauhreif befallen werden, werden ebenfalls mit Zweileiterkopplung ausgerüstet, damit auch in diesen kritischen Zeiträumen die Gesamtdämpfung des Übertragungsweges nicht zu groß wird.

Manchmal gibt es auch zwingende Gründe für die Anwendung einer Zweileiterkopplung in Fällen, in denen sie nicht durch die Dämpfungsverhältnisse bedingt ist. Im Vordergrund steht dann ohne Rücksicht auf den wirtschaftlichen Aufwand die Forderung nach größtmöglicher Übertragungssicherheit bei Leiterbruch. Ein solcher Fall ist zum Beispiel immer beim Aufbau einer Streckenschutzanlage mit Trägerfrequenzkanälen gegeben.

e) Einfluß von Hochspannungskabelstücken.

Es wurde bereits erwähnt (s. S. 56), daß der Wellenwiderstand eines Hochspannungskabels in der Größenordnung von 50 Ω liegt, also nur etwa ein Zehntel des Wellenwiderstandes einer Freileitung beträgt. Wenn ein Stück der Hochspannungsleitung verkabelt wird, beispielsweise in der Nähe eines Flugplatzes, so ist der Hochspannungsweg Freileitung-Kabel-Freileitung galvanisch durchgeschaltet und die Starkstromübertragung dadurch nicht beeinträchtigt. Für die Trägerfrequenzübertragung entstehen aber wegen der Aneinanderschaltung so ungleicher Wellenwiderstände Reflexionsverluste an den Stoßstellen.

So lange das Kabelstück an einem Ende des Übertragungsabschnittes liegt, genügt es im allgemeinen, wenn man die Koppelkapazität am

Kabelende von 2000 cm auf etwa 5000 cm erhöht und dadurch die Ankopplungsverluste vermindert. Zur Herabsetzung der Reflexionsverluste kann man eine Anpassung der Wellenwiderstände an der Stoßstelle durch eine Brückenschaltung vornehmen. In jedem Fall darf die Länge des Kabelstückes nur wenige Kilometer betragen, weil sonst die Leitungsdämpfung zu groß wird.

Es ist in solchen Fällen zweckmäßig, vor dem Aufbau der Trägerfrequenzanlagen den Verlauf des Wellenwiderstandes abhängig von der Frequenz durch Messungen festzustellen, damit die Trägerfrequenzen ausgesucht werden können, die durch das Kabelstück am wenigsten gedämpft werden.

f) Besondere Anschlußbedingungen für Ankopplungen.

Die Verbindungsleitung zwischen Koppelkondensator und Koppelfilter soll, wie beschrieben (s. S. 27), als blanke Leitung verlegt und möglichst kurz sein. Diese Forderung ist bei Einleiterkopplung fast immer leicht zu erfüllen. Bei Zweileiter- und Zwischensystemkopplung ergeben sich jedoch mitunter unbequeme Anordnungen in Freiluftschaltanlagen, wenn die beiden Koppelleiter weit auseinander liegen und ein für beide Koppelkondensatoren gemeinsames Zweileiterkoppelfilter etwa in der Mitte zwischen den beiden Ankopplungsstellen angeordnet werden soll. Man verwendet dann besser für jeden Koppelkondensator ein Einleiterkoppelfilter, insgesamt also zwei, von denen jeweils ein besonderes Kabel zum Hochfrequenzgerät geführt wird. Das Zusammenfassen zu einer Zweileiterkopplung erfolgt an den beiden Kabelenden unmittelbar vor dem Geräteeingang durch Reihen- oder Parallelschaltung der beiden Kabelleitungsschleifen, je nachdem, welche Schaltung die bessere Anpassung ergibt. Notfalls kann auch diese Zusammenfassung durch einen besonderen Anpassungstransformator geschehen. Derartige Anordnungen finden sich naturgemäß am häufigsten in den ausgedehnten 220 kV-Freiluftschaltanlagen.

Die verschiedenen Hochspannungsleitungen, die in einer Schaltstation zusammenlaufen, sind bei gleicher Betriebsspannung in der Regel auf die Sammelschienen geschaltet. Die einzelnen Leiter R, S und T der Drehstromleitungen sind also jeweils metallisch durchgeschaltet, wenn sie auch aus verschiedenen Richtungen zusammenkommen. Eine Trägerfrequenzanlage, die auf einer dieser Leitungen arbeitet, gibt an die Sammelschienen und damit an die anderen Freileitungen einen hochfrequenten Verluststrom ab, und zwar über die in ihrem Koppelleiter eingebaute Hochfrequenzsperre, da diese nur einen begrenzten Sperrwert hat. So lange der Abstand der Trägerfrequenzen zweier nach verschiedenen Richtungen abgehenden Nachrichtenwege voneinander genügend groß ist, ist es ohne Belang, ob die beiden Trägerfrequenzanlagen an gleichnamige oder ungleichnamige Leiter angekoppelt werden; die in den Trägerfrequenzgeräten eingebauten Trennfilter halten unerwünschte Hochfrequenzströme anderer Frequenz auf jeden Fall fern. Damit man aber bei Bedarf die Trägerfrequenzen der beiden Nachrichtenanlagen auch nahe aneinanderrücken kann, werden die beiden Trägerfrequenzanlagen nach Möglichkeit an ungleichnamige Leiter angeschlossen; die Verlustströme können dann nicht mehr über die galvanisch leitende Verbindung, sondern nur noch über die elektrische Kopplung der Leiter untereinander von einem Trägerfrequenzbezirk in den anderen übertreten, sind also wesentlich stärker gedämpft. Bei der Einleiterkopplung ist ein solcher Wechsel des Koppelleiters leicht, bei der Zweileiterkopplung muß naturgemäß eine Kopplungsphase für beide Bezirke gemeinsam bleiben. Bei der Zwischensystemkopplung vermeidet man es ebenfalls allgemein, die gleich bezeichneten Leiter der beiden Systeme zur Ankopplung zu verwenden, damit keine Hochfrequenzkurzschlüsse über die Sammelschienen auftreten, wenn Sperren schadhaft werden.

Man wechselt also die Koppelleiter in dem Bestreben, Trägerfrequenzbezirke, die in einer Hochspannungsstation zusammenkommen, von einander zu entkoppeln. Bei Überbrückungen wird das Gegenteil angestrebt, nämlich eine möglichst dämpfungsarme Übertragung der Trägerfrequenzenergie von einer Hochspannungsleitung auf die andere. Dennoch ist dabei ein Wechsel der Koppelleiter von Nutzen, wenn die Überbrückungsschaltung eine möglichst hohe Rückkopplungsdämpfung haben soll, wie beispielsweise beim Einbau eines Zwischenverstärkers.

7. Der Frequenzbereich und seine Belegung.

Es wurde bereits öfters erwähnt, daß Nachrichtenanlagen auf Hochspannungsleitungen im Trägerfrequenzbereich zwischen 50 kHz und 300 kHz arbeiten (Abb. 32). Dieser Bereich liegt mit seinem unteren Teil noch unterhalb des Langwellenrundfunks, aber noch im Gebiet der Trägerfrequenzübertragungen über Postfreileitungen. Dies ist wohl auch mit ein Grund dafür, daß die Postverwaltungen mancher Länder, in denen der Aufbau der Trägerfrequenznachrichtenanlagen für Elektrizitätswerke langsam vor sich ging, deren Frequenzbereich lediglich auf 50 kHz bis 150 kHz festgelegt haben. Der obere Teil des Frequenzgebietes 50 kHz bis 300 kHz liegt bereits im Mittelwellengebiet des Rundfunks. Wegen der (wenn auch geringen) Abstrahlung der Trägerfrequenzenergie von den Hochspannungsleitungen (s. S. 152) hat es in fast allen Ländern nicht an Versuchen gefehlt, das Frequenzgebiet oberhalb 150 kHz für Elektrizitätswerke zu sperren. Mit der raschen Entwicklung des Verbundbetriebes sah man sich jedoch genötigt, auch den Frequenzbereich von 150 kHz bis 300 kHz in Anspruch zu nehmen. Die zahlreichen werks-

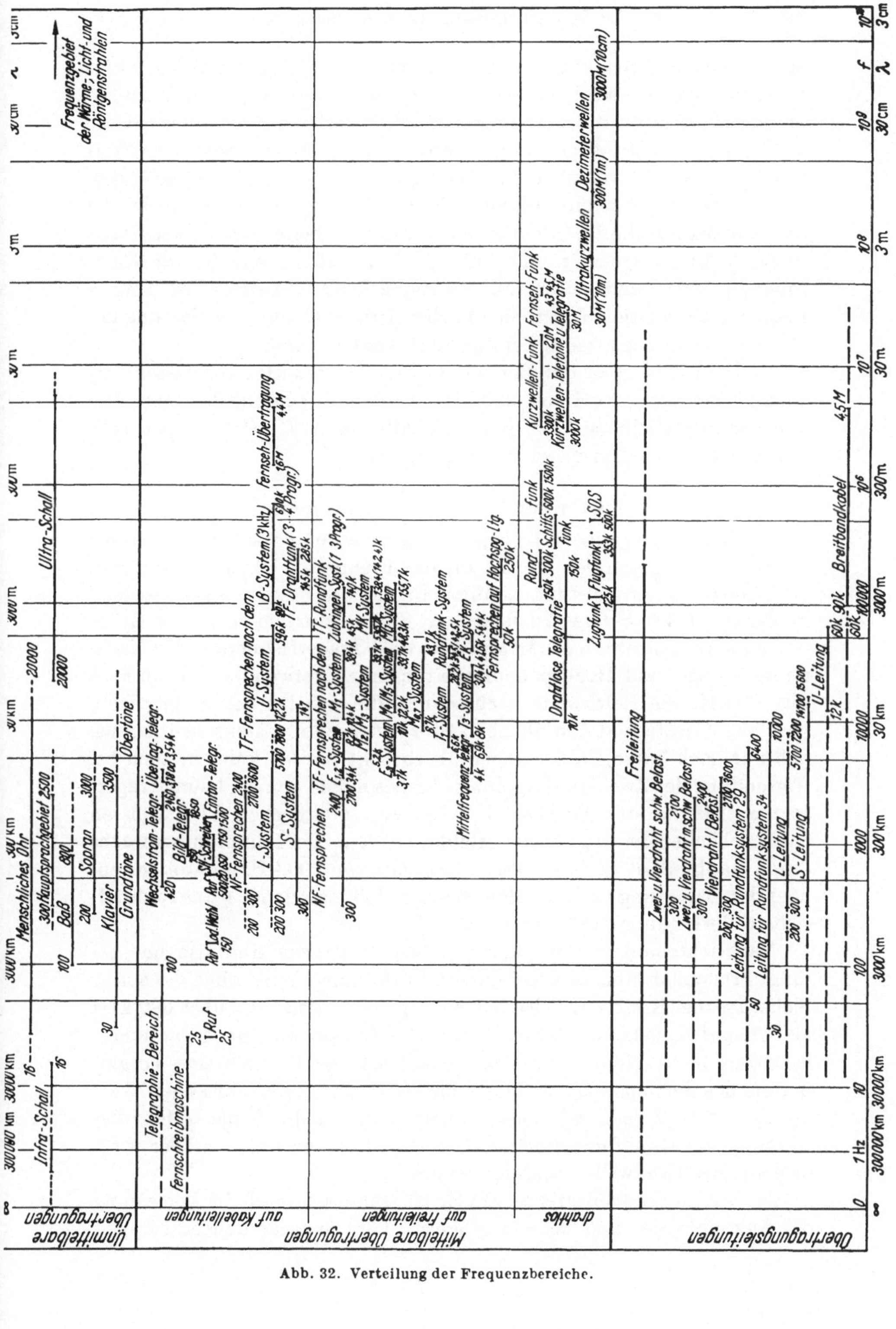

Abb. 32. Verteilung der Frequenzbereiche.

eigenen Nachrichtenanlagen mit Trägerfrequenzen oberhalb von 150 kHz könnten ohne Gefährdung der Fernstromversorgung nur mit außerordentlichem Aufwand für andere, gleich zuverlässige Nachrichtenwege wieder außer Betrieb genommen werden. Die einzige technische Notwendigkeit hierfür, nämlich die Beseitigung der Störung einzelner Rundfunkempfänger in unmittelbarer Nähe der Hochspannungsleitungen, ist im Hinblick auf die im öffentlichen Interesse arbeitenden Elektrizitätswerke nicht zwingend, zumal durch die Verwendung selektiverer Rundfunkempfänger und durch einen entsprechenden Aufbau der Trägerfrequenznachrichtenanlagen die ohnehin geringe Gefahr der Störung des Rundfunkempfangs weiter herabgesetzt werden kann.

In Deutschland ist der Bereich 30 kHz bis 375 kHz zugelassen; die Frequenzen von 50 kHz bis 300 kHz werden sehr häufig benutzt, Frequenzen unterhalb 50 kHz und oberhalb von 300 kHz dagegen sehr selten, weil sie technisch zu wenig geeignet sind.

a) Obere und untere Frequenzgrenze.

Die Dämpfung einer Hochspannungsfreileitung wächst im wesentlichen abhängig von der Wurzel aus der Frequenz. Hinzu kommt, daß der Dämpfungszuwachs bei Rauhreif für höhere Frequenzen bedeutend größer ist als für tiefere Frequenzen (s. S. 55). Aus diesen beiden Gründen ist man bestrebt, nach Möglichkeit tiefe Trägerfrequenzen für Nachrichtenanlagen auf Hochspannungsleitungen zu verwenden. Wenn man für 300 kHz die Reichweite nachrechnet, die sich bei den Sendepegeln normaler Geräte und den üblichen Störpegeln ergibt, stellt sich heraus, daß nur noch kurze Entfernungen überbrückt werden können, auch bei Anwendung der Zweileiterkopplung. Insbesondere können kaum Trägerfrequenzbezirke mit Brücken bei den den praktischen Verhältnissen entsprechenden Leitungslängen gebildet werden. Der Dämpfungszuwachs durch Rauhreif ist bei einer Trägerfrequenz von 300 kHz so groß gegenüber der Dämpfung bei normalem Wetter, daß man damit keine rauhreifsichere Verbindung aufbauen kann.

Nachrichtenanlagen mit hohen Trägerfrequenzen sind also nur bedingt brauchbar, und zwar bei kurzen Entfernungen und ohne die nötige Sicherheit bei Rauhreif. Dies hat dazu geführt, daß man über 300 kHz als Trägerfrequenz für Nachrichtenverbindungen auf Hochspannungsleitungen nicht hinausgeht. Daran läßt sich auch durch eine Vergrößerung des Sendepegels der Geräte bis auf den maximal zulässigen Wert $p_{N\,max} = 4{,}61$ N (s. S. 53) nichts ändern, weil dadurch die Gefahr der Störung von Rundfunkempfängern in dem Frequenzgebiet größer wird, in dem der Mittelwellenempfang beginnt.

Die untere Frequenzgrenze 50 kHz ist technisch durch die Bemessung der Ankopplungen und Sperren gegeben. Legt man die übliche Koppelkapazität von 2000 cm zu Grunde, so können Ankopplungsschaltungen mit dem für Mehrfachankopplung wünschenswerten Durchlaßbereich zwar noch aufgebaut werden, der Durchlaßbereich der Koppelfilter ist dabei bereits wesentlich schmaler als bei höheren Frequenzen (s. S. 29). Der Sperrwert aller Sperren sinkt mit abnehmender Frequenz. Bei 50 kHz ist eine Grenze erreicht, die man nur unterschreiten kann, wenn die Sperreninduktivität vergrößert wird. Der dadurch bedingte zusätzliche Aufwand wird noch größer, wenn man eine Mehrfachankopplung durchführen will. Die Unterschreitung der unteren Frequenzgrenze 50 kHz lohnt sich aus wirtschaftlichen Gründen dann nur noch in seltenen Fällen.

Eine Erweiterung des Frequenzbereiches 50 kHz bis 300 kHz nach unten und oben, die an sich wünschenswert wäre, um möglichst viele Nachrichtenkanäle einrichten zu können, ist also nicht nur durch behördliche Vorschriften erschwert, sondern auch infolge technischer und wirtschaftlicher Gegebenheiten unzweckmäßig.

b) Frequenzbandbedarf der verschiedenen Übertragungssysteme.

Bevor dargestellt wird, in welcher Weise man dem Wellenmangel begegnet, der infolge des beschränkten Trägerfrequenzbereichs 50 kHz bis 300 kHz entsteht, soll zunächst der Frequenzbandbedarf der verschiedenen Übertragungssysteme genauer beschrieben werden.

Der im Sender erzeugte hochfrequente Strom dient, wie durch die Bezeichnung „Trägerstrom" zum Ausdruck gebracht wird, als Träger der zu übermittelnden Nachricht, gleichviel ob es sich um Sprache oder Impulse für Fernmessung, Fernsteuerung oder Fernregelung handelt. Der Hochfrequenzstrom wird durch die Sprachströme oder die Stromimpulse so beeinflußt, daß die Nachrichten mittels des Trägerstroms nach dem Empfangsort übertragen werden können. Diesen Beeinflussungsvorgang bezeichnet man als „Modulation".

Die sehr anschaulichen Ausdrücke Träger, Trägerfrequenz, Trägerstrom und Modulation werden dem physikalischen Vorgang gerecht. Bei theoretischen Betrachtungen ist es üblich, sich unter dem Träger eine Hilfsschwingung vorzustellen, die man braucht, um das Frequenzband einer Nachricht aus einer Frequenzlage in eine andere zu verschieben. Die Modulation und die Demodulation nennt man dann „Frequenzumsetzung".

Die Modulation einer Trägerschwingung kann durch Beeinflussung der Amplitude, der Frequenz oder des Nullphasenwinkels geschehen. Man spricht entsprechend von einer „Amplitudenmodulation", einer „Frequenzmodulation" oder einer „Phasenmodulation". Dabei läßt sich zeigen, daß die beiden letzteren als besondere Fälle einer „Phasenwinkelmodulation" aufgefaßt werden können. Vornehmlich für das Gebiet der

Ultrakurzwellen (Dezimeter- und Zentimeterwellen) sind in den letzten Jahren weitere Verfahren durchgebildet worden, die man unter der Bezeichnung „Impulsmodulation" zusammenfaßt. Obwohl es sich bei diesen Verfahren um eine Art Signalmethode mit hoher Telegrafiergeschwindigkeit handelt, wird mit ihnen hauptsächlich Sprache übertragen [22].

Bei der Trägerfrequenznachrichtenübertragung über Hochspannungsleitungen hat man bis in die letzten Jahre ausschließlich mit Amplitudenmodulation gearbeitet. Die Frequenzmodulation war zunächst für drahtlose Übertragungen im Kurz- und Ultrakurzwellengebiet angewandt worden und wurde bekannt als ein Verfahren, mit dem gegenüber der Amplitudenmodulation bessere Störpegelabstände erzielt werden können, und das eine gute Wiedergabetreue bringt. Es lag deshalb nahe, auch bei Übertragungen über Hochspannungsleitungen, bei denen ein wesentlich höherer Störpegel als bei sonstigen Nachrichtenübertragungen vorliegt, die Frequenzmodulation anzuwenden. Dabei ergab sich, daß dies für das Frequenzgebiet 50 kHz bis 300 kHz nur bedingt von Nutzen ist. Die entstörende Wirkung der Frequenzmodulation ist nämlich nur bei einer genügenden Breite des übertragenen Frequenzbandes zu erreichen. Im Gebiet der Meterwellen, Dezimeter- und Zentimeterwellen steht genügend Platz für breite Übertragungskanäle zur Verfügung; bei den Nachrichtenanlagen der Elektrizitätswerke ist dies jedoch größtenteils nicht der Fall.

Ein nicht modulierter Träger ist ohne Nachrichteninhalt. Durch die Modulation entstehen zu beiden Seiten des Trägers weitere Hochfrequenzen, die die eigentliche Nachricht enthalten und somit übertragen werden müssen. Ein modulierter Träger nimmt also eine gewisse „Bandbreite" in Anspruch. Die einzelnen modulierten Träger werden durch „Filter" voneinander getrennt. Den vollständigen Übertragungsweg für eine Nachricht bezeichnet man auch als „Nachrichtenkanal" oder „Übertragungskanal".

Welcher Platz im Frequenzplan bei den beiden hier interessierenden Modulationsarten, der Amplitudenmodulation und der Frequenzmodulation, durch einen Übertragungskanal belegt wird, erkennt man aus folgender Betrachtung [27].

Wird eine sinusförmige Trägerschwingung der Amplitude A und der Frequenz Ω mit einer sinusförmigen Nachricht der Amplitude a und der Frequenz ω moduliert, so ist, wenn Φ den Phasenwinkel der Trägerschwingung und φ den der Nachrichtenschwingung darstellt, für ein Ω, das wesentlich größer als ω ist, die Amplitudenmodulation dargestellt durch

$$y = \left[A + a \cos\left(\omega t + \varphi\right)\right] \cos\left(\Omega t + \Phi\right) \tag{18}$$

und die Frequenzmodulation durch

$$y = A \cos\left[\Omega t + \frac{q}{\omega}\left(\sin \omega t + \varphi\right) + \Phi\right]. \tag{19}$$

Bei der Amplitudenmodulation bleibt die Trägerfrequenz konstant und die Amplitude schwankt im Rhythmus der Nachrichtenfrequenz, bei der Frequenzmodulation bleibt die Amplitude des Trägerstromes konstant und die Frequenz schwankt im Rhythmus der Nachrichtenfrequenz (Abb. 33a u. b). Man nennt auch:

a den „Amplitudenhub"

$\dfrac{a}{A}$ den „Modulationsgrad" } bei Amplitudenmodulation,

q den „Frequenzhub"

$\dfrac{q}{\omega}$ den „Modulationsindex"

$\dfrac{q}{\Omega}$ den „Modulationsgrad" } bei Frequenzmodulation.

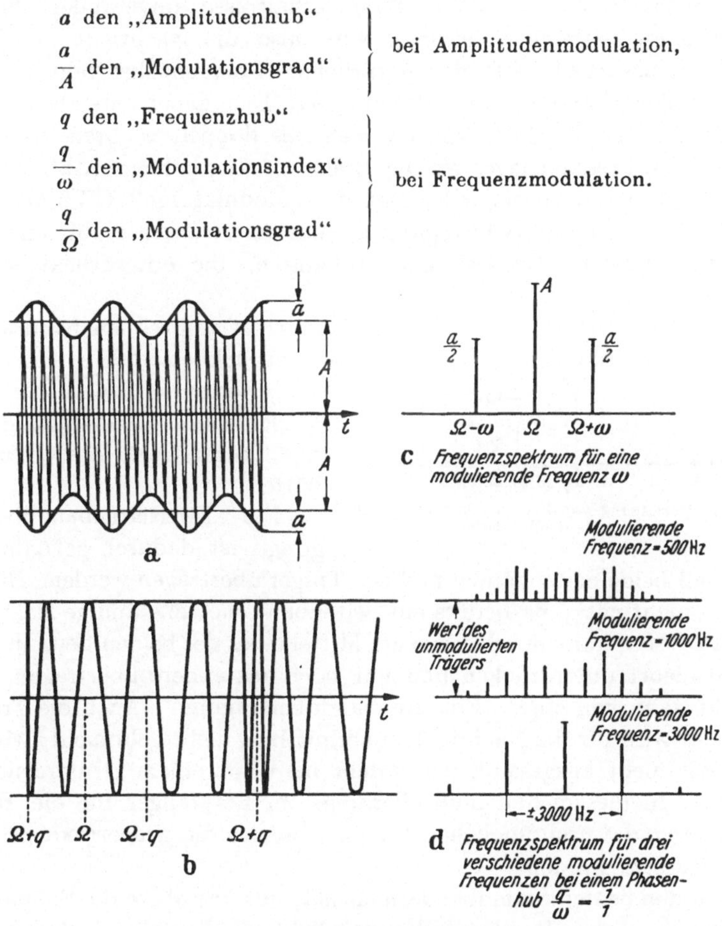

Abb. 33 a—d. Modulation.
a) Zeitlicher Verlauf einer amplitudenmodulierten Schwingung. b) Zeitlicher Verlauf einer frequenzmodulierten Schwingung. c) Lage der Seitenfrequenzen bei Amplitudenmodulation. d) Lage der Seitenfrequenzen bei Frequenzmodulation.

Aus der Gl. (18) läßt sich ableiten, daß bei der Amplitudenmodulation die Frequenz Ω sowie die beiden „Seitenfrequenzen" $\Omega+\omega$ und $\Omega-\omega$ entstehen (Abb. 33c). Die vektorielle Addition dieser Schwingungen ergibt die dargestellten Verhältnisse (Abb. 33a); die Frequenz des Trägers bleibt konstant, seine Amplitude schwankt.

5*

Besteht die Nachricht nicht aus einer einzelnen Schwingung, sondern aus einem Frequenzband wie zum Beispiel bei der Sprache, so entstehen an Stelle der beiden Seitenfrequenzen die beiden „Seitenbänder", ein oberes Seitenband und ein unteres Seitenband. Da die Abstände der einzelnen Frequenzen untereinander dieselben sind wie im ursprünglichen Frequenzband und die Amplitudenverhältnisse unverändert bleiben (auch deren zeitliche Änderung), wird also die Nachricht durch den Modulationsvorgang aus der natürlichen Frequenzlage bildgetreu in einen anderen Frequenzbereich verlagert. Das dabei entstehende Frequenzband $\Omega-\omega_2$ bis $\Omega+\omega_2$ ist mehr als doppelt so breit als in der natürlichen Frequenzlage, wo die Breite $\omega_2-\omega_1$ beträgt (Abb. 34). In der Praxis treten an den Klemmen der „Modulatoren" (Einrichtungen zur Modulierung von Schwingungen) noch unerwünschte „Modulationsprodukte höheren Grades" auf (Anhang e), die unterdrückt werden müssen.

Durch die „Demodulation" wird das verlagerte Frequenzband wieder in seine ursprüngliche, natürliche Lage zurückversetzt; es kann also

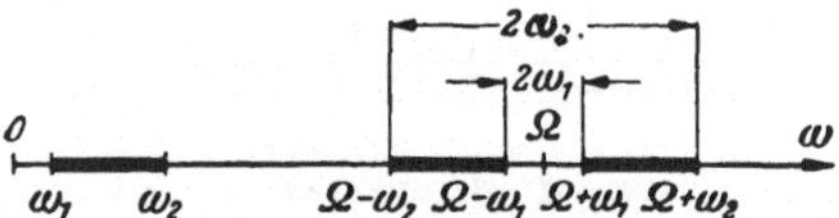

Abb. 34. Umsetzung von Frequenzbändern durch Amplitudenmodulation.

ausgewertet werden, als ob keine Verschiebung (Übertragung mittels Trägerstrom) stattgefunden hätte.

Die „Zweiseitenbandübertragung" ist dadurch gekennzeichnet, daß beide Seitenbänder und der Träger übertragen werden. Dies ist an sich nicht nötig, da bereits ein Seitenband die vollständige Nachricht enthält. Man kann durch geeignete Mittel eines der beiden Seitenbänder am Sendeort unterdrücken und nur noch das andere übertragen. Man spricht dann von einer „Einseitenbandübertragung". Auch die Trägerfrequenz wird für die Nachrichtenübermittlung nicht gebraucht; wird sie ebenfalls nicht ausgesandt, so spricht man von einem „Unterdrückten Träger". In diesem Fall muß allerdings im Empfänger für die Rückgewinnung des ursprünglichen Frequenzbandes die Trägerfrequenz wieder zugesetzt werden.

Von den beiden Seitenbändern enthält nur das obere die Frequenzen des ursprünglichen Bandes in der natürlichen Reihenfolge, in der „Regellage" während die Reihenfolge bei dem unteren Band umgekehrt ist, es befindet sich in „Kehrlage" (Abb. 34).

Der Frequenzbandbedarf für eine Einseitenbandübertragung mit unterdrücktem Träger ist also gleich dem Frequenzbandbedarf bei der Übertragung in der natürlichen Frequenzlage.

Für die Frequenzmodulation eines Trägers mit einer sinusförmigen Nachrichtenschwingung läßt sich aus Gl. (19) ableiten, daß ebenfalls Seitenfrequenzen entstehen (Abb. 33d), und zwar an den Stellen $\Omega\pm\omega$,

$\Omega \pm 2\omega$, $\Omega \pm 3\omega$, ... [9], [10]. Es wird also bereits bei einer einzigen modulierenden Frequenz durch Frequenzmodulation eine unendliche Zahl von Seitenfrequenzpaaren erzeugt. Der Amplitudenanteil des Trägers und der der einzelnen Seitenfrequenzpaare an der resultierenden Schwingung ist im allgemeinen verschieden groß; der Anteil des Trägers an der resultierenden Schwingung kann im Gegensatz zur Amplitudenmodulation kleiner werden als der einer Seitenfrequenz, auch kann der Amplitudenanteil einer weiter von der Trägerfrequenz entfernt liegenden Seitenfrequenz größer werden als der eines näher an der Trägerfrequenz gelegenen. In einer gewissen Entfernung beiderseits der Trägerfrequenz werden jedoch die Amplitudenanteile der Seitenfrequenzpaare vernachlässigbar klein. Während die Lage einer Seitenfrequenz nur von der Frequenz der modulierenden Schwingung abhängig ist, sind ihr Amplitudenanteil und der des Trägers abhängig vom Modulationsindex, also von der Amplitude und der Frequenz der modulierenden Schwingung.

Die vektorielle Addition aller dieser Schwingungsanteile ergibt die dargestellte resultierende Schwingung (Abb. 33b); ihre Amplitude bleibt konstant, ihre Frequenz schwankt. Dabei ist der Frequenzhub q, ein Maß für diese Schwankung, proportional der Amplitude der modulierenden Schwingung und unabhängig von ihrer Frequenz.

Aus Erfahrung [3], [14] weiß man, daß der Platz zur Übertragung einer frequenzmodulierten Schwingung um 50% breiter sein muß als die größte Frequenzschwankung nach beiden Seiten der Trägerfrequenz, weil sonst übermäßige Verzerrungen (Anhang e) des zu übertragenden Nachrichtenfrequenzbandes entstehen. Der Platz im Frequenzplan muß also alle Seitenfrequenzen in einer Breite

$$B = 1{,}5 \cdot\cdot 2 \cdot \frac{q}{2\pi}$$

umfassen, wobei $\frac{q}{2\pi} = \Delta F$ die größte „Auslenkung" nach beiden Seiten der Trägerfrequenz $F = \frac{\Omega}{2\pi}$ darstellt. Es gibt noch eine zweite Regel, die den praktischen Erfordernissen Rechnung trägt:

$$B = 2\,(\Delta F + f).$$

Bei einem Auslenkverhältnis $\frac{\Delta F}{f} = 2$ liefern beide Erfahrungsregeln das gleiche Ergebnis. Die erste Regel ergibt bei größeren Auslenkungen die kleinere, und die zweite Regel die größere Bandbreite. Für ein Auslenkverhältnis $\frac{\Delta F}{f} < 1$ ist die erste Regel nicht mehr brauchbar, denn auch für kleinere Auslenkungen ist die Mindestbandbreite natürlich $B = 2\,f$.

Das „Auslenkverhältnis“ ist durch Bezug auf die höchste zu übertragende Nachrichtenfrequenz $f = \dfrac{\omega}{2\pi}$ ausgedrückt durch die Beziehung

$$\frac{\Delta F}{f} = \frac{q}{2\pi} : \frac{\omega}{2\pi} = \frac{q}{\omega}$$

ist also dasselbe wie der Modulationsindex.

Einer frequenzmodulierten Trägerwelle will man bei einer Übertragung über Hochspannungsleitungen mit Rücksicht auf den Wellenmangel und die Frequenzplanung höchstens die gleiche Bandbreite einräumen, wie einer amplitudenmodulierten Trägerwelle mit Zweiseitenbandübertragung. Diese Bandbreite ist bei einem Modulationsindex 1 gegeben. Andererseits muß der Modulationsindex mindestens den Zahlenwert 1 haben, wenn man einen annehmbaren Gewinn an Störpegelabstand gegenüber der Amplitudenmodulation und Zweiseitenbandübertragung erreichen will (Abb. 35); ein größerer Modulationsindex würde

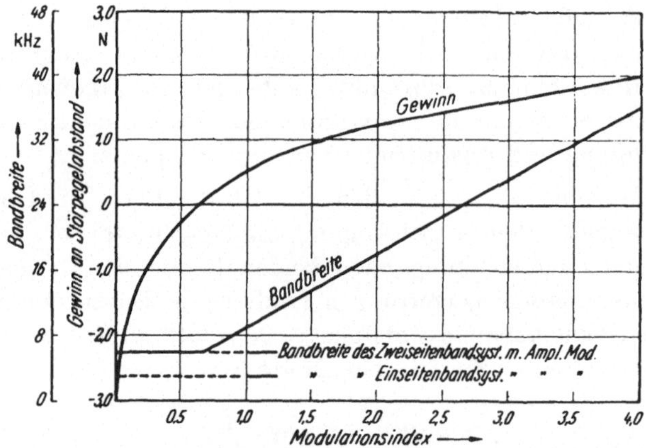

Abb. 35. Gewinn an Störpegelabstand bei Frequenzmodulation gegenüber Amplitudenmodulation sowie erforderliche Bandbreite in Abhängigkeit vom Modulationsindex (höchste Tonfrequenz 3 kHz).

zwar einen größeren Gewinn an Störpegelabstand bringen, er ist aber mit einer Verbreiterung des übertragenen Frequenzbandes verbunden, also mit Rücksicht auf den Frequenzmangel nicht gut anwendbar.

Zusammenfassend läßt sich über den Frequenzbandbedarf bei Amplitudenmodulation mit Zweiseitenbandübertragung, bei Amplitudenmodulation mit Einseitenbandübertragung und unterdrücktem Träger sowie bei Frequenzmodulation etwa folgendes sagen:

Seit Beginn der Entwicklung der Trägerfrequenznachrichtenanlagen für Hochspannungsleitungen arbeitete man mit Amplitudenmodulation und übertrug beide Seitenbänder. Da die häufigste Aufgabe die Übertragung von Sprache war, die in der natürlichen Frequenzlage das Band

300 Hz bis 2400 Hz belegt, braucht man also für jeden modulierten Träger F einen Platz im Frequenzplan von $F - 2,5\,\text{kHz}$ bis $F + 2,5\,\text{kHz}$, also $5\,\text{kHz}$. Der gesamte Bereich von 50 kHz bis 300 kHz wurde — bis auf Sperrbereiche — in lückenlos aneinander anschließende Plätze von 5 kHz Breite eingeteilt, in deren Mitte die jeweilige „Nennfrequenz" der Verbindung liegt. Dem Wellenmangel versucht man — außer durch andere technische Mittel (s. S. 40) — auch dadurch zu begegnen, daß man die Einseitenbandübertragung einführt. Der Frequenzbandbedarf für Sprache beträgt hierbei die Hälfte, nämlich 2,5 kHz; man kann also die doppelte Anzahl von Sprechverbindungen innerhalb des ganzen Frequenzbereiches aufbauen. Die Einseitenbandtechnik ist wesentlich jünger als die Zweiseitenbandtechnik und wurde in Deutschland, wo zahlreiche vorhandene Anlagen mit Zweiseitenbandübertragung im 5 kHz-Schema bestehen, so durchgebildet, daß sie in dieses Frequenzschema paßt. In anderen Ländern wurde nach anderen Gesichtspunkten verfahren und Zweiseitenbandgeräte für ein 8 kHz-Schema sowie Einseitenbandgeräte für ein 4 kHz-Schema gebaut (s. S. 89).

Die Frequenzmodulation ist als Mittel zur Verringerung des Frequenzbandbedarfs gegenüber der Amplitudenmodulation mit Zweiseitenbandübertragung nicht geeignet. Dagegen wurde sie in einigen für Hochspannungsleitungen gebauten Trägerfrequenznachrichtenanlagen wegen ihrer entstörenden Wirkung bei gleicher Frequenzbandbreite wie bei Amplitudenmodulation mit Zweiseitenbandübertragung verwendet [8].

Der Gewinn an Störpegelabstand ist hierbei aber nicht größer als bei Verwendung der Amplitudenmodulation und Einseitenbandübertragung in einem nur halb so breiten Frequenzband. Die Einseitenbandübertragung bringt demnach nicht nur dieselbe Vergrößerung des Störpegelabstandes wie die Frequenzmodulation, sondern darüber hinaus eine Herabsetzung des Frequenzbandbedarfs für einen Übertragungskanal auf die Hälfte.

Es ist auch untersucht worden, ob das Einseitenbandverfahren für frequenzmodulierte Schwingungen mit Nutzen angewandt werden kann [18]. Bei einer solchen Übertragung kann man nicht wie bei Amplitudenmodulation und Einseitenbandübertragung den Träger im Sender unterdrücken und im Empfänger für die Demodulation zusetzen, weil seine Amplitude durch den Modulationsindex bestimmt ist und sein Wert die Form der Schwingung beeinflußt. Man überträgt demnach bei frequenzmodulierten Schwingungen außer einem Seitenband auch den Träger. Mit Rücksicht auf die durch das Einseitenbandverfahren entstehende zusätzliche Amplitudenmodulation können die frequenzmodulierten Schwingungen nur mit einem Modulationsindex bis höchstens 1,7 verwendet werden. Obwohl dieser Wert eine Eingliederung in ein bestehendes Frequenzschema mit schmalen Intervallen zuließe, scheint doch die Einseitenbandübertragung bei Frequenzmodulation nicht sinnvoll zu sein, weil die Sendeleistung mit zunehmendem Modulationsindex sinkt und ein mit dem Modulationsindex gegebener Klirrfaktor in Kauf genommen werden muß.

c) Frequenzmangel und Frequenzplan.

Der Frequenzmangel entsteht dadurch, daß eine auf einer Hochspannungsleitung verwendete Trägerwelle in einem galvanisch zusammenhängenden Netz auch an weit entfernten Stellen immer noch mit einem genügend hohen Pegel auftritt, um von den (wegen der erforderlichen Reichweite) hochempfindlichen Empfängern anderer Nachrichtenanlagen aufgenommen zu werden, wenn diese auf die gleiche Trägerfrequenz abgestimmt sind. Man kann also eine einmal benutzte Trägerfrequenz in einem größeren Umkreis nicht mehr wiederverwenden, sondern erst in einer so großen Entfernung, daß der Pegel dieser störenden Reste im allgemeinen Störpegel untergegangen ist. Die unerwünschte Ausbreitung einer Trägerfrequenz außerhalb des ihr zugeordneten Nachrichtenweges erfolgt zum Teil durch galvanische Leitung über die Sperren hinweg, die den Nachrichtenweg eigentlich eingrenzen sollen, zum Teil auch über die induktive und kapazitive Kopplung zu den dem Koppelleiter parallel verlaufenden Leitern, an die die Trägerfrequenznachrichtenanlage gar nicht angeschlossen ist. Eine hinreichende Voraussetzung für die Wiederverwendung der gleichen Trägerfrequenz in nahe beieinanderliegenden Abschnitten des Hochspannungsnetzes wäre lediglich eine Übersprechsperre, diese wurde aber aus wirtschaftlichen Gründen bis jetzt kaum angewandt.

Eine weitere Ursache für die unerwünschte Ausbreitung von Trägerfrequenzen im Hochspannungsnetz, nämlich unzweckmäßig ausgeführte Überbrückungsschaltungen, kann in einfacher Weise beseitigt werden (s. S. 47).

Der Platz im Frequenzplan wird knapper mit der zunehmenden Ausdehnung und Vermaschung eines Hochspannungsnetzes, also mit dem Verbundbetrieb, teils, weil durch die Anschaltung weiterer Hochspannungsleitungen auch eine unerwünschte Verschleppung der Trägerfrequenz über weitere Leitungswege stattfindet, teils auch, weil für die Führung des Verbundbetriebes zusätzliche Nachrichtenanlagen, also zusätzliche Trägerfrequenzen gebraucht werden. Es kann auch durchaus der Fall eintreten, daß eine neue Querverbindung in einem Hochspannungsnetz, die als Lastausgleichleitung zwischen zwei Netzpunkten gebaut und für deren Betrieb gar keine zusätzliche Trägerfrequenzanlage gebraucht wird, Schwierigkeiten für die Verteilung der Frequenzen im vorhandenen Nachrichtennetz bringt. Dies ist immer dann der Fall, wenn die Endpunkte der neuen Leitung bisher genügend weit (in Dämpfung ausgedrückt) voneinander entfernt waren, um die gleichen oder eng benachbarte Plätze des Frequenzplanes in beiden Netzpunkten belegen zu können, und nunmehr durch die neue Hochspannungsleitung diese Dämpfung fast aufgehoben wird. Es sind dann mitunter umständliche und kostspielige Umstimmungen der vorhandenen Anlagen nötig.

Der Frequenzmangel läßt sich nicht einfach durch Erweiterung des Frequenzbereichs 50 kHz bis 300 kHz nach unten und oben beheben (s. S. 65). Es mußte infolgedessen für jedes größere Hochspannungsnetz ein „Frequenzplan", auch „Wellenplan" genannt, aufgestellt werden, der alle Hochfrequenzanlagen dieses Netzes unabhängig von den Eigentumsverhältnissen zusammenfassend berücksichtigt.

Bei der Trägerfrequenznachrichtenübertragung über Nachrichtenleitungen (Posttechnik) ist jede Leitung an ihren Endpunkten von den weitergehenden Leitungen vollkommen getrennt, während ein Hochspannungsnetz ein in den Knotenpunkten galvanisch durchgeschaltetes Maschennetz darstellt (Abb. 36). Bei der Trägerfrequenztechnik für Postleitungen kommt es weiterhin meistens darauf an, möglichst viele Sprechkanäle zwischen den Endpunkten einer Leitung

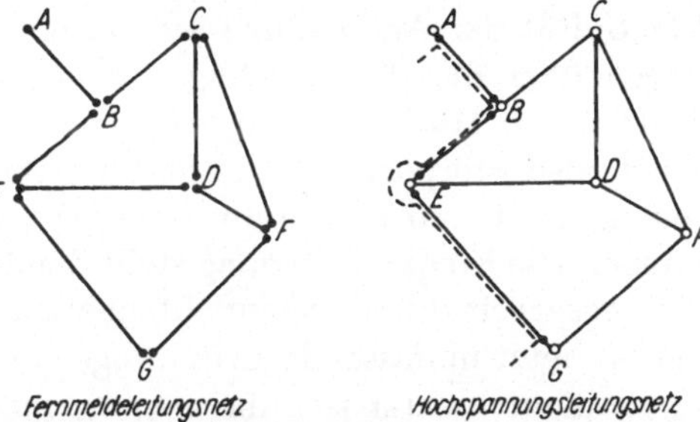

Abb. 36. Leitungsnetze für Trägerfrequenznachrichtenübertragungen.

einzurichten. Bei den Trägerfrequenzanlagen für Hochspannungsleitungen braucht man meistens nur sehr wenige Sprechverbindungen.

Dementsprechend sieht man sich bei Anlagen für Nachrichtenleitungen meistens vor der Aufgabe, mit „Mehrfachübertragungsgeräten" ein Bündel von Nachrichtenkanälen einzurichten; die Verteilung der Frequenzbänder geschieht dabei nach einem festen Schema, das nur einmal, nämlich bei der Entwicklung des Systems, festgelegt wird. Auf jeder der Nachrichtenleitungen, die in einem Knoten zusammenstoßen, kann dieselbe Frequenzverteilung wieder verwendet werden. Die Trägerfrequenztechnik für Hochspannungsleitungen soll dagegen mit „Einfachübertragungsgeräten" nur einen Sprechweg auf einer Leitung herstellen; da in den Knotenpunkten die Hochspannungsleitungen galvanisch durchgeschaltet sind, müssen die Trägerfrequenzkanäle auf jeden beliebigen Platz innerhalb des Frequenzbereichs 50 kHz bis 300 kHz gelegt werden können, auch der Abstand zwischen den beiden Kanälen eines (Zweikanal-)Sprechgerätes darf nicht starr sein. Die Frequenzplanung für ein Hochspannungsnetz stellt also eine Aufgabe dar, die bei jeder neu zu bauenden Anlage von Neuem gelöst werden muß.

Die Verteilung der freien Plätze in einem gegebenen Frequenzplan geschieht nach übergeordneten Gesichtspunkten, die manchmal den (mehr oder weniger) berechtigten Interessen der einzelnen Stromversorgungsunternehmen, die im Verbundbetrieb arbeiten, nicht in dem Maß gerecht werden, wie es der Einzelne wünscht. Das technische Risiko dafür, daß neu zu liefernde Anlagen auch tatsächlich ohne Störung der vorhandenen Anlagen eingebaut werden können, liegt in den Händen der Betriebe, die die neuen Anlagen erstellen. Man muß zur Frequenzplanung alle technischen Daten der vorhandenen Trägerfrequenzgeräte und Leitungsausrüstungen verschiedener Herkunft und aus verschiedenen Baujahren kennen, soweit sie für den Frequenzplan von Bedeutung sind, im wesentlichen also bei den Geräten Sendepegel, Empfängerempfindlichkeit und Selektivität, bei den Leitungsausrüstungen Sperrwiderstände und Bandbreite der Sperren sowie die Durchlaßdämpfung und Selektivität der Ankopplungsschaltungen. Außerdem muß man Erfahrungen über die für die Trägerfrequenzübertragung wichtigen Eigenschaften von Hochspannungsleitungen verschiedener Betriebsspannung haben, also Störpegel und Dämpfung bei unterschiedlicher Bauart und Abhängigkeit vom Wetter über den ganzen Frequenzbereich und anderes kennen. Die Frequenzplanung stellt damit oft den schwierigsten Teil der Planungsarbeit für ein Nachrichtennetz dar und ihre sachgemäße Durchführung setzt umfassende Erfahrungen voraus. Wenn der Frequenzplan bereits dicht besetzt ist, übernehmen meistens das liefernde Werk und das Elektrizitätswerk beim Bau einer neuen Anlage die Auswahl der zu benutzenden Trägerfrequenzen gemeinsam. Damit werden auch die Umstimmungen berücksichtigt, die an vorhandenen Anlagen ohne Kenntnis der Lieferanten anläßlich von Netzumbauten durchgeführt worden waren. Man erfaßt also zuerst in gemeinsamer Arbeit den neuesten Stand des Frequenzplanes, wenn man die Trägerfrequenzen für zusätzliche Anlagen bestimmen will. Fehlgriffe in der Auswahl der Trägerfrequenzen können unter Umständen umfangreiche Umstimmungsarbeiten auslösen, die gegebenenfalls hohe Kosten verursachen.

Andererseits müssen mit zunehmender Besetzung der Frequenzplätze immer höhere Risiken eingegangen werden, wenn man den Frequenzbereich wirklich optimal ausnutzen will. In einzelnen Ländern haben betriebsfremde übergeordnete Verwaltungsstellen diese Aufgabe übernommen [16]. Eine derartige neutrale Frequenzplanungsstelle kann nur sachgemäß arbeiten, wenn sie über umfangreiche Meßmöglichkeiten verfügt. Bei einer solchen Regelung muß besonders festgelegt werden, wer das Risiko trägt und damit auch die Kosten übernimmt, die mit der Beseitigung von Mängeln infolge unzureichender Frequenzplanung entstehen können.

Die meisten der heute in Betrieb befindlichen Trägerfrequenzgeräte arbeiten mit Amplitudenmodulation und Zweiseitenbandübertragung.

Es werden auch heute die neuen Anlagen überwiegend mit solchen Geräten in Betrieb genommen, weil man den mit der Einseitenbandübertragung verbundenen Mehraufwand im Aufbau der Geräte nur dann aufbringen will, wenn dies wegen Frequenzmangel wirklich nicht zu umgehen ist. Die Plätze in dem mit der Zweiseitenbandübertragung ge-

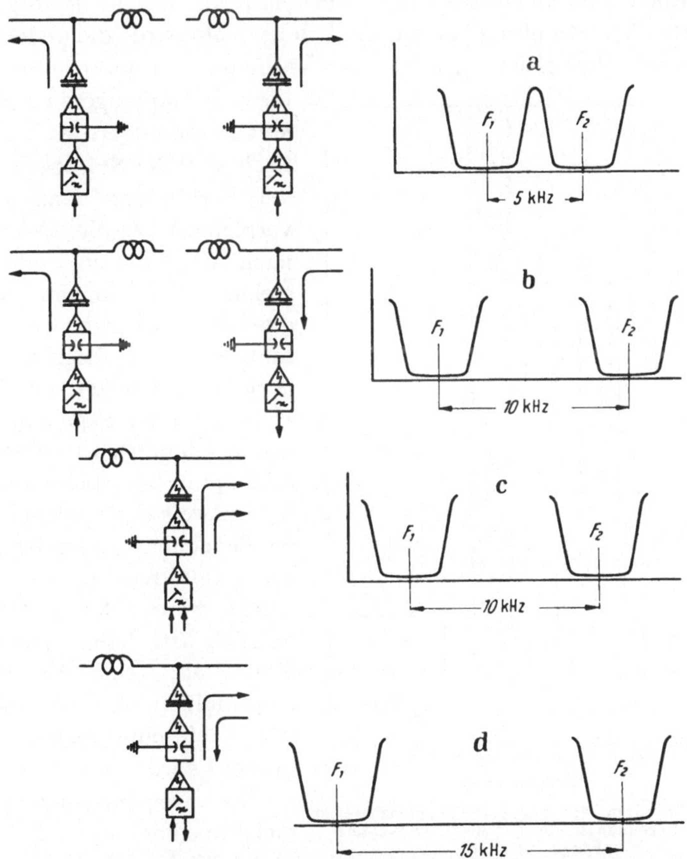

Abb. 37a—d. Regeln für die Wahl der Trägerfrequenzabstände in einer Hochspannungsstation bei Amplitudenmodulation und Zweiseitenbandübertragung.

a) Sender–Sender an Leitungen nach verschiedenen Richtungen. b) Sender–Empfänger an Leitungen nach verschiedenen Richtungen. c) Sender–Sender an Leitungen auf einem Gestänge oder an einem gemeinsamen Koppelfilter. d) Sender–Empfänger an Leitungen auf einem Gestänge oder an einem gemeinsamen Koppelfilter.

gebenen Frequenzschema werden in einer Hochspannungsstation, in der mehrere Hochspannungsleitungen mit Trägerfrequenznachrichtenkanälen zusammenlaufen, nach Regeln verteilt, die sich aus dem Sendepegel, der Empfängerempfindlichkeit und der Trennschärfe der Geräte ergeben (Abb. 37). Dabei muß man für ältere Geräte mit geringerer Trennschärfe gegebenenfalls auch größere Trägerfrequenzabstände einhalten.

Damit man einen Frequenzplan aufstellen kann, braucht man als Ergänzung zu diesen Regeln Erfahrungswerte über die Dämpfung der Hochspannungsleitungen und der Leitungsausrüstungen. Man unterstellt bei der Frequenzplanung, daß der Sender einer Nachrichtenverbindung grundsätzlich die maximal mögliche Leistung abgibt und der zugeordnete Empfänger bei kurzen Verbindungen durch eine vorgeschaltete feste „Vordämpfung" unempfindlich gemacht wird; die andere Möglichkeit, die Sendeleistung bei kurzen Verbindungen herabzusetzen und die volle Empfängerempfindlichkeit auszunutzen wäre unpraktisch, weil der Störpegelabstand der Verbindung dann unnötig verkleinert würde. Wenn benachbarte Plätze, oder der gleiche Platz doppelt im Frequenzplan belegt werden sollen, muß man ein Pegeldiagramm (s.S. 52) aufstellen, um festzustellen, ob der Pegel eines Trägers bei der unerwünschten Verschleppung im Hochspannungsnetz so weit abgesunken ist, daß der benachbarte oder der gleiche Platz im Frequenzplan wieder belegt werden kann. Ob dies möglich ist, hängt dann noch davon ab, welche Empfängerempfindlichkeit dort für die andere Nachrichtenverbindung gebraucht wird.

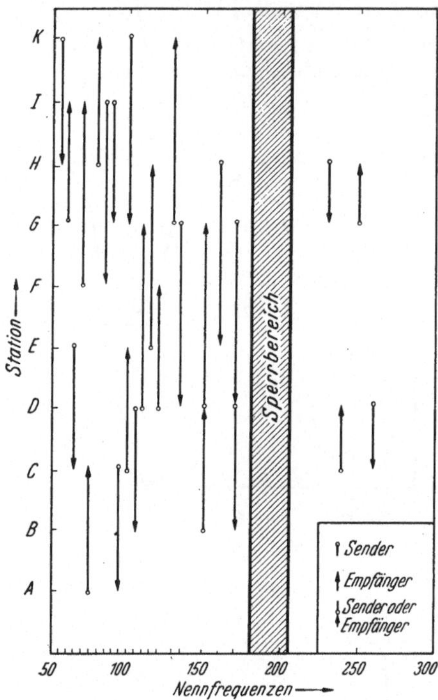

Abb. 38. Verteilung der Plätze des Frequenzbereichs für ein Verbundnetz gleicher Betriebsspannung (Frequenzplan).

Die Frequenzpläne werden meist in einer anschaulichen Art (Abb. 38) in Verbindung mit einem schematisierten Plan der Trägerfrequenzwege dargestellt. An Stelle des Frequenzplanes kann auch eine Kartei mit besonders geformten Karten treten. Wenn Netze verschiedener Betriebsspannung durch längeren Parallelverlauf von Leitungen miteinander gekoppelt sind, muß durch Eintragungen oder Karten verschiedener Farbe eine zusammenhängende Frequenzplanung durchgeführt werden.

d) Frequenzeinsparung bei der Netzplanung.

Unter einem „Trägerfrequenznetz" versteht man bekanntlich die Gesamtheit aller Nachrichtenkanäle einer ausgedehnten Trägerfrequenznachrichtenanlage. Ein „Trägerfrequenzbezirk" enthält die Sender und Empfänger, die auf die gleiche Trägerfrequenz abgestimmt sind und in einem „Sprechkreis" zusammenarbeiten. Je nach der Verkehrsaufgabe spricht man von einem „Sprechnetz", das sich aus „Sprechbezirken" zusammensetzt, oder von einem „Fernbedienungsnetz"; dabei ist „Fernbedienung" ein Sammelbegriff für alle Arten von Fernmeldung außer Fernsprechen, also Fernmessen, Fernzählen, Fernüberwachen, Fernregeln und anderes (s. S. 14).

Um wenig Plätze im Frequenzplan zu belegen, versucht man möglichst viel Hochfrequenzstationen in einem Bezirk zusammenzufassen. Diesem Bestreben sind jedoch zwei Grenzen gesetzt. Die eine Grenze ist dadurch gegeben, daß für jeden Nachrichtenkanal die durch Sendepegel und Empfängerempfindlichkeit bestimmte Reichweite nicht überschritten werden darf. Die zweite Grenze ist dadurch gegeben, daß in einem Nachrichtenkanal die mit der Anzahl der Sendestellen wachsende Verkehrsdichte nicht so groß werden darf, daß der Kanal zu häufig besetzt ist. Diese zweite Grenze interessiert nur bei der Übertragung zeitlich gestaffelter Nachrichten begrenzter Dauer, insbesondere also in Sprechbezirken; diese sollen zweckmäßig nur soviel Trägerfrequenzsprechstellen enthalten, daß die dabei zu erwartende Sprechdichte noch zulässig ist.

Beim Fernsprechen liegt immer die Aufgabe des „Gegensprechverkehrs" vor, das heißt, jeder Fernsprechteilnehmer muß hören und sprechen können. Eine Sprechverbindung wird also immer in beiden Verkehrsrichtungen gebraucht; bei einem vollwertigen Gegensprechen kann man in beiden Richtungen gleichzeitig sprechen. Soweit nur ein Übertragungskanal im Frequenzplan mit einem Gegengespräch belegt ist und die beiden Übertragungsrichtungen für Sprechen und Hören durch Umschaltung von Senden auf Empfangen an beiden Enden dieses einen Kanals hergestellt werden, spricht man von „Einkanalgeräten". Diese Art von Sprechgeräten wurde hauptsächlich in Amerika angewandt. In Europa arbeitet man fast ausschließlich mit „Zweikanalgeräten" für Sprachübertragung, mit Geräten also, die zwei Übertragungskanäle im Frequenzplan belegen, einen für die abgehende, einen für die ankommende Richtung jedes Gesprächs. Die Sende- und Empfangseinrichtungen eines Zweikanalgerätes sind somit auf zwei verschiedene Trägerfrequenzen abgestimmt. In einem Sprechbezirk mit Zweikanalgeräten verwendet man immer ein Trägerfrequenzpaar. Zur gleichen Zeit kann dann immer nur ein Gespräch stattfinden.

Die Zusammenschaltung von Zweikanalsprechgeräten zu einem Sprechbezirk kann in verschiedener Weise erfolgen und ergibt dementsprechend unterschiedliche Verkehrsarten (Abb. 39). In einem Sprechbezirk für „Endverkehr" zwischen zwei Sprechstellen arbeitet jeder Sender mit fest zugeordneter Trägerfrequenz auf den entsprechend abgestimmten Empfänger der Gegenstation. Will man Trägerfrequenzpaare (oder auch Sprechgeräte) sparen, so wird nicht jede Hochspannungsleitung mit einem solchen Sprechbezirk für Endverkehr ausgerüstet, sondern es werden mehr als zwei Sprechstellen zu einem Sprechbezirk zusammengefaßt, und zwar so viel, als unter Einhaltung der beiden erwähnten Grenzen (Reichweite, Sprechdichte) zulässig ist. Beim „Strahlensprechverkehr" können mehr als zwei Stationen in der Weise miteinander verkehren, daß von einer Zentralstation aus auf einem Träger nach einer oder mehreren Unterstationen gesprochen wird, während auf dem zweiten Träger die Unterstationen nur mit der Zentrale, aber nicht untereinander sprechen können. Der „Wellenwechselverkehr" wird dort angewandt, wo in einem Sprechbezirk mit mehr als zwei Sprechstellen

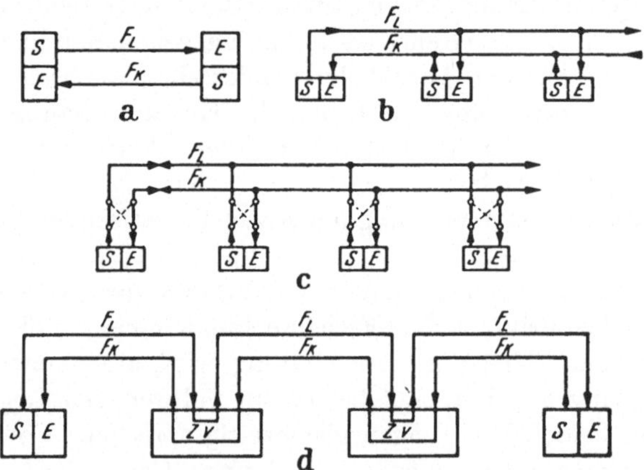

Abb. 39 a—d. Verkehrsarten in Trägerfrequenzsprechbezirken mit Zweikanalgeräten.
a) Endverkehr zwischen zwei Sprechstellen. b) Strahlenverkehr zwischen mehreren Sprechstellen. c) Wellenwechselverkehr zwischen mehreren Sprechstellen. d) Linienverkehr zwischen mehreren Sprechstellen.

jeweils ein Gespräch zwischen zwei beliebigen Teilnehmern herstellbar sein soll. Im Ruhezustand sind dabei sämtliche Stationen eines Bezirks mit ihrem Empfänger auf dieselbe Trägerfrequenz abgestimmt und empfangsbereit. Wenn von einer der Sprechstellen aus ein Gespräch beginnen soll, so muß ihr Sender auf diese Trägerfrequenz umgeschaltet werden. Der Anrufende schaltet also mit dem Abheben des Fernhörers in seinem Trägerfrequenzgerät den Sender mit der Trägerfrequenz ein, auf die bisher der Empfänger abgestimmt war, während die Abstimmung des Empfängers auf die Trägerfrequenz umgeschaltet wird, die den entfernten Sendern zugeordnet ist. Der „Linienverkehr" ist mit dem Ziel durchgebildet worden, die durch die Reichweite der Trägerfrequenzgeräte gegebene Grenze in der Zahl der Sprechstellen eines Bezirks weiter hinauszuschieben. Die Geräte an beiden Enden des Bezirks senden den jeweiligen Träger dauernd aus, ohne daß ein Wellenwechsel stattfindet;

die Stationen unterwegs erhalten einen Trägerfrequenzzwischenverstärker für beide Verkehrsrichtungen. In den Zwischenverstärkern werden die Sprechströme zugesetzt und abgenommen. Je nachdem, in welchem der beiden vom Verstärker abgehenden Nachrichtenwege der gerufene beziehungsweise der rufende Teilnehmer liegt, findet eine Umschaltung der abgehenden und ankommenden Sprache auf den jeweiligen Träger abhängig von der Nummernwahl statt.

Die Sprechmöglichkeiten, die sich bei den verschiedenen Verkehrsarten innerhalb eines Sprechbezirks ergeben, sind unterschiedlich (Abb. 40). Strahlensprechbezirke werden selten verwendet, weil die Beschränkung der Sprechmöglichkeiten den normalen Verkehrsaufgaben nicht gerecht wird.

Die angestrebte Frequenzeinsparung durch Zusammenfassung möglichst vieler Sprechstellen in einem Trägerfrequenzbezirk kann man beim Linienverkehr am weitesten treiben, da eine der beiden Grenzen für die Zusammenfassung (Reichweite) infolge der Zwischenverstärkung hinausgeschoben werden kann. Allerdings nähert man sich dabei immer mehr der zweiten Grenze (zu große Sprechdichte). In der Praxis werden Wellenwechselbezirke auf drei, höchstens vier Sprechstellen ausgedehnt, weil dann meistens die Grenze der Reichweite der normalen Geräte erreicht ist.

Während der Endverkehr, der Strahlenverkehr und der Linienverkehr mit Hochfrequenz-Sendern und -Empfängern arbeiten, deren Trägerfrequenz beim Sprechbetrieb nicht geändert wird, kann jede Sprechstelle beim Wellenwechselverkehr entweder Sender oder Empfänger für jede der beiden Trägerfrequenzen des Bezirks sein. Die Frequenz eines Senders ist also nicht mehr einem bestimmten Ort fest zugeordnet. Dies bringt für die Frequenzplanung zusätzliche Anforderungen; Vereinfachungen sind ohne Einschränkung der Sprechmöglichkeiten in einem Bezirk dadurch gegeben, daß in einer der Sprechstellen die Umschalteinrichtung zwischen Sender- und Empfängerabstimmung abgeschaltet wird. Dieser „stillgelegte Wellenwechsel" hat zur Folge, daß in den anderen Sprechstellen des Bezirks ein „rufnummernabhängiger Wellenwechsel" eingeführt werden muß, wenn alle Sprechmöglichkeiten im Bezirk erhalten bleiben sollen. Der Wellenwechsel wird also in einer Station stillgelegt, in der dies wegen der Verteilung der Plätze des Frequenzplanes nötig ist. Wenn allerdings in mehr als einer Sprechstelle innerhalb eines Bezirks der Wellenwechsel stillgelegt wird, so ist dies zwangsläufig mit einer Verringerung der Sprechmöglichkeiten verbunden.

Bei der Fernbedienung liegt die Aufgabe des „Gegenverkehrs" nicht in jedem Fall vor (Abb. 3). Für die Fernübertragung von Meßwerten auf registrierende Empfänger oder für die Fernzählung hat man immer nur einen Nachrichtenkanal in einer Übertragungsrichtung nötig (Anhang f); man verwendet also hier Einkanalgeräte ohne Einrichtung zur Richtungsumschaltung. Wenn in Ausnahmefällen ein Kanal in beiden Verkehrsrichtungen für die Übertragung kurzzeitiger Signale zeitlich

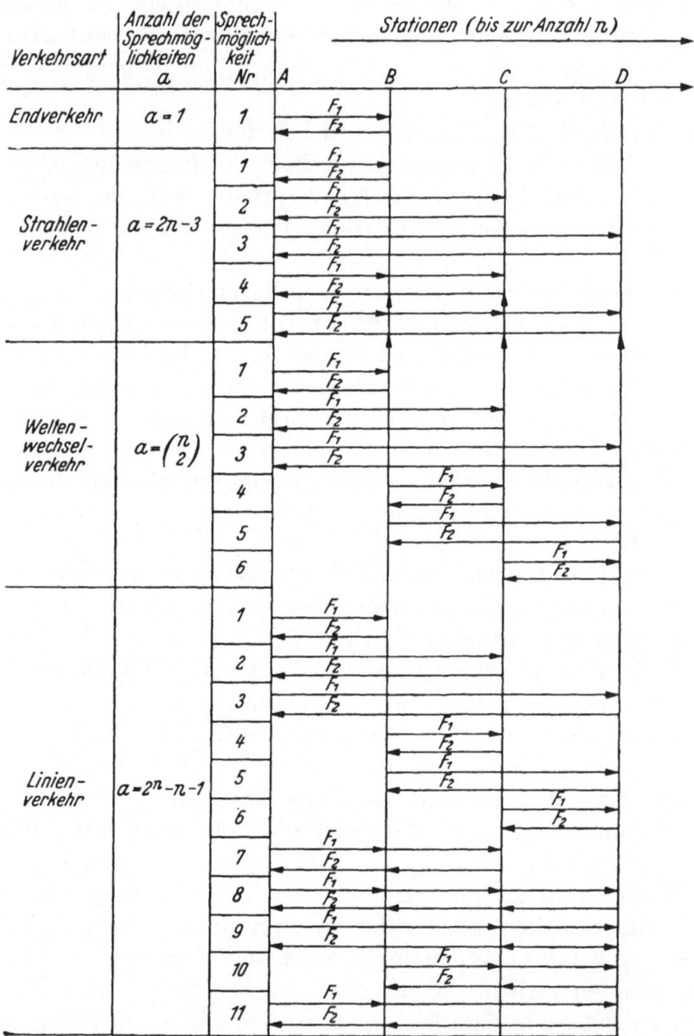

Abb. 40. Sprechmöglichkeiten in Bezirken mit Zweikanalgeräten bei den verschiedenen Verkehrsarten.

nacheinander gebraucht wird, wie zum Beispiel bei der Fernmeldung und Fernsteuerung (Anhang g), kann man dieselbe Art von Einkanalgeräten wie bei der Fernmessung verwenden; das Umschalten zwischen Sender und Empfänger gleicher Trägerfrequenz geschieht dann durch die Wählereinrichtungen außerhalb der Übertragungsgeräte.

Die zusätzliche Belegung des Frequenzplanes und der wirtschaftliche Aufwand für die Einrichtung besonderer Trägerfrequenz-Fernbedienungskanäle ist indes meist nur vertretbar, wenn es sich um Dauerübertragungen handelt, also für kontinuierliche Fernmeßübertragungen oder Fernzählung.

Zur Impulsübertragung für Fernbedienungszwecke genügt ein wesentlich schmaleres Frequenzband als für die Sprachübertragung, solange die Tastgeschwindigkeit nicht zu groß ist. Bei den üblichen Fernbedienungssystemen beträgt sie etwa 12 bis 15 Impulse/s; der vom CCIT[1] als Norm für die Telegrafiergeschwindigkeit im Fernschreibbetrieb aufgestellte Wert beträgt 50 Baud[2], also das doppelte.

Wenn auch bei der Trägerfrequenzübertragung über Hochspannungsleitungen anfangs ein 5 kHz breiter Platz des Frequenzplanes durch „Tastgeräte" für die Übertragung nur eines einzigen Meßwertes belegt wurde, so hat man doch sehr bald erkannt, daß bis zu einer Tastgeschwindigkeit von 50 Baud ein nur etwa 80 Hz breiter Kanal genügt. Das CCI hat für die Wechselstromtelegrafie ein Frequenzschema für solche schmalen Telegrafiekanäle festgelegt, das mit 420 Hz beginnt und ein Intervall von 120 Hz hat:

$$420, \quad 540, \quad 660, \quad 780, \quad 900, \quad 1020,$$
$$1140, \quad 1260, \quad 1380, \quad 1500, \quad 1620, \quad 1740,$$
$$1860, \quad 1980, \quad 2100, \quad 2220, \quad 2340, \quad 2460,$$
$$2580, \quad \dots \text{Hz}.$$

Man verwendet die Bauelemente der Wechselstromtelegrafie (WT) dazu, Schaltungen zur Modulation eines Hochfrequenzträgers mit mehreren Tonfrequenzen aufzubauen, und erreicht damit, daß auf einem Platz des Frequenzplanes mehrere Impulsübertragungskanäle untergebracht werden können.

Bei Amplitudenmodulation und Zweiseitenbandübertragung könnte man innerhalb von 5 kHz Bandbreite alle Frequenzen des WT-Frequenzschemas bis 2460 Hz einordnen, also 18 Kanäle. Leider sinkt bei der Modulation eines Trägers mit mehreren Wechselstromfrequenzen der Anteil an der Sendeleistung, der auf einen einzelnen Kanal entfällt, so sehr, daß man in Wirklichkeit nicht so viel Kanäle einrichten kann.

Bezeichnet man die einzelnen Tonfrequenzen mit f_1, f_2, f_3, $\dots$, die Frequenz des Hochfrequenzträgers mit F, so entstehen durch die Modulation Seitenfrequenzen an den Stellen $F-f_1$, $F-f_2$, $F-f_3$, $\dots$ (unteres Seitenband) und $F+f_1$, $F+f_2$, $F+f_3$, $\dots$ (oberes Seitenband). Die auf ein Seitenfrequenzpaar entfallende Leistung N_k eines der n Tonfrequenzkanäle hängt vom Modulationsgrad m ab. Dieser ist am größten

---

[1] Comité Consultatif International des Communications Télégraphiques à grande distance.

[2] 1 Baud = Einheit der Telegrafiergeschwindigkeit (Anhang h).

beim „Strichgeben" für alle Tonfrequenzen, das heißt, wenn alle modulierenden Frequenzen gleichzeitig dauernd eingeschaltet sind, und soll den Wert von 0,9 nicht übersteigen, damit nicht infolge zu hoher Aussteuerung nichtlineare Verzerrungen auftreten, was Beeinflussungen der Nachbarkanäle zur Folge hätte. Im normalen Betrieb, beim „Wechselgeben", werden die Tonfrequenzen unabhängig voneinander getastet und der Modulationsgrad schwankt unterhalb dieses im Sender fest eingestellten Maximalwertes.

Bei voller Modulation eines Trägers mit einer Tonfrequenz ist die in beiden Seitenbändern enthaltene Leistung gleich der halben Trägerleistung N_s. Bei Modulation mit mehreren Tonfrequenzen ist die einem Kanal zugeordnete Leistung umgekehrt proportional dem Quadrat der Kanalzahl:

$$N_k = \frac{1}{2}\left(\frac{m}{n}\right)^2 N_s. \tag{20}$$

Daraus ergibt sich:

$$p_k = p_s - \ln n + \ln m - \frac{1}{2}\ln 2. \tag{21}$$

Man erhält mit $N_s = 10$ Watt und $m = 0,9$ folgende Abstufung der Sendeleistung N_k und damit des Sendepegels p_k, der auf jeden Signalkanal entfällt, abhängig von der Zahl der Tonfrequenzkanäle:

n	1	3	6	9	12	15	18	Kanäle
N_k	4,05	0,45	0,11	0,05	0,02	0,018	0,0125	Watt
p_k	4,15	3,05	2,35	1,95	1,67	1,45	1,27	Neper

Bei der Anwendung des Modulationsprinzips ist man nicht über 6 Tonfrequenzen hinausgegangen, damit der Störpegelabstand in einem Impulsübertragungskanal noch hinreichend groß bleibt. Das hat jedoch zur Folge, daß 12 weitere noch mögliche Impulsübertragungskanäle innerhalb eines 5 kHz-Platzes unbenutzt bleiben.

Eine bessere Ausnutzung des Platzes im Frequenzplan wird durch das „Vielbandsystem" erreicht. Hierbei werden die einzelnen Signalkanäle nicht in der Tonfrequenzlage getastet und durch einen Modulationsvorgang in die Hochfrequenzlage umgesetzt; man erzeugt und tastet die Signalfrequenzen vielmehr unmittelbar in der Hochfrequenzlage. Abweichend von den Tastgeräten alter Ausführung ist dabei, daß die hochfrequenten Träger in 120 Hz Abstand voneinander liegen und somit innerhalb eines Intervalles im Frequenzplan viele Kanäle eingerichtet werden können. Da keine Zwischenmodulation stattfindet, treten auch nicht zwei Seitenbänder auf. Ohne daß das Einseitenbandverfahren angewandt wird, ist diese Übertragungsart in gleichem Maß frequenzbandsparend. Es ist zwar wiederum nicht angebracht, alle bei 5 kHz Bandbreite möglichen 36 Kanäle wirklich auszunutzen, solange sie von einem gemeinsamen Sendeort ausgehen, weil der Leistungsanteil N_k an der von einem gemeinsamen Sendeverstärker abgegebenen Gesamtleistung N_s mit dem Quadrat der Zahl der n Hochfrequenzkanäle abnimmt.

Aus

$$N_k = \frac{1}{n^2} N_s \tag{22}$$

kann man ableiten

$$p_k = p_s - \ln n \tag{23}$$

und erhält mit $N_s = 10$ Watt folgende Abstufung der Sendeleistung N_k und damit des Sendepegels p_k, der auf jeden Signalkanal entfällt, abhängig von der Zahl n der Hochfrequenz-Kanäle:

n	1	3	6	9	12	15	18	Kanäle
N_k	10	1,11	0,28	0,12	0,07	0,045	0,031	Watt
p_k	4,61	3,51	2,81	2,41	2,12	1,90	1,72	Neper

Man kann also beim Vielbandsystem bei gleichem Frequenzbandverbrauch und bei größerem, mindestens jedoch gleichem Störpegelabstand im Signalkanal doppelt so viel Kanäle einrichten wie beim Modulationssystem. Es bleiben innerhalb eines 5 kHz-Platzes 24 weitere Stellen frei, auf denen noch Impulsübertragungskanäle eingerichtet werden können. Man verwendet sie dafür, Kanalgruppen zu bilden, damit durchlaufende und unterwegs endende Kanäle bequem voneinander getrennt werden können, oder dazu, in Zwischenverstärkerstationen die Verstärkungsmöglichkeiten durch Platzwechsel innerhalb des 5 kHz-Bandes zu verbessern (s. S. 113).

Der Abfall der einem Kanal zugeordneten Sendeleistung N_k ist bei der Verschiebung des Tonfrequenzkanals in die Hochfrequenzlage durch die Modulation nicht zu umgehen, und zwar verläuft er umgekehrt proportional dem Quadrat der Kanalzahl (Gl. (20)). Beim Vielbandsystem ist dagegen die Minderung der Sendeleistung nur mit Rücksicht auf den gemeinsamen Sendeverstärker auf das gleiche Maß (Gl. (22)) angesetzt. Die höchst zugelassene Sendeleistung $N_s = 10$ Watt an den Ausgangsklemmen des Senders könnte aber auch umgekehrt proportional der Kanalzahl aufgeteilt werden, so daß

$$N_k = \frac{1}{n} N_s$$

wird, und damit

$$p_k = p_s - \frac{1}{2} \ln n \, .$$

Dadurch, daß beim Vielbandsystem kein Träger übertragen wird und der gemeinsame Sender so bemessen werden kann, daß diese lineare

Leistungsaufteilung auch verwirklicht ist, ergibt sich äußerstenfalls für die Sendepegel in den Signalkanälen folgender Vergleich zwischen dem Modulationsverfahren und dem Vielbandverfahren:

n	1	3	6	9	12	16	18	Kanal
p_k	4,15	3,05	2,35	1,95	1,67	1,45	1,27	Neper
p_k	4,61	4,06	3,71	3,51	3,37	3,26	3,17	Neper

Man erkennt aus dieser Gegenüberstellung, daß Impulsübertragungskanäle nach dem Vielbandsystem bei gleicher Entfernung zwischen Sender und Empfänger mit wesentlich größerem Störpegelabstand, also mit größerer Betriebssicherheit aufgebaut werden können als nach dem Modulationsverfahren.

e) Frequenzeinsparung durch zeitliche Nacheinanderordnung der Übertragungsvorgänge.

Neben dem Bestreben, Trägerfrequenzen bei der Bildung von Bezirken nur sparsam zu verbrauchen, gibt es eine weitere Möglichkeit Frequenzen einzusparen; sie besteht darin, über nur einen Trägerfrequenzkanal möglichst viele Übertragungsvorgänge zeitlich nacheinander abzuwickeln.

Eine besonders klare Anwendung dieses Prinzips für Fernsprechanlagen stellen die bereits erwähnten Einkanalgeräte dar; die Kanäle wurden früher von Hand umgeschaltet, seit langem ist man jedoch auf eine sprachgesteuerte Umschaltung übergegangen.

An die Sperren und Ankopplungsschaltungen werden beim Einkanalsystem, weil nur eine Trägerfrequenz mit beiden Seitenbändern übertragen wird, geringere Anforderungen gestellt als beim Zweikanalsystem. In Amerika verzichtete man fast 10 Jahre lang überhaupt auf Sperren; die eine Trägerfrequenz wurde der jeweiligen Hochspannungsleitung entsprechend empirisch so bestimmt, daß die Zusatzdämpfungen durch nicht gesperrte Stichleitungen oder Leitungsenden bei den verschiedenen Schaltzuständen der Hochspannungsanlage in erträglichen Grenzen blieben. Für die eine Trägerfrequenz ist die Dämpfung in beiden Verkehrsrichtungen gleich, was besonders beim Aufbau von Sprechbezirken mit mehr als zwei Sprechstellen Vereinfachungen bringt. Die unterschiedlichen Verkehrsarten, die bei Zweikanalsprechbezirken möglich sind, wie Strahlenverkehr, Wellenwechselverkehr, entfallen beim Einkanalsprechsystem, ebenso die Notwendigkeit, zwei verschiedene Hochfrequenzträger auf einem Nachrichtenweg gleich gut zu übertragen. Mit der zunehmenden Zahl von Trägerfrequenzkanälen wurde jedoch auch beim Einkanalsystem der Einbau von Sperren und eine Frequenzplanung nötig. Dabei ist die vom Wellenwechselsprechbezirk bekannte Erscheinung zu berücksichtigen, daß der Sendeort für einen Kanal wechselt, je nachdem, welcher Teilnehmer gerade spricht. Neben einigen anderen Vorteilen ist jedoch der wichtigste der, daß man für einen Sprechbezirk nur eine Trägerfrequenz braucht, und nicht zwei, wie bei dem Zweikanalsystem.

Trotzdem hat sich das Einkanalsystem nicht überall durchgesetzt. In Europa sind fast nur Zweikanalgeräte in Betrieb. Bei den Einkanalgeräten muß während des Sendens der Empfänger unwirksam gemacht werden; während man spricht, kann man den Partner nicht hören und auch von ihm nicht unterbrochen werden. Dies erfordert eine besondere (gerade bei Netzstörungen nicht gewährleistete) Sprechdisziplin. Insbesondere sind alle Automatikschaltungen für das Einkanalsystem umständlich, wenn es sich um die Reihenschaltung mehrerer Sprechbezirke, um den Verkehr über angeschlossene Selbstwählzentralen und ähnliches handelt.

Schließlich ist das Einkanalsystem, bei dem die Übertragungsrichtung nach Bedarf wechselt, unvereinbar mit einer anderen Art von Frequenzeinsparung, wie sie beim Zweikanalsystem in Verbindung mit Fernbedienungskanälen angewandt werden kann, nämlich die Frequenzeinsparung durch Fernsprechgeräte mit überlagerten Impulsübertragungskanälen (s. S. 88). Was man durch die Anwendung des Einkanalprinzips in der Fernsprechanlage an Frequenzbändern einspart, kann, wenn Fernbedienungskanäle ebenfalls gebraucht werden, für diese wieder in einem Ausmaß verloren gehen, wie es beim Zweikanalprinzip nicht der Fall ist.

Eine weitere klare Anwendung des Prinzips der zeitlichen Nacheinanderordnung von Übertragungsvorgängen liegt bei der zyklischen Meßwertübertragung vor. Hier werden in nur einer Übertragungsrichtung mehrere Meßwerte über einen Kanal durch synchron umlaufende Verteiler am Sende- und am Empfangsort zeitlich nacheinander übertragen. So können zum Beispiel 6 oder 12 Meßwerte über nur einen Kanal übertragen werden; allerdings handelt es sich nur dann um eine fast kontinuierliche Art der Übertragung aller 6 oder 12 Momentanwerte, wenn die Umlaufgeschwindigkeit der Verteiler so hoch gewählt wird, daß jeder Meßwert innerhalb einer Sekunde immer wiederkehrt.

Welche Möglichkeiten der zeitlichen Nacheinanderordnung von Übertragungsvorgängen bei anderen Arten von Fernbedienungsanlagen noch bestehen, richtet sich nach der Dauer der Übertragungsvorgänge und der Bedeutung, die sie für die Betriebsführung haben. Es läßt sich in einer Übersicht (Abb. 41) darstellen, welche Übertragungsvorgänge überhaupt zeitlich nacheinander abgewickelt werden können, bei welchen dies tatsächlich häufiger angewandt wird, und bei welchen die zeitliche Nacheinanderübertragung Bedingung ist, weil sie dem Arbeitsprinzip der Fernbedienungsanlage zu Grunde liegt.

Ein Übertragungsvorgang höherer Dringlichkeit, wie beispielsweise die Durchgabe eines Selektivschutzsignals (Anhang i), wird mit einem selbsttätigen „Aufschalterecht" versehen und auch dann sofort durch-

Übertragungs-aufgabe	Übertragungs-richtungen	1		2 schritt-weise		2 stetig		3		4		5		6		7	
		A	B	A	B	A	B	A	B	A	B	A	B	A	B	A	B
1 Fernmessung auf Anwahl	A Anwählen	—	—	m	—	m	—	g	—	g	—	m	—	m	—	g	—
	B Messen	—	—	—	g	—	m	—	g	—	m	—	m	—	m	—	g
2 Fernregelung von Hand	schrittweise A Regeln			—	—	—	—	g	—	g	—	m	—	m	—	m	—
	schrittweise B Melden			—	—	—	—	—	g	—	g	—	m	—	m	—	m
	stetig A Regeln			—	—	—	—	m	—	m	—	m	—	m	—	m	—
	stetig B Messen			—	—	—	—	—	m	—	m	—	m	—	m	—	m
3 Fernmeldung	A Abfragen							—	—	n	—	m	—	m	—	g	—
	B Melden							—	—	—	n	—	m	—	m	—	g
4 Fernsteuerung	A Steuern									—	—	m	—	m	—	m	—
	B Prüfen									—	—	—	m	—	m	—	m
5 Fernschreiben	A Senden											—	—	m	—	g	—
	B Empfangen											—	—	—	m	—	g
6 Streckenschutz	A Senden													—	—	g	—
	B Empfangen													—	—	—	g
7 Fernsprechen	A Senden															—	—
	B Empfangen															—	—

Abb. 41. Möglichkeiten der zeitlichen Nacheinanderordnung von Übertragungsvorgängen. m = möglich; g = gebräuchlich; n = notwendig.

geführt, wenn ein weniger wichtiger Übertragungsvorgang gerade im Gange ist, wie etwa ein Gespräch. Hierbei dauert das aufgeschaltete Signal nur Bruchteile von Sekunden und beeinträchtigt infolgedessen die Sprachübertragung kaum. Wenn mehrere verschiedenartige Übertragungsaufgaben durch zeitliche Nacheinanderordnung im gleichen Kanal gelöst werden sollen, werden ihnen ihrer Wichtigkeit nach gestaffelte Aufschaltrechte zugeordnet, damit auch bei gleichzeitigem Auslösen mehrerer Vorgänge diese zeitlich nacheinander gemeldet werden.

Ein einfaches Beispiel für diese Aufschaltung stellt die „Fernmessung in den Gesprächspausen" dar. Der Meßwert wird dabei über Fernsprechgeräte dauernd vom Sendeort zum Empfangsort übertragen; nur wenn gesprochen werden soll, schaltet der Wahlvorgang die Fernmeßübertragung ab, und am Schluß des Gesprächs schaltet sich die Übertragung des Meßwerts durch das Auflegen der Hörer wieder ein.

Handelt es sich um mehrere Meßwerte an einem Sendeort, so kann über die Rufautomatik der Fernsprechanlage die gewünschte Auswahl zwischen den verschiedenen Meßwertgebern getroffen werden (Wahlfernmessung).

Derartige Meßwertübertragungen sind natürlich nur in Sprechbezirken durchführbar, in denen wenig gesprochen wird. Bei größerer Gesprächshäufigkeit wird die Dauer der Meßwertübertragung besser durch einen Zeitschalter am Sendeort selbsttätig begrenzt (Meßwertabfrage). Dasselbe ist auch nötig, wenn mehr als zwei Trägerfrequenzsprechgeräte in einem Wellenwechselbezirk zusammengefaßt sind, weil die Stationen, die an der Meßwertübertragung nicht beteiligt sind, nicht ein zwangsläufig wirkendes Aufschaltrecht auf eine bestehende Meßwertübertragung erhalten können. In Bezirken mit großer Sprechdichte ist allgemein eine Mitbenutzung der Sprechgeräte für Fernmessen nach dem Prinzip der zeitlichen Nacheinanderordnung nicht mehr gut durchführbar, weil das Belegen der Kanäle durch Meßwertübertragung sich allzu hemmend auf den Sprechverkehr auswirkt.

Eine Beschreibung aller dargestellten Kombinationsmöglichkeiten (Abb. 41) würde hier zu weit führen. Die Lösung dieser Aufgaben ist auch nicht mehr Gegenstand der Übertragungstechnik, sondern der Ausbildung der örtlichen Automatikschaltungen. Je mehr Übertragungsvorgänge zeitlich nacheinander über einen Kanal abgewickelt werden sollen, um so unübersichtlicher werden die Relaisschaltungen, besonders, wenn gestaffelte Aufschalterechte innerhalb eines Sprechbezirks dazukommen. Man beschränkt deshalb die zeitliche Nacheinanderordnung von Übertragungsvorgängen auf wenige, übersichtliche Kombinationen.

Ein weiteres Hindernis für die Anwendung des Prinzips stellen Fernsprechanlagen dar, die Teilabschnitte einer Weitsprechverbindung sind. Eine Fernwahl über mehrere Teilabschnitte kann nur befriedigend ausgeführt werden, wenn die Verkehrsdichte in den Einzelabschnitten nicht zu hoch ist. Selbsttätige Aufschaltrechte von Fernbedienungsanlagen innerhalb der einzelnen Abschnitte würden bereits den Weitsprechverkehr sehr stören. Außerdem kann die zum Beispiel bei Impulsfrequenzfernmessung oder Wählerfernsteuerung (Anhang f und g) notwendige Übertragung von Impulsen und Pausen unterschiedlicher Länge nicht durchgeführt werden, weil für eine sichere Rufimpulsübertragung im Fernwählverkehr eine Impulskorrektur nötig ist.

Trägerfrequenzfernsprechanlagen, die nicht nur im Bezirkssprechverkehr arbeiten, sondern auch Teilabschnitte einer Weitsprechverbindung darstellen, sind deshalb für die Übertragung von Impulsen für Fernbedienungszwecke nicht geeignet, so lange diese in den Pausen zwischen den Gesprächen oder mit einem Aufschaltrecht ausgeführt wird.

f) Frequenzeinsparung durch kombinierte Fernsprech-/Fernmeßgeräte.

Als dritte Maßnahme zur Einsparung von Trägerfrequenzen neben der zweckmäßigen Bildung von Hochfrequenzbezirken bei der Netzplanung und dem Prinzip der zeitlichen Nacheinanderordnung von Übertragungsvorgängen soll hier noch die Verwendung von Fernbedienungskanälen behandelt werden, die, dem Sprachfrequenzband unterlagert oder überlagert, innerhalb desselben Intervalles im Frequenzplan untergebracht sind.

Bisher war vorwiegend von einem 5 kHz-Schema für die Verteilung der Plätze im Frequenzplan gesprochen worden, wie es sich besonders für das dichte Trägerfrequenznetz der deutschen Elektrizitätswerke herausgebildet hat. Innerhalb eines 5 kHz-Intervalles, in dessen Mitte die Nennfrequenz der Verbindung liegt, werden, da fast ausschließlich Zweiseitenbandgeräte mit Amplitudenmodulation in Betrieb sind, die beiden Seitenbänder übertragen. Ein freier Teil des Platzes, je 100 Hz an beiden Rändern, ist als Toleranz für Ungenauigkeiten in der Abstimmung von Generatoren und Filtern gedacht. Ein weiterer freier Teil des Platzes, je 300 Hz zu beiden Seiten der Trägerfrequenz bis zu den beiden Seitenbändern, steht jedoch für Impulsübertragungskanäle zur Verfügung.

Wenn man an Stelle der für reine Fernsprechgeräte üblichen Tastung des Trägers durch die Wahlimpulse einen Tonfrequenzruf (s. S. 104) verwendet und die Träger dauernd aussendet, auch wenn kein Gespräch geführt wird, so kann man mit Hilfe einer Modulationsfrequenz, die unter 300 Hz liegt, einen „Unterlagerungskanal" bilden, der für Impulsübertragungen, zum Beispiel für Fernmeßzwecke, dauernd zur Verfügung steht und vollkommen unabhängig von der Ruf- und Sprachübertragung ist. Da die für die Sprachübertragung bereits vorhandenen Hochfrequenzeinrichtungen innerhalb des Sprechgerätes, wie Trennfilter, Hochfrequenzgenerator, Modulationsstufe, Demodulationsstufe und Hochfrequenzempfänger mitbenutzt werden, erfordert dieser Unterlagerungskanal einen geringeren Aufwand als ein besonderer Hochfrequenzkanal, der ausschließlich für Fernmeßzwecke eingerichtet wird. Ein Teil dieser Einsparung geht allerdings wieder dadurch verloren, daß man für die Umstellung auf Tonruf Zusatzeinrichtungen im Fernsprechteil braucht.

Der Tonruf kann mit einer Frequenz innerhalb des Sprachbandes arbeiten, weil Ruf und Sprache bei einer Fernsprechverbindung zeitlich immer nacheinander zu übertragen sind. Dabei wird kein weiterer Platz zwischen Trägerfrequenz und den Seitenbändern belegt.

Das „Unterlagerungsprinzip" bietet also bei Zweiseitenbandübertragung die Möglichkeit, einen Fernmeßkanal auf demselben Platz im Frequenzplan einzurichten, auf dem bereits ein Sprachkanal untergebracht ist und diesen gleichzeitig und unabhängig von der Fernsprechanlage zu betreiben. Man kann nicht gut mehrere Kanäle unterlagern, weil der Platz zwischen Träger und den unteren Eckfrequenzen der Seitenbänder zu schmal ist. Wenn dagegen Frequenzen oberhalb des Sprachbandes benutzt werden, können bei entsprechender Verbreiterung des gesamten Frequenzbandes auch mehrere Überlagerungskanäle gebildet werden. Ein „Überlagerungskanal" ergibt also bei Zweiseitenbandübertragung die Möglichkeit, Fernmeßübertragungen auf einem Platz im Frequenzplan einzurichten, der bereits mit Sprache belegt ist; dabei müssen allerdings die Frequenzplätze verbreitert werden. Die Überlagerung führt damit zu einem größeren Frequenzintervall für den Wellenplan.

Man hat kombinierte Fernsprech/Fernmeßgeräte durchgebildet, die mit einem „8 kHz-Schema" bei Zweiseitenbandübertragung (s. S. 117) arbeiten, oder mit einem „4 kHz-Schema" bei Einseitenbandübertragung (s. S. 119). Naturgemäß können Trägerfrequenzgeräte, die für verschiedene Frequenzschemata gebaut sind, nicht in einem einheitlichen Frequenzplan untergebracht werden. Es würden sich nicht verwertbare Lücken im Frequenzplan ergeben, so lange die Bandbreite für eine Gerätetype nicht ein ganzes Vielfaches der Bandbreite der anderen Gerätetype ist. Ein einheitlicher Frequenzplan ist demnach mit Trägerfrequenzgeräten für unterschiedliche Übertragungsbandbreiten nur dann möglich, wenn die kleinste Bandbreite als festes Intervall über den ganzen Frequenzbereich verwendet werden kann. Dies ist bei einer Vermischung von Geräten für ein 5 kHz- und 8 kHz-Schema nicht der Fall.

So lange alle Signalübertragungskanäle wirklich benutzt werden und damit das Frequenzschema lückenlos belegt wird, ist das Überlagerungsverfahren frequenzbandsparend. Mitunter werden dagegen die schmalen Signalkanäle nur als Reserven für spätere Ausbaumöglichkeiten freigehalten. Da nur selten sicher vorauszusehen ist, welche Impuls- und Sprachübertragungskanäle nach einigen Jahren wirklich zusätzlich gebraucht werden, kann man bisweilen diese schmalen, über den ganzen Frequenzbereich zerstreuten Reservekanäle, nicht verwenden; die Anzahl der Kanäle auf einer Strecke kann zu gering sein und der Platz im Frequenzplan zu schmal, um mehr Impulsübertragungskanäle oder einen Sprachübertragungskanal unterzubringen (Abb. 42).

Bei der bisher geschilderten Art der Frequenzplanung in einem 5 kHz-Schema verfährt man nach dem Grundsatz, nur gleich breite Intervalle im Frequenzplan zu bilden, die beliebig entweder als Sprachübertragungskanäle oder als Fernbedienungskanäle verwendbar sind. Damit ist eine lückenlose Belegung möglich; man behält also bis zuletzt freie Hand, einen Platz nach Bedarf mit einem Sprach- oder mit einem Bündel von Signalkanälen zu belegen und ist in der Verwendung der Reserven nicht an den ursprünglichen Verteilungsplan gebunden.

Andererseits entsteht dafür bei diesem Grundsatz der Zwang, jeden Platz, auch wenn er nicht mit Sprache, sondern mit Fernbedienungskanälen belegt werden soll, optimal auszunutzen. Dem sind jedoch bei Impulsübertragungsgeräten mit Mehrfachmodulation sehr enge Grenzen

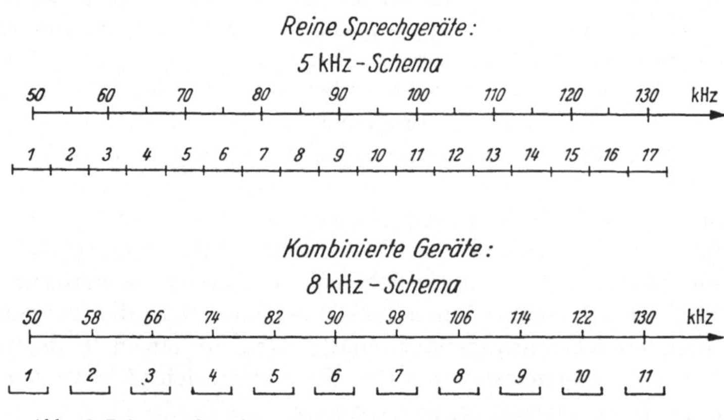

Abb. 42. Belegung der Plätze eines Frequenzplanes mit reinen Sprechgeräten und eines Frequenzplanes mit kombinierten Geräten (Zweiseitenbandübertragung).

gesetzt, während bei Geräten nach dem Vielbandprinzip bereits eine wesentlich bessere Ausnutzung des Platzes erreicht werden kann.

Die kombinierten Geräte werden aus zwei Gründen gebaut. Einmal soll mit möglichst wenig Materialaufwand die Fernsprech- und die Fernbedienungsaufgabe gleichzeitig gelöst und zweitens sollen Trägerfrequenzen eingespart werden. Da der Hochfrequenzsender- und Empfängerteil für die Fernsprech- und Fernbedienungskanäle gemeinsam benutzt werden, ergibt sich ein kleinerer Gesamtaufwand, als bei getrennten Trägerfrequenzgeräten für Fernsprechen und Fernbedienung. Die Anzahl der unter- oder überlagerten Kanäle muß mit Rücksicht auf das Frequenzschema und den erforderlichen Störpegelabstand klein bleiben (höchstens etwa vier überlagerte Kanäle). Man kann also bei einer kleinen Zahl von Fernbedienungskanälen öfters eine wirtschaftliche Lösung der Sprech- und Fernbedienungsaufgaben mit kombinierten Geräten finden. Bei umfangreichen Fernbedienungsnetzen ist dies jedoch seltener der Fall, besonders dann nicht, wenn auf dem letzten Übertragungsabschnitt vor einer Meßwarte viele Fernbedienungskanäle zusammenlaufen.

Das zweite Ziel beim Bau kombinierter Geräte, nämlich die Frequenzeinsparung, ist erreicht, wenn die Fernbedienungskanäle wirklich belegt werden und nicht freie Lücken im Frequenzplan bleiben (Abb. 42). Da das Fernmessen in der Regel nur in einer Verkehrsrichtung verläuft, die beiden Frequenzbänder der Zweikanalsprechgeräte aber gleich breit sein sollen, führt eine Zusammenfassung von Fernsprech- und Fernmeßübertragungen in kombinierten Geräten fast immer zu solchen unerwünschten Lücken. Es ist somit oft unzweckmäßig, solche Geräte für Meßwertübertragung zu benutzen. Dagegen sind die Überlagerungskanäle dann angebracht, wenn Netzschutzsignale oder Fernschreibimpulse übertragen werden sollen, also bei Übertragungsaufgaben, die in beiden Verkehrsrichtungen einen Impulsübertragungskanal brauchen.

Die Frequenzeinsparung durch kombinierte Geräte wird teilweise wieder dadurch aufgehoben, daß keine Wellenwechselbezirke gebildet werden können. Das bei reinen Fernsprechgeräten anwendbare Wellenwechselprinzip ist grundsätzlich mit der Dauerübertragung des Trägers vom Sender zum Empfänger nicht vereinbar; ein dritter Teilnehmer im gleichen Trägerfrequenzbezirk könnte mit keinem der beiden kombinierten Geräte einen einwandfreien Verkehr aufnehmen, weil die Empfänger der beiden anderen Teilnehmer dauernd belegt sind. Man muß deshalb oft notgedrungen mehr Bezirke bilden, als bei Anwendung des Wellenwechselprinzips nötig wäre. Die mit den Überlagerungskanälen angestrebte Frequenzersparnis wird insgesamt gesehen dann doch nicht erreicht.

Bei der Planung großer Fernsprech- und Fernbedienungsnetze hat man eine größere Bewegungsfreiheit, wenn beide Trägerfrequenznetze völlig unabhängig voneinander den Verkehrsaufgaben entsprechend aufgebaut werden können. Dazu braucht man Geräte für nur eine Aufgabe, also reine Sprechgeräte und reine Impulsübertragungsgeräte, die konstruktiv und schaltungstechnisch nicht miteinander zusammenhängen. Ob zwei derartige getrennte Netze den geringsten Aufwand an Trägerfrequenzen und die wirtschaftlichere Lösung ergeben, oder ob die Verwendung kombinierter Trägerfrequenzgeräte zweckmäßiger ist, hängt im Einzelfall von der jeweiligen Aufgabenstellung ab.

g) Der Störpegel und sein Einfluß auf die Frequenzplanung.

An den Eingangsklemmen eines Trägerfrequenzgerätes treten unerwünschte Spannungen auf, die teils aus der Hochspannungsanlage stammen, teils auch aus anderen Trägerfrequenz- oder drahtlosen Nachrichtenanlagen. Es sind immer Gemische von Spannungen aus verschiedenen Quellen und mit verschiedenen Frequenzen; ihr Effektivwert wird als „Fremdspannung" bezeichnet.

Ein Trägerfrequenzkanal ist durch Filter eingegrenzt; je breiter der Durchlaßbereich dieser Filter ist, um so größer ist der Ausschnitt aus dem Frequenzbereich, innerhalb dessen die Fremdspannung auf den Empfänger wirken kann. Für den Frequenzbereich von 50 kHz bis 300 kHz ist, wie bereits erwähnt, durch Messungen an Trägerfrequenzanlagen, die über Hochspannungsleitungen arbeiten, festgestellt worden, daß bei 5 kHz Bandbreite der Störpegel auf 110 kV-Leitungen bis auf -4 N und bei 220 kV-Leitungen bis auf -2 N anwachsen kann. Diese Höchstwerte werden bei nebligem oder regnerischem Wetter erreicht. Bei trockenem Wetter liegen die Störpegel wesentlich tiefer. Man weiß aus Erfahrung, daß der Störpegel auf Hochspannungsleitungen mit zunehmender Frequenz weniger in Erscheinung tritt.

Da die von einem Sender abgegebene Leistung nicht beliebig erhöht werden kann und der Nutzpegel längs der Übertragungsstrecke nur so weit absinken darf, bis er mindestens noch 3 N Abstand vom Störpegel hat, ist der Störpegel bestimmend für die Reichweite in einem Trägerfrequenzbezirk. Damit wird auch die Anzahl der Bezirke, die man zum Aufbau eines Trägerfrequenznetzes braucht, also die Anzahl der im Frequenzplan benötigten Plätze, durch den Störpegel mitbestimmt.

Der von einem Empfänger aufgenommene Störpegel p_{st} ist proportional der Bandbreite der vorgeschalteten Filter. Bedeutet b_0 die Bandbreite des breiteren, b_1 die Bandbreite des engeren Filters, dann errechnet sich der reduzierte Störpegel p_{red} aus

$$p_{st\,red} = p_{st} - \frac{1}{2}\ln\frac{b_0}{b_1}. \tag{24}$$

Je schmaler in einem Übertragungssystem das übertragene Frequenzband ist, um so tiefer liegt auch der Störpegel am Empfängereingang. Der Störpegel hat also einen Einfluß auf die Wahl des Übertragungssystems, da man — gleiche Sendeleistung vorausgesetzt — mit schmaleren Frequenzbändern bei gleichem Störpegelabstand größere Entfernungen überbrücken kann, oder bei gleichgroßen Entfernungen und gleichem Störpegelabstand auf Leitungen übertragen kann, die mit einem höheren Störpegel behaftet sind.

Vergleicht man das Zweiseitenbandfernsprechsystem mit dem Einseitenbandsystem mit unterdrücktem Träger unter Verwendung folgender Bezeichnungen (s. S. 53):

$N_b =$ Seitenbandleistung beim Zweiseitenbandsystem
$N_t =$ Trägerleistung　　　　　,,　　　　　　　　,,
$p_b =$ Seitenbandpegel　　　　,,　　　　　　　　,,
$m =$ Modulationsgrad　　　　,,　　　　　　　　,,

und kennzeichnet die entsprechenden Größen beim Einseitenbandsystem durch einen Beistrich, so ergibt sich folgende Gegenüberstellung:

	1. Zweiseitenbandverfahren	2. Einseitenbandverfahren mit Unterdrückung des Trägers
A. Sender	$$N_t + N_b = N_{max}$$ $$N_b = \frac{m^2}{2}\,N_t$$ $$N_b\left(1 + \frac{2}{m^2}\right) = N_{max}$$ $$N_b\left(1 + \frac{2}{m^2}\right) = N_b{}'$$ *Gewinn an Seitenbandpegel:* $$p_b{}' - p_b = \frac{1}{2}\ln\left(1 + \frac{2}{m^2}\right)$$	$$N_b{}' = N_{max}$$
B. Empfänger	Für Bandbreite b_0 Störpegel $= p_{st}$ *Gewinn an Störpegelabstand:* $$p_{st} - p_{st}{}' = \frac{1}{2}\ln 2$$	Für Bandbreite $b_1 = \dfrac{b_0}{2}$ $$p_{st}{}' = p_{st} - \frac{1}{2}\ln\frac{2}{1}$$

Die Summe der beiden Gewinne ist

$$\frac{1}{2}\ln\left(2 + \frac{4}{m^2}\right)$$

und gibt an, um wieviel der Störpegelabstand bei gleicher Entfernung größer wird, wenn man vom Zweiseitenbandverfahren auf das Einseitenbandverfahren mit Unterdrückung des Trägers übergeht. Der ganze Gewinn wächst, wenn der Modulationsgrad abnimmt:

m	1,0	0,9	0,8	0,7	0,6	0,5	0,4	0,3	0,2	0,1	0
$\frac{1}{2}\ln\left(2+\frac{4}{m^2}\right)$	0,90	0,96	1,06	1,16	1,25	1,45	1,65	1,91	2,31	3,01	∞

Ein ähnlicher Vergleich läßt sich zwischen einer Impulsübertragung nach dem Modulationsverfahren und nach dem Vielbandverfahren anstellen; auch ein Vergleich zwischen Sprechgeräten ohne Überlagerungskanäle und solchen mit Überlagerungskanälen ist in der gleichen Weise möglich. Bei allen Verfahren führt eine Verteilung der Sendeleistung auf mehrere Kanäle innerhalb desselben Platzes im Frequenzplan dazu, daß mit der Anzahl der Kanäle die Reichweite sinkt. Damit ist auch zum Beispiel beim Modulationsverfahren die Zahl der zulässigen Impulsübertragungskanäle rascher begrenzt (oder auch die Reichweite von kombinierten Geräten bei hohen Störpegeln), als bei Verwendung von Impulsübertragungskanälen nach dem Vielbandverfahren (oder von reinen Sprechgeräten), solange sie mit gleicher Sendeleistung und gleicher Bandbreite arbeiten.

Der Störpegel ist bei Trägerfrequenzübertragungen über Hochspannungsleitungen wesentlich höher als bei Trägerfrequenznachrichtenübertragungen über Postfreileitungen und stellt eine der entscheidenden Größen für den Aufbau und den Einsatz der Nachrichtengeräte dar. Die Bestrebungen, durch Frequenzmodulation verbesserte Übertragungsbedingungen gegenüber der Amplitudenmodulation zu schaffen, sind in erster Linie auf die Höhe dieses Störpegels zurückzuführen. Bei den Untersuchungen über die Eignung der Frequenzmodulation für Trägerfrequenzübertragungen über Hochspannungsfreileitungen bildete sich die Vorstellung, daß der Störpegel nicht nur von zusätzlichen Fremdspannungen gebildet wird, die außer den erwünschten, vom Nachrichtensender kommenden Nutzspannungen auf den Empfänger treffen. Es tritt vielmehr auch noch eine mit der Betriebsspannung zunehmende „Koronamodulation" auf, eine unerwünschte Modulation des Nachrichtenträgers auf seinem Weg vom Sender zum Empfänger.

Die Fremdspannung setzt sich aus Teilspannungen mit allen Frequenzen des Bereichs 50 kHz bis 300 kHz zusammen. Man kann den sich daraus ergebenden Anteil des Störpegels als additive Größe in bezug auf den Nutzpegel ansehen. Bei Betriebsspannungen bis 220 kV ist dies allgemein der bei weitem größere Anteil des Störpegels. Bei höheren Betriebsspannungen wachsen die Spannungsdurchbrüche von der Leiteroberfläche zum umgebenden elektrischen Feld längs des ganzen Übertragungsweges immer mehr. Die dadurch auftretende Koronamodulation liefert den zweiten Anteil des Störpegels, den man als multiplikative Größe in bezug auf den Nutzpegel auffassen kann. Bei dieser Art Störung nützt eine Erhöhung des Sendepegels nicht mehr. Die entsprechenden theoretischen Untersuchungen [4] führen zu Vergleichsmöglichkeiten zwischen Übertragungen mit Amplitudenmodulation bei Zweiseitenband- sowie Einseitenbandübertragung einerseits und mit Frequenzmodulation andererseits (Abb. 35); sie wurden auch durch Messungen an mehreren Netzen verschiedener Betriebsspannung bestätigt. Zur Zeit ist die Frage, für welche Betriebsspannungen und welche Arten von Nachrichtenanlagen in Höchstspannungsnetzen die Frequenzmodulation mit Nutzen angewandt werden kann, noch nicht abschließend zu beantworten; wahrscheinlich kann man allein wegen des Hochspannungsbetriebes nicht so nahe an der kritischen Randfeldstärke arbeiten, daß eine für den Trägerfrequenzbetrieb hinderliche Koronamodulation auftritt, und infolgedessen ist die Anwendung der Frequenzmodulation aus diesem Grund nicht nötig.

8. Trägerfrequenzgeräte für Fernsprechen.

Die Entwicklung des Fernsprechens über Hochspannungsleitungen war bisher dadurch bestimmt, daß meist nur eine einzige Sprechverbindung zwischen zwei Punkten gebraucht wurde; im Gegensatz dazu kam es beim Trägerfrequenzfernsprechen über Postleitungen von Anfang an darauf an, zwischen den Endpunkten einer Nachrichtenleitung, also den Fernplätzen der Vermittlungsämter zweier Großstädte, möglichst viel Nachrichtenkanäle einzurichten.

Zur Trägerfrequenzübertragung über Fernmeldeleitungen wurden zwar auch Einfach-Systeme durchgebildet, um nur ein Trägerfrequenzgespräch über eine Leitung durchzuführen, die bereits mit einem Sprechweg in der (natürlichen) Niederfrequenzlage belegt ist; hauptsächlich jedoch werden Mehrfach-Systeme gebraucht, um ganze Bündel von Sprechkanälen zwischen den zwei Endpunkten der Leitung zu erhalten. Wenn auch mit der zunehmenden Vermaschung eines Trägerfrequenznetzes für Hochspannungsleitungen die Zahl der benötigten Sprechkanäle auf einem Leitungsabschnitt zunimmt, so bleiben doch diese Bündel wegen des wesentlich schwächeren Sprechverkehrs so dünn, daß bisher Einfach-Systeme ausreichen. Notfalls werden zwei oder drei Einfachgeräte parallel geschaltet. Dies paßt auch ganz gut zu den Verkehrsaufgaben in Hochspannungsnetzen, weil es öfter vorkommt, daß in einer zentralen Stelle zwar mehrere Sprechwege beginnen, diese Sprechwege aber später entweder längs einer Linie in verschiedenen Stationen enden oder strahlenförmig nach verschiedenen Stationen auseinanderlaufen.

Man kann sich fragen, warum überhaupt für Elektrizitätswerke besondere Trägerfrequenzsprechgeräte hergestellt werden, wo doch auch Trägerfrequenzgeräte für Nachrichtenfreileitungen durchgebildet worden sind. Zunächst liegt das daran, daß der Sendepegel der Einfach-Geräte zum Betrieb über Hochspannungsleitungen wesentlich höher sein muß als beim Betrieb über Nachrichtenleitungen, damit man bei dem hohen Störpegel auch noch die gegebenen Entfernungen überbrücken kann; dann liegen die Trägerfrequenzen für die Einfach-Geräte der Posttechnik nicht in dem für die Übertragung über Hochspannungsleitungen günstigen Bereich 50 kHz bis 300 kHz; und schließlich ist der Abstand der zwei Kanäle nicht so veränderbar, wie er es für Maschennetze sein muß, um eine günstige Frequenzverteilung einführen zu können. Weiterhin arbeiten die Nachrichtengeräte der Elektrizitätswerke meistens mit einem eingebauten Relaisteil für die Nummernwahl, während die Postgeräte ohne diesen Relaisteil aufgebaut sind.

Trotz allem Streben nach einer einheitlichen Geräteausführung konnte man im Laufe der Entwicklung nicht eine Lösung finden, die sowohl beim Betrieb über Nachrichtenfreileitungen als auch über Hochspannungsfreileitungen gleichermaßen hätte angewandt werden können. Die Anforderungen an den Aufbau der Geräte sind vom Übertragungsweg aus gesehen für beide Anwendungsgebiete zu unterschiedlich. Es ist vielmehr das Gegenteil, das Streben nach weiterer Differenzierung der Ausführungsformen, festzustellen. So begann man zum Beispiel in den USA etwa im Jahr 1938 die Entwicklung einer „Farmertelefonie" [1]. Diese hat zum Ziel, die Hochspannungsfreileitungen, die zur Energieversorgung zerstreut liegender Farmen dienen (Mittelspannung, etwa 30 kV), auch als Fernsprechwege für den öffentlichen Nachrichtenverkehr zu benutzen. Diese Aufgabe ist sehr ähnlich der Fernsprechaufgabe für den Werksbedarf der Elektrizitätsversorgungsunternehmen und hat naturgemäß auch zu sehr ähnlichen Lösungen geführt.

Die Mehrfach-Systeme aus der Posttechnik können aus den gleichen Gründen wie die Einfach-Systeme für Postleitungen nicht über Hochspannungsleitungen arbeiten. Es gibt zwar Postsysteme, die innerhalb des günstigen Frequenzbereiches arbeiten, jedoch ist der Frequenzabstand der Bündel wiederum starr; damit sind diese Systeme für eine günstige Frequenzverteilung in einem Maschennetz nicht geeignet.

Die Einführung von Mehrfach-Systemen für Hochspannungsnetze wird dadurch gehemmt, daß der Bedarf selten und meistens erst bei einem dicht besetzten Frequenzplan auftritt und dann ein nachträgliches Einfügen der breiten Frequenzbänder für die gebündelten Kanäle mit hohen Kosten für den Umbau und die Umstimmung der übrigen vorhandenen Anlagen verbunden ist. Die Aufgabenstellung selbst ist alt; so wurde zum Beispiel bereits im Jahre 1932 in der Sowjetunion darauf hingewiesen, daß es bei den geographischen Verhältnissen Rußlands zweckmäßig sei, die Hochspannungsleitungen zwischen den weit auseinander liegenden Industriezentren für den öffentlichen Nachrichtendienst zu benutzen; die Hochspannungsleitungen sollten dabei an die Stelle von Fernkabeln treten.

a) Zweikanalgeräte mit Zweiseitenbandübertragung.

Bis etwa zum Jahre 1938 wurden fast ausschließlich Sprechgeräte mit Amplitudenmodulation verwendet, die beide Seitenbänder übertragen. Auch heute werden immer noch Zweiseitenbandgeräte bevorzugt, so lange nicht der Frequenzmangel oder die Störpegelverhältnisse die Anwendung der Einseitenbandtechnik oder der Frequenzmodulation angebracht erscheinen lassen, weil die Zweiseitenbandgeräte in ihrem Aufbau einfacher und übersichtlicher, sowie die Kosten für ihre Anschaffung niedriger sind als bei Geräten der anderen Übertragungssysteme.

Die Grundschaltung eines Zweikanalgerätes mit Zweiseitenbandübertragung (Abb. 43) stimmt bei den meisten Geräten der verschiedenen Herstellerfirmen überein, die schaltungstechnischen Einzelheiten der

verschiedenen Baugruppen jedoch sind sehr unterschiedlich. Der Relaisteil ist in der Grundschaltung der Übersichtlichkeit halber weggelassen.
Es hängt von der Aufgabenstellung im Einzelfall ab, ob es zweckmäßiger
ist, diese Automatik in das Trägerfrequenzgerät einzubauen, oder nicht.

So lange nur wenige
Trägerfrequenzfern-
sprechgeräte in einer
Hochspannungsstation
untergebracht werden
sollen, wie es bisher
überwiegend der Fall
war, ist es wirtschaft-
licher und auch tech-
nisch zweckmäßig, die
Nachrichtengeräte als
in sich geschlossene
Baueinheiten auszu-
führen und auch den

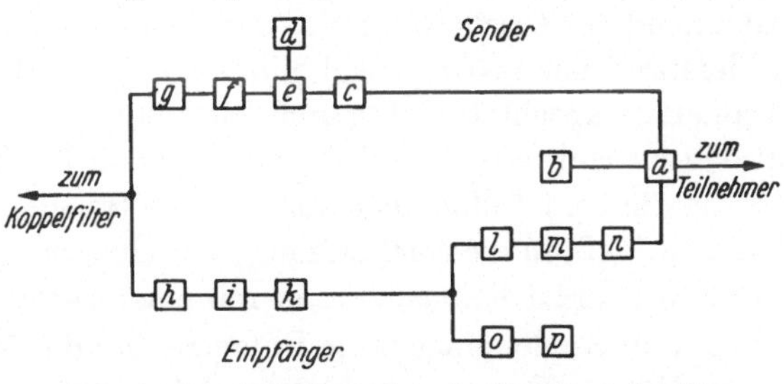

Abb. 43. Grundschaltung eines Zweikanalsprechgerätes
mit Zweiseitenbandübertragung.

a Gabel; *b* Nachbildung; *c* Niederfrequenzsendeverstärker; *d* Hochfrequenzgenerator; *e* Modulator; *f* Hochfrequenzsendeverstärker;
g Hochfrequenztrennfilter für F_1; *h* Hochfrequenztrennfilter
für F_2; *i* Pegelregler; *k* Hochfrequenzempfangsverstärker; *l* Demodulator; *m* Begrenzer für Niederfrequenzband; *n* Niederfrequenz-
empfangsverstärker; *o* Rufempfangsverstärker; *p* Rufempfänger.

Relaisteil mit einzubauen. Bei größeren Nachrichtenanlagen, die in
Knotenpunkten entstehen, wenn dort viele Trägerfrequenzkanäle enden
und außerdem umfangreiche örtliche Fernsprechvermittlungseinrich-
tungen eingebaut sind, ist es wegen der Wartungsarbeiten besser, den
Relaisteil aller Trägerfrequenzfernsprechgeräte mit den örtlichen Ver-
mittlungseinrichtungen zusammenzufassen.

Vom Teilnehmer außerhalb des Trägerfrequenzfernsprechgerätes bis zur Gabelschaltung im Gerät werden auf einer zweiadrigen
Leitung sowohl die zum Hochfrequenzsende-
teil abgehenden Niederfrequenzfernsprech-
ströme als auch die vom Hochfrequenzempfänger ankommenden Niederfrequenzfern-
sprechströme übertragen. Soweit eine Automatik eingebaut ist, werden auch die abgehenden Wahlimpulse (Unterbrechung einer Gleichstromschleife durch einen Wählscheibenkon-

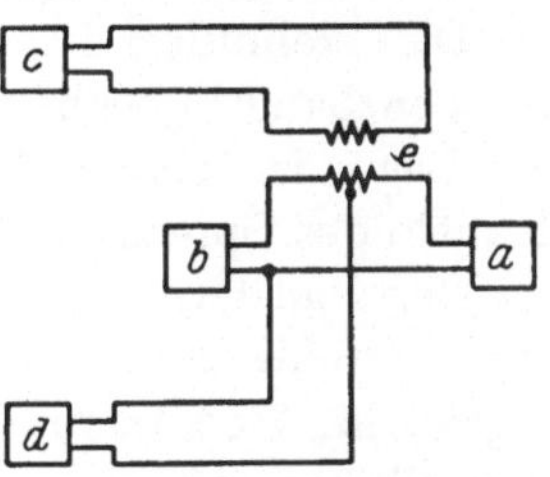

Abb. 44. Gabelschaltung.
a Teilnehmer; *b* Nachbildung;
c Niederfrequenzsendeverstärker; *d* Niederfrequenz-
empfangsverstärker; *e* Differentialtransformator.

takt) und die ankommenden Rufimpulse (Wechselstromstöße aus einer
Rufstromquelle innerhalb des Trägerfrequenzgerätes) in der Regel über
dasselbe Drahtpaar übertragen, das der Sprachübertragung dient. Vom
Teilnehmerapparat aus gesehen sind dann also für den Anschluß an ein
Trägerfrequenzfernsprechgerät die gleichen Anschlußbedingungen ge-
geben wie für die Anschaltung an eine Selbstwählzentrale.

In der „Gabelschaltung" (Abb. 44) wird der Zweidrahtverkehr zwischen Trägerfrequenzgerät und Teilnehmer aufgelöst in einen Vierdraht-

verkehr. Die vom Teilnehmer kommenden Sprechströme werden über einen Differentialtransformator auf den Sender übertragen, wogegen die aus dem Empfänger kommenden Ströme in die Teilnehmeranschlußleitung weitergegeben werden. Damit keine Rückübertragung der ankommenden Sprechströme auf den Sender stattfindet, muß der Scheinwiderstand der Leitungsnachbildung b gleich dem Scheinwiderstand der Teilnehmeranschlußleitung sein. Die ankommenden Sprechströme werden also je zur Hälfte auf den Teilnehmer und die Nachbildung aufgeteilt, ebenso wie die vom Teilnehmer abgehenden Ströme. Die Hälfte der Sprachleistung fließt in die Nachbildung; der Übergang von Zweidraht auf Vierdrahtverkehr ist demnach immer mit einer Dämpfung verbunden (s. S. 131).

Der im Sender eingebaute Entzerrer hat die Aufgabe, den Dämpfungsverlauf für alle Frequenzen des Sprachfrequenzbandes zwischen 300 Hz und 2400 Hz so auszugleichen, daß jeder Teil des Frequenzbandes gleich gut übertragen wird. Der Sprachverstärker hebt den Pegel der abgehenden Sprechströme auf den Wert, mit dem man den gewünschten Modulationsgrad (übliche Werte zwischen 30% und 60%) erreicht. Im Modulator wird der im Hochfrequenzgenerator erzeugte Trägerstrom mit dem Sprachfrequenzband moduliert. Der Sendeverstärker hebt den Pegel des modulierten Trägers; ein Teil der Ausgangsleistung des Sendeverstärkers wird als Verlust im Sendefilter wieder verbraucht; der Sendepegel an den Ausgangsklemmen des Gerätes ist also niedriger als der Pegel unmittelbar hinter dem Sendeverstärker.

Die Trennfilter für das Sendefrequenzband F_1 und das Empfangsfrequenzband F_2 bestimmen innerhalb des Koppelfilterdurchlaßbereiches die Lage der beiden Plätze im Frequenzplan, auf denen die beiden Kanäle des Sprechgerätes untergebracht sind.

Der vom fernen Gerät ausgesandte Träger für die Gegensprechrichtung durchläuft im Empfangsgerät das Trennfilter F_2 und den Pegelregler; im Hochfrequenzverstärker wird er soweit verstärkt, daß an den Eingangsklemmen des Demodulators eine gleichbleibende hochfrequente Empfangsspannung herrscht. Hinter dem Hochfrequenzverstärker wird die ankommende Nachricht auf einen Rufempfangsweg (Verstärker, Gleichrichter, Rufempfangsrelais) und einen Sprachempfangsweg (Demodulator, Begrenzer, Niederfrequenzverstärker, Gabel) aufgeteilt.

Die Automatik des Trägerfrequenzfernsprechgerätes dient dazu, alle mit dem Ruf verbundenen Schaltvorgänge zum Betrieb des Gerätes durchzuführen und die mit der Beendigung des Gesprächs verbundenen Rückschaltungen in den Ruhezustand vorzunehmen. Es sind dies im wesentlichen folgende Vorgänge:

1. Fernsteuerung des Trägerfrequenzgerätes über 2 Adern vom Teilnehmerapparat aus, also Einschaltung, Verriegelung mehrerer angeschlossener Teilnehmer gegeneinander, Ausschaltung und gegebenenfalls Wellenwechsel.

2. Wahlruf der Trägerfrequenzgeräte innerhalb eines Sprechbezirks, also Belegung des Bezirks, Wahlimpulsgabe, Frei- und Besetztzeichengabe, Rufstromgabe an den angerufenen Teilnehmer, Aufschaltung bevorzugter Teilnehmer und Auflösen der Verbindung.

3. Übergang auf angrenzende Trägerfrequenzsprechbezirke (Vierdrahtdurchwahl) und normale Selbstwählzentralen (Zweidrahtdurchwahl), auf Wahlanrufanlagen und gegebenenfalls Umschaltung der Fernsprechkanäle für andere Fernmeldedienste, wie Fernschreiben, Fernmessen und andere.

Diese durch die Automatik gegebenen Schaltmöglichkeiten bringen erst die beim Aufbau größerer Fernsprechnetze erwünschte vielseitige Verwendbarkeit der Trägerfrequenzsprechgeräte. Allerdings kann man in der Einbeziehung anderer Fernmeldedienste nicht zu weit gehen, wenn übermäßig lange Wartezeiten vermieden werden sollen.

Es ist üblich, Trägerfrequenzfernsprechgeräte mit allen diesen Anwendungsmöglichkeiten als „Großgeräte" zu bezeichnen. Wenn man die Automatik weitgehend vereinfacht und auch die Reichweite, die Trennschärfe sowie die Anforderungen an die Entzerrung der einzelnen Sprechabschnitte herabgesetzt, können die Trägerfrequenzgeräte wesentlich kleiner und billiger gebaut werden. Man spricht dann von „Kleingeräten", die im allgemeinen nur zum Aufbau einfacherer Trägerfrequenzsprechverbindungen in Mittelspannungsnetzen (Betriebsspannungen unter 60 kV) verwendet werden können.

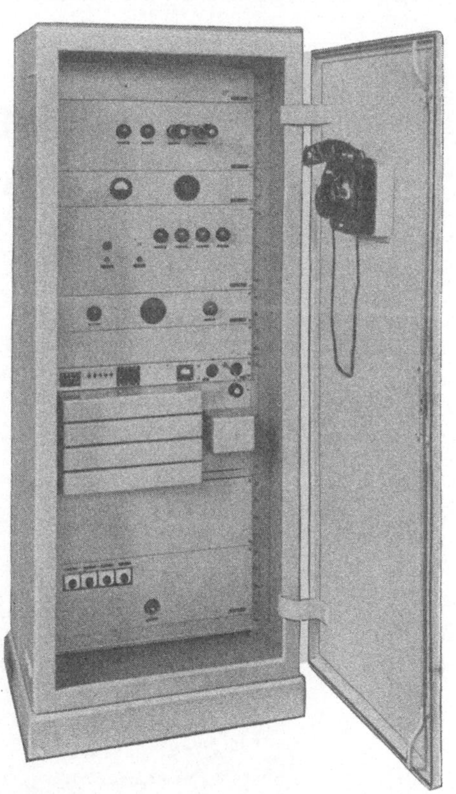

Abb. 45. Zweikanalgerät mit Zweiseitenbandübertragung (Allgemeine Elektricitätsgesellschaft).

Zweikanalgeräte mit Zweiseitenbandübertragung werden von einer Reihe von Firmen in- und außerhalb Europas gebaut. Als Ausführungsbeispiele für reine Fernsprechgeräte werden hier nur Geräte der AEG (Allgemeine Elektricitäts Gesellschaft, Abb. 45) und von S & H (Siemens & Halske, Abb. 46) erwähnt.

In der Regel sind im Ruhezustand einer Zweiseitenbandfernsprechanlage, so lange sie nur Fernsprechzwecken dient, die Empfänger dauernd in Betrieb, um jederzeit einen Anruf aufnehmen zu können, während eiu Sender erst dann an die Leitung geschaltet wird, wenn ein Gespräch beginnen soll. Dies schließt nicht aus, daß auch die Röhren des Senders dauernd geheizt sein können, um Verzögerungen beim Aufbau einer Sprechverbindung durch die Anheizzeiten der Senderöhren zu vermeiden. Es wird dann lediglich die Anodenspannung bei Bedarf an das Senderohr gelegt. Im Ruhezustand wird daher kein Trägerstrom übertragen.

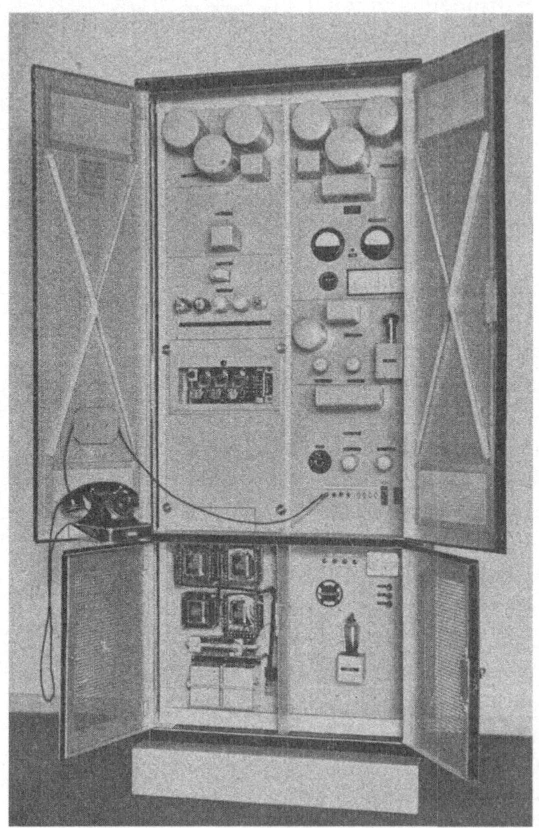

Abb. 46. Zweikanalgerät mit Zweiseitenbandübertragung
(Siemens & Halske).

Trifft die Trägerwelle an den Empfängern ein, so befinden sich diese zunächst im Zustand größter Empfindlichkeit. Die selbsttätige Pegelregelung regelt je nach der von den Wetterverhältnissen abhängigen Leitungsdämpfung die Empfänger auf eine entsprechende geringere Empfindlichkeit ein.

Eine selbsttätige Pegelregelung findet entweder vor Beginn des Gesprächs statt, die eingestellte Empfängerempfindlichkeit bleibt dann während des anschließenden Gesprächs unverändert, oder die Pegelregelung beginnt mit der Anschaltung des betriebsbereiten Senders an die Leitung vor der Nummernwahl und bleibt solange wirksam, als die Verbindung besteht; dabei werden auch während des Sprechens Dämpfungsschwankungen ausgeregelt. Im ersten Fall kann man die Einpegelung mit dem Rufempfangsrelais durchführen. Es bleibt so lange angezogen, bis es infolge einer schrittweise (durch einen Pegelwähler oder ein Pegelrelais) vergrößerten Dämpfung vor dem Hochfrequenzempfänger abfällt („mechanische Pegelregelung", Abb. 47a). Im zweiten Fall verwendet man eine stetige Pegelregelung durch Verlagerung des Arbeits-

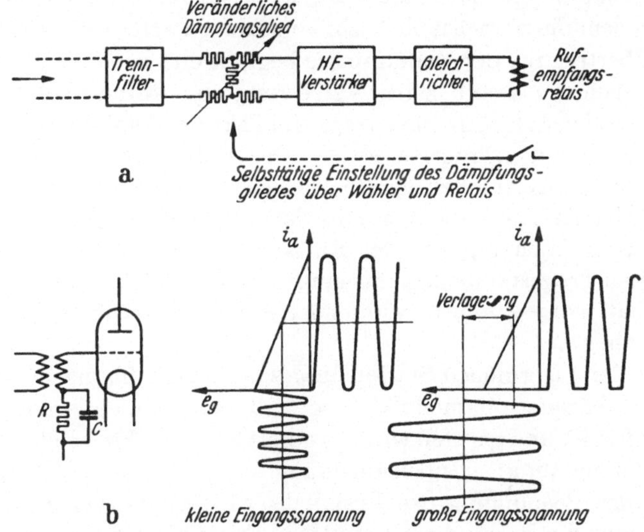

Abb. 47 a u. b. Selbsttätige Pegelregelung.
a) Mechanische Pegelregelung über Wähler und Relais. b) Elektrische Pegelregelung durch Verschiebung des Gitterpotentials.

punktes einer Eingangsröhre mit Exponentialcharakteristik, durch Heißleiter oder durch ähnlich wirkende Schaltanordnungen („elektrische Pegelregelung").

Bei der Pegelregelung durch Verschiebung des Gitterpotentials (Abb. 47b), die bei Fernmeß-Tastempfängern (s. S. 111) verwendet wird, arbeitet die Röhre beim Eintreffen zu hoher Empfangsspannungen im Gitterstromgebiet, so daß sich ein Spannungsabfall am Gitterwiderstand R ausbildet, der als zusätzliche Spannung im Gitterkreis eine Verschiebung der Gittervorspannung nach dem negativen Bereich verursacht. An den Klemmen des Gitterwiderstandes ist ein Kondensator angeschlossen, dessen Ladung und Entladung eine Zeitverzögerung bringt; die Werte von R und C bestimmen die „Zeitkonstante der Pegelregelung", die man so bemißt, daß bei einer Tastung der zu empfangenden Spannung, wie sie bei der Meßwertübertragung nach dem Impulsfrequenzsystem durchgeführt wird, die längste Pause zwischen den Impulsen überbrückt wird. Bei der Pegelregelung mit Heißleitern ist die Zeitkonstante durch die Wärmeträgheit des Fadens gegeben.

Die Reichweite der Geräte beträgt durchschnittlich 6 N bis 7 N, mit Rücksicht auf den Störpegel kann sie jedoch meist nicht ausgenutzt werden. Der regelbare Anteil beträgt allgemein etwa 4 N. Es gibt mitunter Anwendungsfälle, in denen ein „erweiterter Pegelregelbereich" gebraucht wird, nämlich dann, wenn ein Empfänger in der Lage sein soll nach Bedarf mit einem sehr nahen oder auch mit einem sehr weit entfernten Sender zusammenzuarbeiten, wie etwa bei einem Wellenwechselsprechbezirk, in dem die Sprechstellen sehr verschieden weit auseinander liegen.

Die Übertragung der Wahlimpulse beginnt erst nach der Beendigung der Einpegelung, damit keine Verzerrung der Wahlimpulse auftritt. Meistens wird der Hochfrequenzträger im Takt der Wahlimpulse getastet; man arbeitet mit „Trägertastruf". Die Empfangsrelais steuern die Wähler aller Trägerfrequenzgeräte des Bezirks vorwärts, eine bestimmte Wahlimpulsserie löst jedoch nur in der ausgewählten Station den Rufvorgang aus. Abhängig von der Rufnummer wird nur der Sender des angerufenen Trägerfrequenzgeräts eingeschaltet und die Einpegelung des Gegenkanals vorgenommen, während die nicht angerufenen Geräte gesperrt bleiben.

Der in der angerufenen Station ausgesandte Hochfrequenzträger wird mit einem Summerton moduliert, so daß der Anrufende hört, ob der Gerufene frei ist und gerufen wird, er erhält also ein „Freizeichen" (früher übliche Bezeichnung: „Rufrückmeldung").

Nach der Beendigung des Gesprächs wird durch das Auflegen des Mikrotelefons die Verbindung aufgelöst. Es ist ohne Bedeutung, ob der Anrufende oder der Angerufene zuerst auflegt, oder ob einer der beiden Teilnehmer das Auflegen vergißt. Wenn ein Gerät an eine Selbstwählzentrale angeschlossen ist, kommt allerdings bei vielen Automatenschaltungen durch das Auflegen eines Teilnehmers kein Schlußzeichen zustande. In diesen Fällen müssen durch Schaltungsänderungen in der Selbstwählzentrale die Schaltungskriterien für die Auflösung der Sprechverbindung erst hergestellt werden.

Der Wahlruf mittels Nummernschalter wird fast immer angewandt, also auch bei Sprechbezirken mit nur zwei Trägerfrequenzsprechgeräten und je einem Teilnehmer. Hier würde die Aussendung des Trägers bereits zum Anruf des anderen Teilnehmers genügen; jedoch könnte dabei auch ein Fehlanruf durch eine plötzlich auftretende hochfrequente Störspannung zustande kommen. Dieser Fehlanruf kann mit einer gewissen Sicherheit dadurch vermieden werden, daß der Ruf vom Eintreffen einer Wahlimpulsserie abhängig gemacht wird.

Damit nicht bereits kurzzeitige Hochfrequenzstörimpulse zu einer Fehlbelegung eines Empfängers im Zustand höchster Empfindlichkeit führen, baut man eine Verzögerungseinrichtung ein, die erst einen Hochfrequenzstrom, der länger als etwa 300 ms dauert, als Zeichen einer Gegenstation wertet.

Man kann, wie bei dem als Ausführungsbeispiel erwähnten Gerät von Siemens & Halske vorgesehen, einen Rufempfänger noch weiter gegen fehlerhaftes Ansprechen sichern, und zwar dadurch, daß die Bandbreite des Rufkanals gegenüber der Bandbreite des Sprachkanals stark herabgesetzt wird. So lange sich die Empfänger im Zustand höchster Empfindlichkeit befinden und lediglich für den Ruf empfangsbereit sein müssen, braucht der Kanal nicht, wie für die Sprachübertragung, 5 kHz breit zu sein. Man kann ein Vorsatzfilter mit schmalem Durchlaßbereich vor den Rufempfänger schalten, das nach Beendigung des Einpegelns und des Rufvorganges automatisch abgeschaltet wird. Der Empfänger ist dann nicht mehr hochempfindlich und für ein 5 kHz breites Sprachfrequenzband empfangsbereit.

Mit einem solchen Vorsatzfilter für den Ruf wird das „Störvolumen" reduziert. Auf einen Empfänger kann also nur ein Teil aus der gleichmäßig im Frequenzband verteilten Störleistung auftreffen (Gl. (24)). Es wird also von der Leistung der

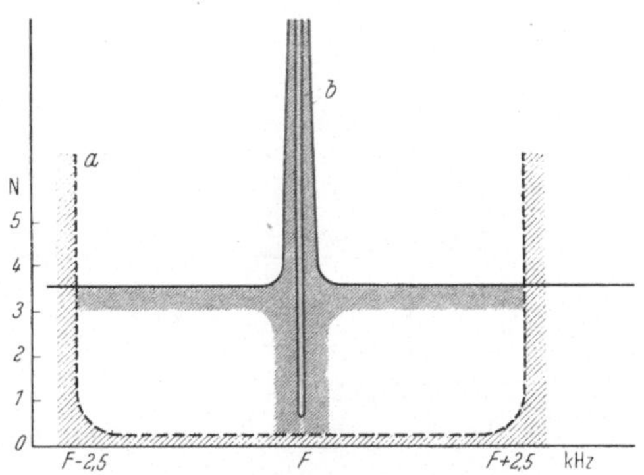

Abb. 48. Begrenzung des Störvolumens im Rufkanal durch Vorsatzfilter.

a Dämpfungsverlauf des Trennfilters; b Dämpfungsverlauf des Vorsatzfilters.

hochfrequenten Störimpulse nur der Bruchteil auf den Empfänger weitergegeben, der dem schmalen Durchlaßbereich zugeordnet ist. In der in Betracht kommenden Frequenzlage können als Vorsatzfilter nur Quarzfilter verwendet werden. Es ist nötig, dann auch die Frequenz der Sender des Sprechbezirks durch Quarzsteuerung konstant zu halten, damit nicht infolge der bei den normalen Abstimmelementen der Sender bestehenden Abhängigkeit von der Temperatur eine unzulässige Verschiebung der Trägerfrequenz auftritt. Die Temperaturabhängigkeit der im Vorsatzfilter und im Generatorkreis eingebauten Quarze ist in dem hier interessierenden Frequenzbereich noch so klein, daß Quarze ohne Thermostaten verwendet werden können. Bei einem 5000 Hz breiten Frequenzband und einer Bandbreite von 150 Hz für das Vorsatzfilter (Abb. 48), das im zu sperrenden Frequenzbereich mit etwa 3 N dämpft, kann man zum Beispiel bei einer Nennfrequenz von 150 kHz eine Verminderung der Störspannung im Rufkanal um 1,4 N erreichen.

Vorsatzfilter vor den Rufempfängern gehören nicht notwendig zur Regelausrüstung der Trägerfrequenzgeräte. Wenn jedoch besonders oft Hochfrequenzstörimpulse auftreten können, sei es infolge häufiger Schaltungen von großen Leistungen bei hohen Spannungen, infolge von Gewittern, oder aus anderen Gründen, lohnt es sich, die Gefahr der Fehlbelegung von Trägerfrequenzgeräten durch die Verwendung von Vorsatzfiltern herabzusetzen. Die Geräte sprechen dann nur noch auf Impulse innerhalb einer Bandbreite von etwa 150 Hz an, während Störimpulse, die zwar innerhalb des Sprachkanals, aber außerhalb des Rufkanals liegen, stark gedämpft werden.

Man kann die Störanfälligkeit auch durch Anwendung eines „Tonfrequenzrufs" vermindern. Hierbei wird nicht mehr der Träger für die Rufimpulsübertragung getastet, sondern eine den Träger modulierende

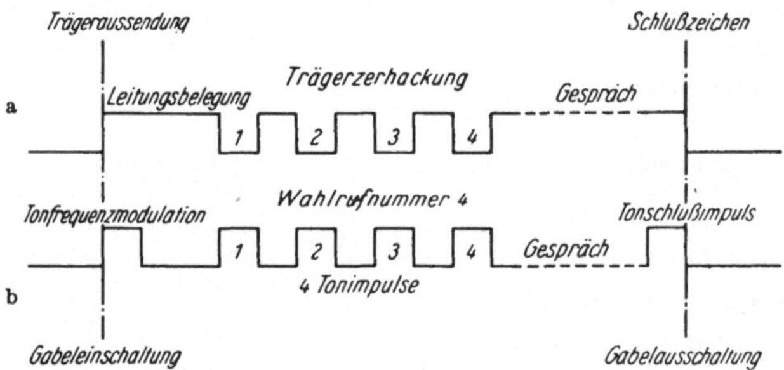

Abb. 49 a u. b. Rufimpulsdiagramm. a) Trägertastruf. b) Tonfrequenzruf.

Tonfrequenz. Der Tonrufkanal wird aus dem 5 kHz breiten Hochfrequenzkanal ebenfalls durch ein Zusatzfilter herausgeschnitten, das aber nicht als Quarzfilter ausgebildet zu sein braucht. Der Hochfrequenzempfänger kann somit in seiner größten Empfindlichkeitsstufe nicht von jedem Störimpuls innerhalb des 5 kHz breiten Bandes belegt werden, sondern nur von Störspannungen, die in den schmalen Tonfrequenzrufkanal fallen.

Damit durch die Anwendung des Tonfrequenzrufs der Übertragungsbereich des Hochfrequenzkanals nicht unnötig über das zur Sprachübertragung erforderliche Frequenzband 300 Hz bis 2400 Hz hinaus verbreitert werden muß, verwendet man beim Tonruf eine Frequenz innerhalb des Sprachfrequenzbandes. Dies ist zulässig, da der Rufvorgang immer vor Beginn des eigentlichen Gespräches durchgeführt wird und die Tonfrequenz während des Gespräches abgeschaltet bleiben kann. Im Gegensatz zum Trägertastruf, bei dem die Einschaltung des Trägers zur Belegung und die Ausschaltung zur Auflösung der Sprechverbindung benutzt wird, geschieht beim Tonfrequenzruf die Belegung der Geräte und die Auflösung der Verbindung durch einen Impuls (Abb. 49). Mit dem Tonfrequenzruf erreicht man eine Herabsetzung der Störspannung im Rufkanal um etwa 1,0 N.

Wird ein Sprechbezirk mit dauernd übertragenen Hochfrequenzträgern betrieben, so sind die Empfänger im Ruhezustand nicht auf maximale Empfindlichkeit eingestellt. Dies ist zum Beispiel beim Linienverkehr der Fall, bei dem die beiden Endgeräte dauernd den Träger aussenden und die Pegelregler der Zwischenverstärker und der Endgeräte stetig die Empfängerempfindlichkeit der Leitungsdämpfung entsprechend verändern. Eine Fehlbelegung durch einen Hochfrequenzstörer ist bei diesen dauernd eingepegelten Geräten schwerer möglich als bei den im Ruhezustand nicht eingepegelten hochempfindlichen Empfängern. Durch Anwendung des Tonfrequenzrufs ließe sich die Gefahr einer Fehlbelegung weiter herabsetzen.

b) Zweikanalgerät mit Einseitenbandübertragung.

Bevor das Einseitenbandverfahren für die Sprachübertragung über Hochspannungsleitungen angewandt wurde, war es bereits seit Jahren für die Sprachübertragung über Nachrichtenleitungen benutzt worden. Den technischen Gründen, die für die Einführung des Einseitenbandsystems sprechen, stehen wirtschaftliche Erwägungen entgegen. Während bei der Posttechnik der Mehraufwand für die Anwendung des Einseitenbandprinzips gegenüber dem Zweiseitenbandprinzip sich größtenteils auf eine Vielzahl von gebündelten Kanälen verteilt, kommt er bei einem Einfach-System, wie es den Geräten zum Sprechen über Hochspannungsleitungen zu Grunde liegt, voll bei einer einzigen Sprechverbindung zur Auswirkung. Dies fällt besonders ins Gewicht, wenn der Frequenzplanung in einem Maschennetz zuliebe der Abstand zwischen Sende- und Empfangskanal nicht starr, sondern veränderbar ist, weil dann der Mehraufwand sowohl für den Sender als auch für den Empfänger eines Gerätes entsteht.

Beim Aufbau von Einseitenbandfernsprechgeräten zum Betrieb über Hochspannungsleitungen, die mit Frequenzen bis zu 300 kHz arbeiten sollen, muß man eine Zwischenmodulationsstufe einführen; man kann nicht mehr, wie in den tiefen Frequenzlagen, mit einfachen Bauelementen ein Seitenband und den Träger unmittelbar in der Hochfrequenzlage unterdrücken. Man erkennt dies aus folgender Betrachtung:

Der Abstand der beiden der tiefsten Frequenz des Sprachbandes (300 Hz) entsprechenden Frequenzen der zwei Seitenbänder voneinander beträgt 600 Hz (Abb. 50). Bei einer tiefen Trägerfrequenz, zum Beispiel 6 kHz, sind dies 10%, bei 60 kHz dagegen nur noch 1% der Trägerfrequenz. Will man nur ein Seitenband übertragen, so muß der Träger und das zweite Seitenband unterdrückt werden. Wenn der Abstand der beiden Seitenbänder voneinander 10% der Trägerfrequenz beträgt, ist dies durch normale Bandfilter möglich. Bei nur 1% Abstand sind die elektrischen Werte der Bauelemente normaler Bandfilter nicht genügend konstant und genügend verlustfrei, man müßte Quarzfilter verwenden.

Bei Frequenzen zwischen 50 kHz und 300 kHz liegen die Seitenbandabstände zwischen 1,2% und 0,2%. Um ohne Quarzfilter auszukommen,

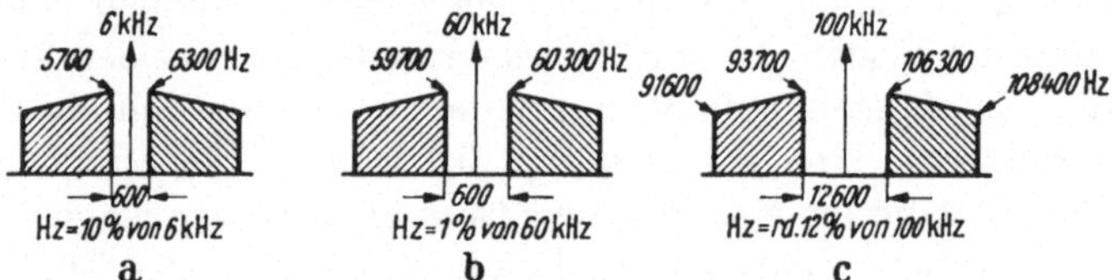

Abb. 50a—c. Relativer Abstand der Seitenbänder vom Träger bei verschiedenen hohen Trägerfrequenzen.

a) TF-Übertragung mit niedrigen Trägerfrequenzen, Modulation in einer Stufe. b) TF-Übertragung mit hohen Trägerfrequenzen, Modulation in einer Stufe. c) TF-Übertragung mit hohen Trägerfrequenzen, Modulation in zwei Stufen.

verwendet man eine Modulation in zwei Stufen. In der ersten Modulationsstufe wird eine Zwischenfrequenz, beispielsweise 6 kHz, mit dem Sprachband moduliert. Der Abstand der beiden Seitenbänder beträgt 10% der Zwischenfrequenz, so daß eine Unterdrückung der Zwischenfrequenz und eines Seitenbandes mit einfachen Mitteln möglich ist. Die

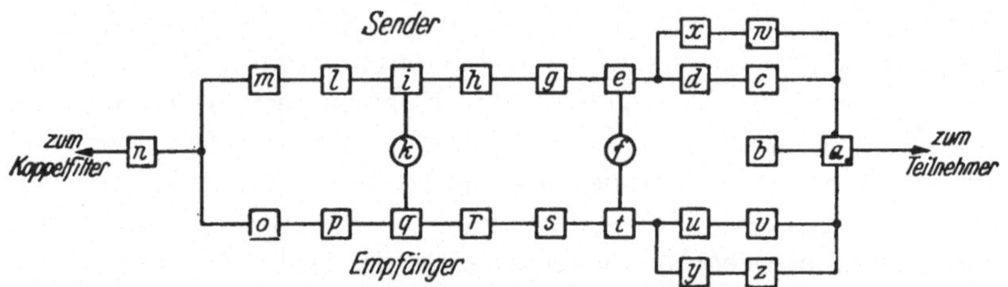

Abb. 51. Grundschaltung eines Zweikanalgerätes mit Einseitenbandübertragung.

a Gabel; b Nachbildung; c Amplitudenbegrenzer; d Hochpaß; e Zwischenfrequenzmodulator; f Zwischenfrequenzgenerator; g Zwischenfrequenzfilter; h Zwischenfrequenzverstärker; i Hochfrequenzmodulator; k Hochfrequenzgenerator; l Hochfrequenzvorfilter; m Hochfrequenzsendeverstärker; n Hochfrequenztrennfilter; o Pegelregler; p Amplitudenbegrenzer; q Hochfrequenzdemodulator; r Zwischenfrequenzfilter; s Zwischenfrequenzverstärker; t Zwischenfrequenzdemodulator; u Niederfrequenzbandpaß; v Niederfrequenzempfangsverstärker; w Ruffrequenzgenerator; x Ruffrequenzfilter; y Ruffrequenzfilter; z Ruffrequenzempfänger.

Trägerfrequenz, zum Beispiel 100 kHz, wird nur mit dem einen Seitenband der Zwischenfrequenzlage moduliert, etwa mit dem oberen, das in der Regellage und zwar zwischen $6 + 0,3 = 6,3$ kHz und $6 + 2,4 = 8,4$ kHz liegt. In der Hochfrequenzlage entstehen dann das untere Seitenband in der Kehrlage zwischen $100 - 8,4 = 91,6$ kHz und $100 - 6,3 = 93,7$ kHz sowie das obere Seitenband in der Regellage zwischen $100 + 6,3 = 106,3$ kHz und $100 + 8,4 = 108,4$ kHz (Abb. 50c). Der Abstand zwischen beiden Seitenbändern beträgt $106,3 - 93,7 = 12,6$ kHz, das sind 12,6% der

Trägerfrequenz, so daß auch in der Hochfrequenzlage die Unterdrückung des Trägers und eines Seitenbandes mit einfachen Mitteln möglich ist.

Eine Ausführung eines Einseitenbandgerätes von Siemens & Halske (Abb. 52) arbeitet ohne Übertragung des Trägers mit zwei je 2,5 kHz breiten Frequenzbändern für die beiden Sprachrichtungen, die unmittelbar nebeneinander liegen. Für ein vollständiges Gespräch wird also im Frequenzplan ein Platz von nur 5 kHz Breite gebraucht. Als Zwischenfrequenzerzeuger für die erste Modulationsstufe wird für beide Verkehrsrichtungen ein gemeinsamer 10 kHz-Generator benutzt.

In der Grundschaltung dieses Gerätes (Abb. 51) ist die Zusammenschaltung der einzelnen Baugruppen angegeben, wobei wiederum die Automatik der Übersichtlichkeit halber weggelassen ist. Da der Träger nicht übertragen wird, ist ein Trägertastruf wie beim Zweiseitenbandgerät nicht durchführbar; statt dessen wird ein Tonfrequenzruf verwendet. Die Aufgaben, die der Relaisteil zu lösen hat, entsprechen denen beim Zweiseitenbandgerät bereits geschilderten. An die Stelle des Wellenwechsels tritt ein „Seitenbandwechsel", wenn mehr als zwei Stationen zu einem Sprechbezirk zusammengefaßt werden.

Die vom Teilnehmer kommenden Sprechströme werden über eine Gabelschaltung, einen Amplitudenbegrenzer und einen Hochpaß auf den Zwischenfrequenzmodulator gegeben, ein Zwischenfrequenzfilter läßt nur ein Seitenband über einen Zwischenfrequenzverstärker auf den Hochfrequenzmodulator weiterlaufen. In der Hochfrequenzlage wird wiederum nur ein Seitenband über ein Hochfrequenzvorfilter auf den Endverstärker gegeben.

Das Unterdrücken des Trägers erfordert Filter großer Flankensteilheit. Um die Anforderungen an die Filter möglichst einfach zu halten, werden als Frequenzumsetzer „Ringmodulatoren" verwendet, und zwar sowohl in der Zwischenfrequenzlage als auch in der Hochfrequenzlage, da bei dieser Modulatorart der Träger bereits weitgehend eliminiert wird. Ein Ringmodulator [27] besteht aus vier hintereinander geschalteten Trockengleichrichtern (Abb. 53), die als unter sich genau gleiche, nicht lineare Widerstände zur Modulation eines Trägers mit der Frequenz F durch eine Signalfrequenz f benutzt werden. Man kann die Gleichrichteranordnung einfach als einen Umpoler auffassen, da die Trägerschwingung der Frequenz F abwechselnd die Längsgleichrichter und die Schräggleichrichter durchlässig macht für die Schwingung der Frequenz f, solange die Spannung der Frequenz F groß genug ist gegenüber der Spannung der Frequenz f.

In der Empfangsrichtung wird das von der Gegenstation kommende Seitenband über einen Pegelregler und einen Amplitudenbegrenzer auf den Hochfrequenzumsetzer gegeben. Der Amplitudenbegrenzer vor dem Umsetzer hält zu große Amplituden aus dem Sendeverstärker des eigenen

Gerätes fern. Für die Rückumsetzung des ankommenden Frequenzbandes aus der Hochfrequenzlage in die Zwischenfrequenzlage wird wiederum ein Ringmodulator verwendet, in dem die gleiche Trägerwelle wie für die

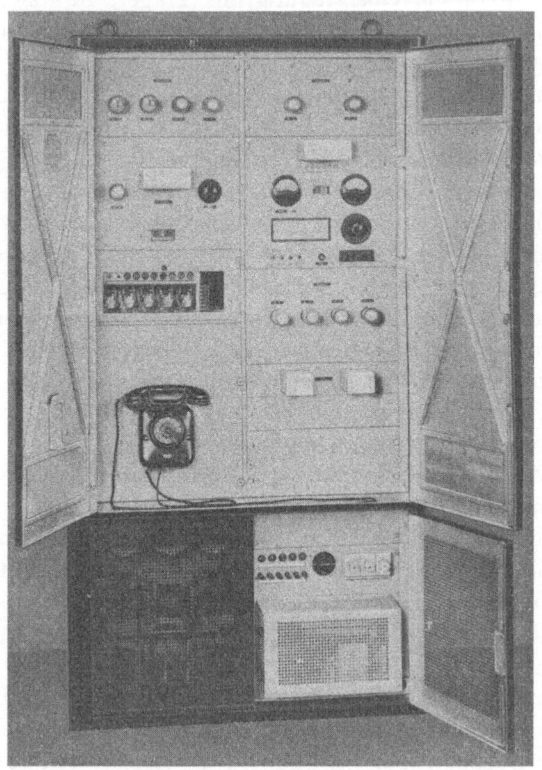

Abb. 52. Zweikanalgerät mit Einseitenbandübertragung
(Siemens & Halske).

Senderichtung zugesetzt wird. Der Träger wird im Ringmodulator unterdrückt und der Trägerrest sowie ein Seitenband werden durch ein Zwischenfrequenzfilter gesperrt, so daß nur das andere Seitenband über einen Zwischenfrequenzverstärker auf die zweite Rückumsetzerstufe gelangen kann. In dieser wird durch Zusetzen der Zwischenfrequenz das Frequenzband in die Nie-

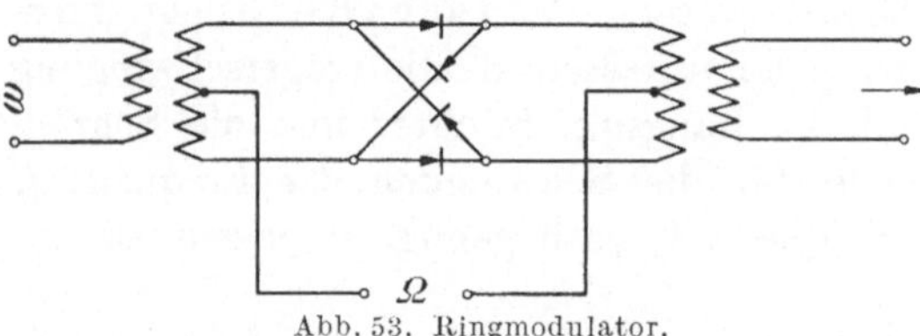

Abb. 53. Ringmodulator.

derfrequenzlage verschoben. Über einen Niederfrequenzbandpaß, einen Niederfrequenz-Empfangsverstärker und die Gabelschaltung werden die Sprachströme dann dem Teilnehmer zugeführt.

Das Sendefrequenzband, das mit einem sehr viel höheren Pegel unmittelbar neben dem Empfangsfrequenzband liegt, wird durch den Pegelregler zwar gedämpft, aber nicht vom Empfängereingang ferngehalten. Die Trennfähigkeit des Empfängers gegenüber dem eigenen Sender ist nicht durch ein Filter in der Hochfrequenzlage gegeben, wie bei den beschriebenen Zweikanalgeräten mit Zweiseitenbandübertragung. Die Trennung des Sende- und Empfangsbandes ergibt sich bei diesem Einseitenbandgerät erst in der Zwischenfrequenzstufe durch das Zwischenfrequenzempfangsfilter.

In der Ruhelage der Einseitenbandsprechgeräte wird ebenso wie in der Ruhelage eines normalen Zweiseitenbandsprechgerätes kein Hochfrequenzstrom übertragen. Während jedoch beim Zweiseitenbandsprechsystem mit der Anschaltung der Sender vor Beginn der Nummernwahl der Hochfrequenzträger erscheint, die Geräte des Bezirks belegt und für die Dauer des Gesprächs übertragen wird, wird im Einseitenbandsprechbezirk ein Belegungsimpuls gegeben, anschließend ist auf der Leitung wieder kein Signalstrom. Es folgen dann die Wahlimpulse, wobei zwischen den Impulsen und nach Beendigung des Rufs wieder kein Hochfrequenzstrom auf der Leitung ist. Während des Sprechens ist nur solange ein Hochfrequenzstrom auf der Leitung, als die Mikrofonmembrane schwingt; schweigen die Gesprächspartner, so wird kein Hochfrequenzstrom übertragen. Zur Auflösung der Sprechverbindung wird ein Schlußimpuls ausgesandt.

Die Pegelregelung muß bei einer Einseitenbandübertragung ohne Träger den Umstand berücksichtigen, daß nicht immer ein Hochfrequenzstrom übertragen wird; sie darf nicht selbsttätig beim Verschwinden des Hochfrequenzstromes auf höchste Empfindlichkeit einregeln, um beim Wiedereinsetzen der Hochfrequenzschwingung wieder in eine unempfindlichere Stellung zu regeln. Das beschriebene Einseitenbandgerät ist deshalb mit einer mechanischen Pegelregelung gebaut, die die Empfänger nur einmalig zu Beginn des Verbindungsaufbaus der Leitungsdämpfung entsprechend einregelt. Die Einstellung bleibt während der Wahl und des anschließenden Gesprächs unverändert. Erst nach der Auflösung der Verbindung geht der Pegelregler wieder in die Stellung höchster Empfängerempfindlichkeit.

Eine kontinuierliche Pegelregelung, die auch während des Gesprächs weiterwirkt, ist nur durchführbar, wenn, wie bei den erwähnten Zweiseitenbandgeräten, in dieser Zeit der Träger dauernd übertragen wird, oder wenn eine besondere „Steuerfrequenz" bei der Einseitenbandübertragung (ohne Träger) verwendet wird, die solange ununterbrochen übertragen wird, wie die Pegelregelung arbeiten soll („Pilotkanal").

c) Zwischenverstärker in Sprechbezirken.

Für den Aufbau von Liniensprechbezirken werden Zwischenverstärker gebraucht. In Deutschland hat die Allgemeine Elektricitätsgesellschaft derartige Geräte für die Zweiseitenbandübertragung durchgebildet, während Siemens & Halske Zwischenverstärker für die Einseitenbandtechnik entwickelt hat.

Ein Zwischenverstärker hebt nicht nur den Nutzpegel, sondern gleichzeitig auch den Störpegel; er vergrößert also nicht den Störpegelabstand, wie ein Sendeverstärker, der nur den Nutzpegel hebt (Abb. 54). Bei der Übertragung über Hochspannungsleitungen kann der Verstärkungsgrad nicht so groß werden wie bei einer Übertragung über Nachrichtenleitungen, da durch den Parallelverlauf nicht gekoppelter Hochspannungsleiter und den begrenzten Sperrwert der Hochfrequenzsperren die Übersprechdämpfung zwischen dem Ein- und dem Ausgang des Verstärkers kleiner ist als bei Nachrichtenleitungen; man erreicht durchschnittlich eine Verstärkung von etwa 2,0 N.

Man kann zwar bei einer Nachrichtenleitung das Verstärkeramt da aufbauen, wo es nach Maßgabe des Pegelverlaufs am günstigsten ist (bei Fernleitungskabeln der Post alle 75 km), bei einer Hochspannungsleitung jedoch muß man einen Zwischenverstärker da aufbauen, wo gerade eine Hochspannungsstation ist, und diese liegt oft nicht gleich weit von den beiden nächsten Stationen entfernt, so daß der Zwischenverstärker, der in beiden Richtungen den Pegel heben soll, nicht optimal ausgenutzt werden kann.

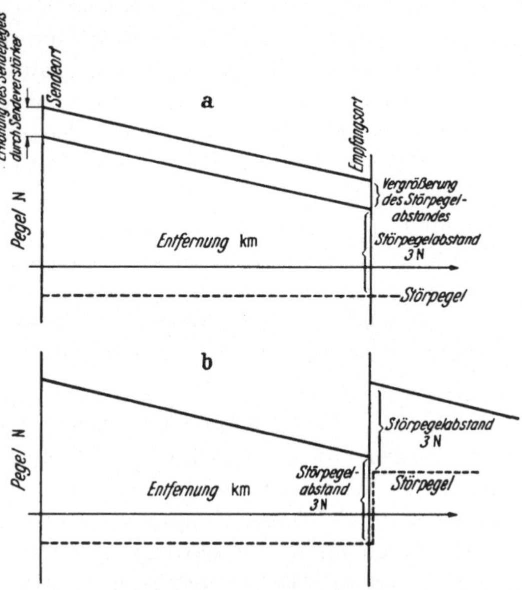

Abb. 54 a u. b. Pegeldiagramm bei Einsatz von Verstärkern auf Leitungen mit hohem Störpegel.
a) Sendeverstärker. b) Zwischenverstärker.

Alle diese Gesichtspunkte begrenzen die Anwendungsmöglichkeiten eines Zwischenverstärkers, insbesondere für Sprechverbindungen. In allen Fällen indes, bei denen es mehr auf die dämpfungsfreie Einschaltung einer Hochfrequenzbrücke mit Sprechstelle in einem Sprechbezirk ankommt, als auf hohe Verstärkungsgrade, ist ein Zwischenverstärker von Nutzen.

9. Trägerfrequenzübertragungsgeräte
für Fernbedienung.

Das Übertragen von Impulsen in Fernbedienungsanlagen ist eine Aufgabe, die später als die Aufgabe des Sprechens über Hochspannungsleitungen gestellt wurde. Man konnte die Fernsprechgeräte, die bereits für die Übertragung der Rufimpulse gebaut waren, auch für andere Impulsübertragungen benutzen; ebenso versuchte man eine Mehrfachausnutzung eines 5 kHz breiten Fernsprechkanals für Impulsübertragung dadurch, daß man Fernsprechgeräte verwendete, deren Träger nicht mit Sprachströmen, sondern mit mehreren Tonfrequenzen nach Art der Wechselstromtelegrafie für Impulsübertragung moduliert wurden. Dabei werden jedoch die Eigenschaften der Sprechgeräte nur zum Teil ausgenutzt, da die Impulsübertragung meist nur in einer Verkehrsrichtung stattfindet und die für die Gegensprechrichtung eingebauten Teile der Geräte überflüssig sind. Man hat deshalb sehr bald Einkanalgeräte gebaut, die nur auf die Aufgabe der Impulsübertragung zugeschnitten sind.

a) Geräte für Trägertastung.

Die Grundschaltung einer Einkanal-Impulsübertragungsanlage mit Trägertastung (Abb. 55) enthält im wesentlichen einen „Tastsender",

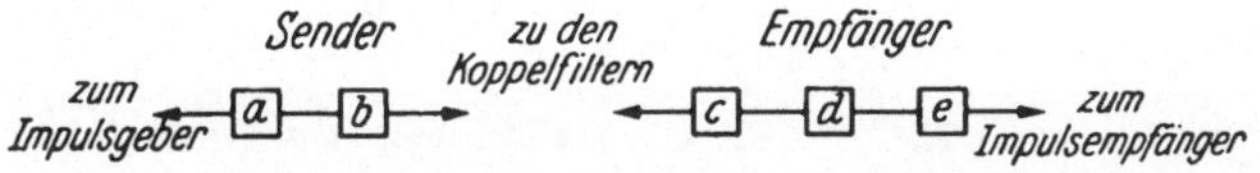

Sender   zu den Koppelfiltern   Empfänger

zum Impulsgeber — a — b → ← c — d — e → zum Impulsempfänger

Abb. 55. Grundschaltung einer Impulsübertragung durch Trägertastung.
a Hochfrequenzgenerator; *b* Hochfrequenztrennfilter; *c* Hochfrequenztrennfilter; *d* Hochfrequenzempfangsverstärker; *e* Hochfrequenzempfänger.

der aus einem Schwingungserzeuger und einem Leistungsverstärker besteht, und einen „Tastempfänger". Der Träger wird im Sender meist am Gitter des ersten Rohres getastet. Der Empfänger enthält als Pegelregler eine Kondensator-Widerstandsanordnung im Gitterkreis, deren Zeitkonstante so festgelegt ist, daß der Empfänger zwischen den Impulsen unempfindlich gegen Störimpulse bleibt (Abb. 47b). Da die Anforderungen an die Bandbreite eines Tastkanals wesentlich geringer sind als bei einem Sprachübertragungskanal, genügt eine Ankopplung mit Resonanzabstimmung, also ohne Bandfilter.

Tastgeräte werden selten verwendet, weil man den Platz im Frequenzplan meist dichter mit Impulsübertragungskanälen belegen muß. Sie werden von einigen Firmen in verschiedenen Ländern hergestellt. Bei einer einfachen Ausführungsform (Abb. 56) liegt der Sendepegel bei 3,5 N und die maximal überbrückbare Leitungsdämpfung bei 4 N.

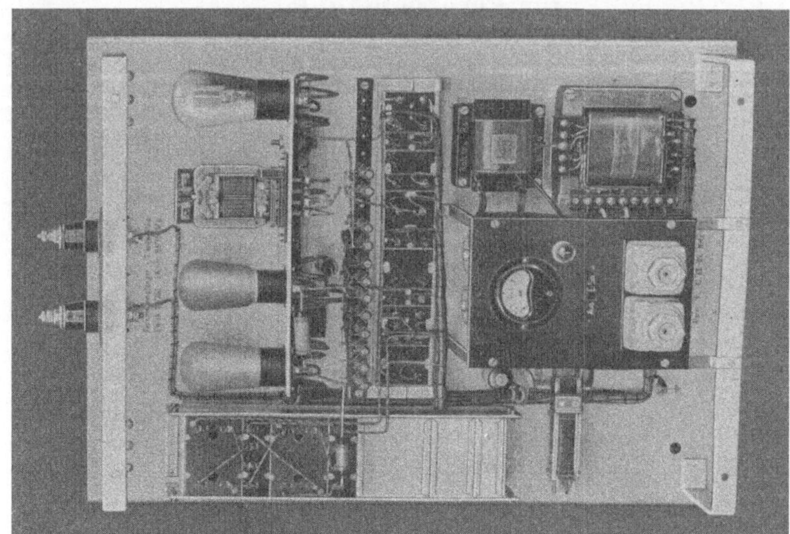

b) Empfänger.

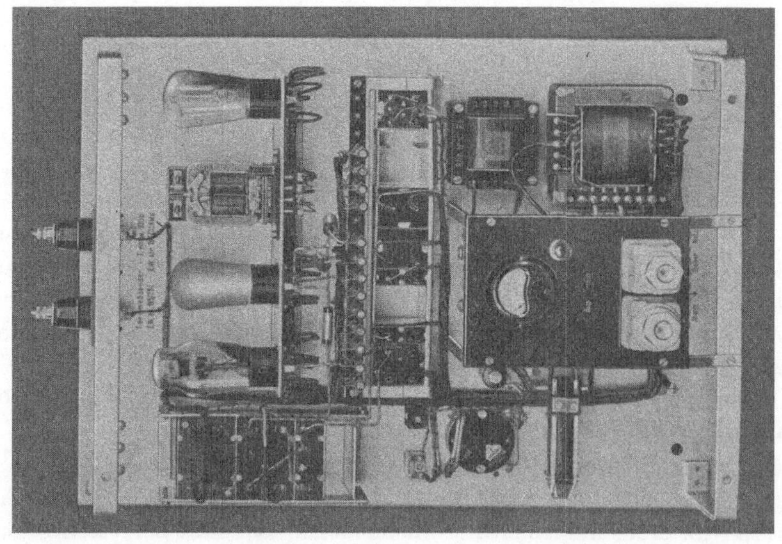

a) Sender.

Abb. 56 a u. b. Trägertastgeräte (Siemens & Halske).

b) Geräte für Trägermodulation.

Die Grundschaltung einer Einkanal-Impulsübertragungsanlage mit Trägermodulation (Abb. 57) ist für die Modulation mit 6 Tonfrequenzen dargestellt. Jede Tonfrequenz wird im Sender einzeln durch einen Röhrengenerator erzeugt und im Zeichentakt getastet über je ein Tonfrequenzsendefilter auf eine gemeinsame Mischstufe gegeben. In dieser wird der Hochfrequenzträger mit dem Tonfrequenzgemisch moduliert. Über einen Sendeverstärker und ein Hochfrequenztrennfilter gelangt der modulierte Träger auf die Leitung.

Der Empfänger enthält ein Hochfrequenztrennfilter, einen Hochfrequenzverstärker, dahinter einen Demodulator; das niederfrequente Tonfrequenzgemisch wird durch Tonfrequenzempfangsfilter auf die einzelnen

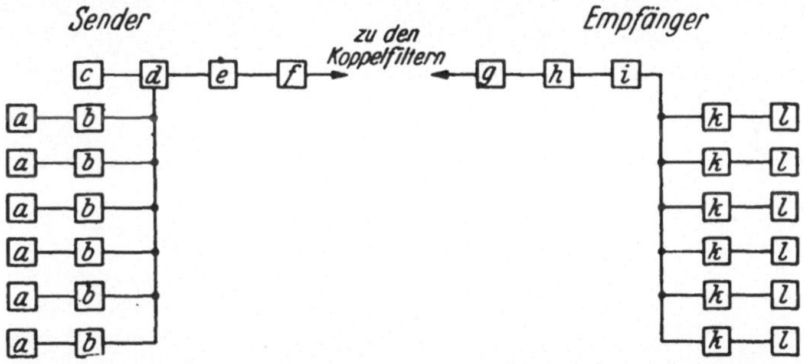

Abb. 57. Grundschaltung einer Impulsübertragung durch Modulation des Trägers.

a Tonfrequenzgenerator; *b* Tonfrequenzsendefilter; *c* Hochfrequenzgenerator; *d* Modulator; *e* Hochfrequenzsendeverstärker; *f* Hochfrequenztrennfilter; *g* Hochfrequenztrennfilter; *h* Hochfrequenzempfangsverstärker; *i* Demodulator; *k* Tonfrequenzempfangsfilter; *l* Tonfrequenzempfänger.

Tonkanäle aufgeteilt, die über je einen Tonfrequenzempfangsverstärker und Gleichrichter mit einem Empfangsrelais enden.

Impulsübertragungsgeräte mit Trägermodulation (Abb. 58) werden von einigen Firmen in verschiedenen Ländern hergestellt. Man verwendet dabei öfters außer einer Pegelregelung innerhalb jedes Tonkanals noch eine zusätzliche, gemeinsame Pegelregelung aller Kanäle, um die Empfindlichkeit eines Tonkanals während der Pause zwischen zwei Impulsen herabzusetzen durch die Kanäle, in denen zur gleichen Zeit ein Impuls übertragen wird. Dies wird dadurch erreicht, daß der Gitterstrom aller Tonfrequenzempfangsverstärker über einen gemeinsamen Kondensator/ Widerstand-Kreis fließt.

c) Geräte nach dem Vielbandsystem.

In den Vielbandübertragungsgeräten werden die einzelnen Trägerfrequenzen, die für die Impulsübertragungen benutzt werden, unmittelbar in der Hochfrequenzlage erzeugt. Man verwendet quarzgesteuerte Sender, deren Frequenzen in Abständen von je 120 Hz voneinander auf

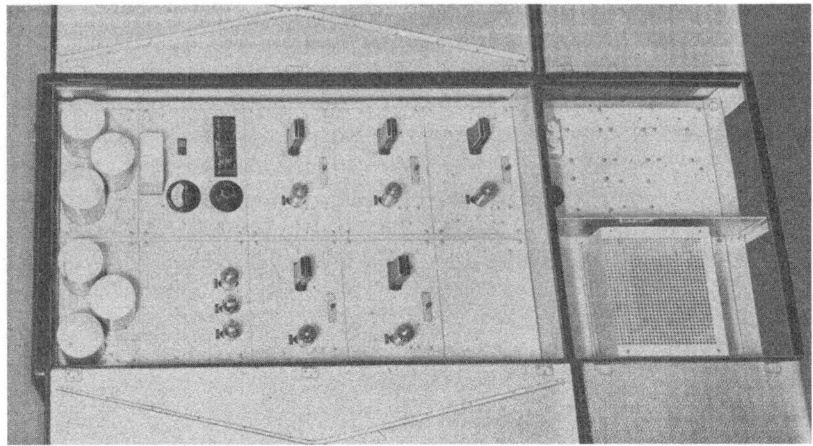

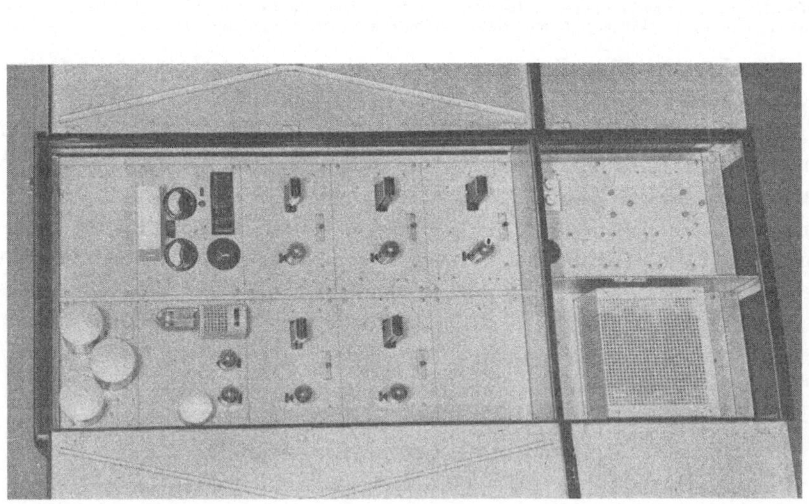

Abb. 58 a u. b. Impulsübertragungsgerät für Trägermodulation (Siemens & Halske).

einem gemeinsamen 5 kHz-Platz des Frequenzschemas untergebracht werden [5]. Es handelt sich demnach ebenfalls um ein Trägertastverfahren.

Die Grundschaltung einer Impulsübertragung nach dem Vielbandsystem (Abb. 59) enthält im Sender die 12 Röhrengeneratoren, deren Frequenzen durch Quarze konstant gehalten werden. Der Temperaturgang der Quarze ist mit etwa $3 \cdot 10^{-6}$/Grad Celsius so gering, daß keine Thermostaten gebraucht werden. Da die einzelnen Trägerfrequenzen in der hohen Frequenzlage nicht mehr durch einfache Bandfilter voneinander getrennt werden können, verwendet man keine direkte

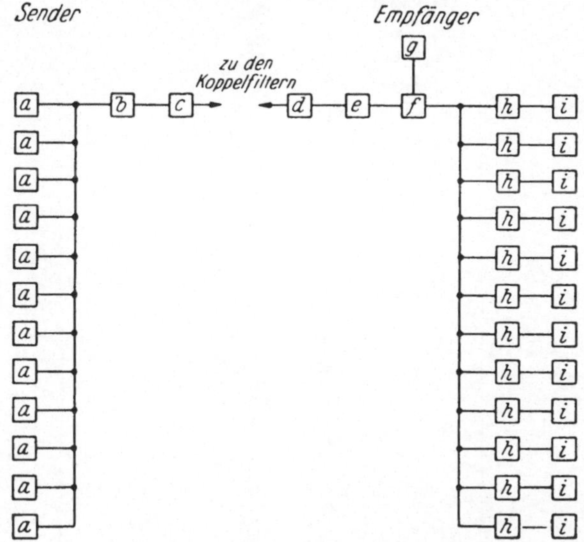

Abb. 59. Grundschaltung einer Impulsübertragung nach dem Vielbandsystem.

a quarzgesteuerter Hochfrequenzgenerator; *b* Hochfrequenzsendeverstärker; *c* Hochfrequenztrennfilter *d* Hochfrequenztrennfilter; *e* Hochfrequenzregelverstärker; *f* Demodulator; *g* Hochfrequenzgenerator; *h* Tonfrequenzfilter; *i* Tonfrequenzempfänger.

Tastung der Träger mit Relaiskontakten, sondern eine indirekte Tastung der Träger mit „Tastmodulatoren". Ein solcher Tastmodulator arbeitet ähnlich einem Ringmodulator (Abb. 53), wobei als modulierende Spannung eine durch den Sendekontakt getastete Gleichspannung angeschlossen wird. Mit einer Kondensator/Widerstandsanordnung an diesen Modulatorklemmen erhält man als Hüllkurve der getasteten Hochfrequenzspannung eine Trapezkurve, deren Frequenzspektrum genügend frei von störenden Seitenfrequenzen ist, so daß im Sender keine Filter zur Entkopplung der einzelnen Kanäle untereinander nötig sind.

Alle getasteten Trägerfrequenzen werden über einen gemeinsamen Sendeverstärker und ein gemeinsames Hochfrequenztrennfilter auf die Leitung gegeben.

8*

Im Empfänger gelangt das Hochfrequenzgemisch über ein Hochfrequenztrennfilter und einen Hochfrequenzverstärker in den Demodulator. Hier wird durch Zusetzen einer von einem quarzgesteuerten Generator erzeugten Hochfrequenzschwingung das ankommende Nachrichtenfrequenzband in die Niederfrequenzlage umgesetzt. Am Ausgang des Demodulators (Ringmodulator) werden Tonfrequenzen im Abstand von je 120 Hz an einen gemeinsamen Tonfrequenzverstärker weitergegeben.

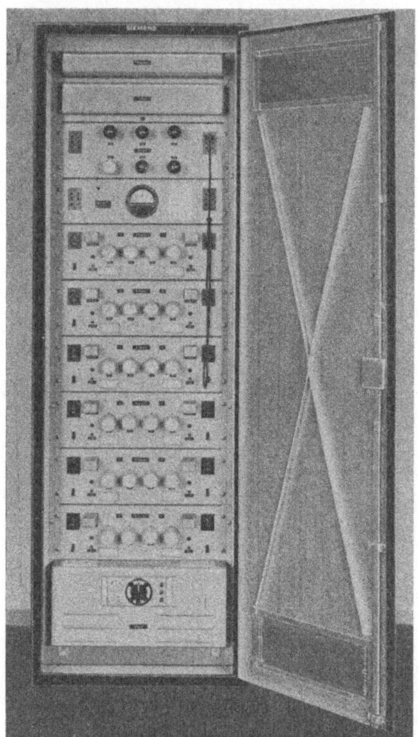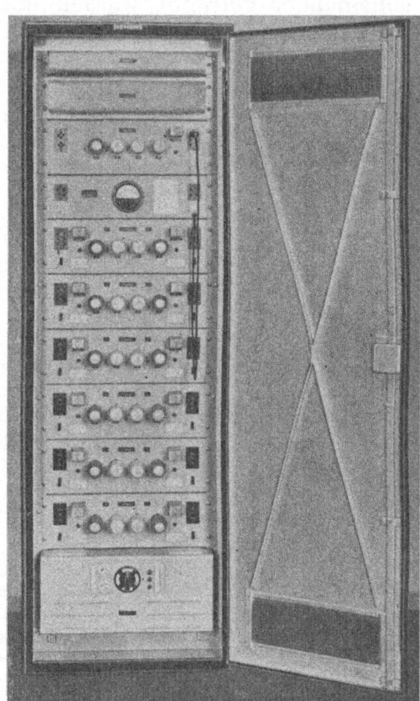

Abb. 60 a u. b. Impulsübertragungsgeräte nach dem Vielbandsystem (Siemens & Halske).
a) 12fach-Sender.   b) 12fach-Empfänger.

Anschließend wird das Tonfrequenzgemisch durch Filter auf die Tonfrequenzkanäle 660, 780, 900 ... bis 1980 Hz aufgeteilt. Jeder Tonfrequenzkanal ist über einen Tonfrequenzverstärker und einen Gleichrichter mit einem Empfangsrelais abgeschlossen.

In einem Sende- oder einem Empfangsschrank können die Baugruppen für 12 Kanäle zusammengefaßt werden (Abb. 60). Das System ist elektrisch und konstruktiv so durchgebildet, daß die Sender auf verschiedene Stationen verteilt werden können und auch dabei nur ein 5 kHz-Platz im Frequenzschema belegt wird. Für das Hinzufügen einzelner Kanäle unterwegs muß man je nach dem Pegelverlauf längs der Übertragungsstrecke Sender oder Zwischenverstärker benutzen, damit die einzelnen Kanäle an einem gemeinsamen Empfänger mit annähernd gleichem Pegel ankommen. Entsprechend ist auch ein Empfang unterwegs möglich, wenn die Impulsübertragungskanäle nicht alle bis zu einem gemeinsamen Endpunkt durchlaufen sollen.

10. Kombinierte Geräte für Fernsprechen und Fernbedienung.

Es sollen hier nicht die Kombinationen zwischen Sprachübertragung und Impulsübertragung für Fernbedienung behandelt werden, die sich aus der Nacheinanderübertragung zeitlich begrenzter Signalimpulsserien und der Sprache herstellen lassen (s. S. 84 ff.). Diese ergeben sich aus dem Zusammenwirken der Rufautomatik des Fernsprechgerätes mit einer Zusatzautomatik für Meßwertanwahl, Schalterstellungsmeldung, Fernsteuerung oder andere Fernbedienungsaufgaben. Es sollen vielmehr nur Sprechgeräte behandelt werden, deren Trägerfrequenzteil um zusätzliche Impulsübertragungseinrichtungen zum gleichzeitigen Betrieb mit dem Sprachübertragungskanal erweitert ist (s. S. 88 ff.).

Trägerfrequenzsprechgeräte, die mit zwei 5 kHz breiten Frequenzbändern arbeiten, wurden als Zweiseitenbandgeräte mit einem Unterlagerungskanal etwa von 1936 bis 1940 von deutschen Firmen hergestellt. Für den Bau neuer Hochfrequenznetze, bei dem man nicht so sehr durch zahlreiche vorhandene Geräte an das 5 kHz-Frequenzschema gebunden ist, sind in den letzten Jahren in Europa Zweikanalgeräte entwickelt worden, die für die Übertragung eines Gesprächs und mehrerer voneinander unabhängiger Impulsreihen mit Überlagerungskanälen geeignet sind.

a) Kombiniertes Zweikanalgerät mit Zweiseitenbandübertragung.

Die von der Aktiengesellschaft Brown Boveri & Cie, Baden (Schweiz), hergestellten Trägerfrequenzgeräte können als kombinierte Geräte für Sprech- und Impulsübertragung in einem 8 kHz-Frequenzschema verwendet werden [23], wobei je zwei Geräte ohne Automatik zu einem Sprechbezirk zusammengefaßt werden. Diese Betriebsart im Endverkehr (Abb. 39 a) — auch als „Fixfrequenzsystem" bezeichnet — ist durch die Impulsübertragungskanäle bedingt (s. S. 91). Durch eine Änderung der Bestückung können die Geräte in reine Fernsprechgeräte mit eingebauter Automatik umgeändert werden, die dann zum Aufbau von Sprechbezirken mit Wellenwechsel geeignet sind.

In der Ausführung als kombiniertes Gerät ohne Automatik können in beiden Verkehrsrichtungen maximal zwei Unterlagerungs- und vier

Überlagerungskanäle für Impulsübertragung neben dem Sprachübertragungskanal eingerichtet werden. Das Gerät wird der jeweiligen Übertragungsaufgabe entsprechend bestückt. In der Grundschaltung (Abb. 61) sind nur zwei Überlagerungskanäle in jeder Verkehrsrichtung dargestellt, weitere Überlagerungskanäle sind der Übersichtlichkeit halber weggelassen. Von den beiden Unterlagerungskanälen ist nur der Tonfrequenzrufkanal gezeichnet, der hier außerhalb des Sprachfrequenzbandes bei 100 Hz liegt.

Der Schaltungsaufbau entspricht der Grundschaltung eines Zweikanalgerätes mit Zweiseitenbandübertragung (Abb. 43), nur ist das

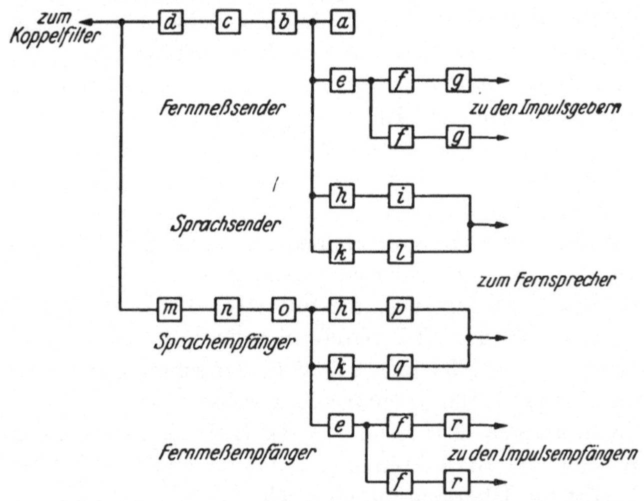

Abb. 61. Grundschaltung eines Zweikanalgerätes mit Zweiseitenbandübertragung und überlagerten Impulsübertragungskanälen.

a Hochfrequenzgenerator; *b* Modulator; *c* Hochfrequenzsendeverstärker; *d* Hochfrequenztrennfilter; für F_1; *e* Hochpaß; *f* Bandpaß für Überlagerungsfrequenz; *g* Generator für Überlagerungsfrequenz; *h* Bandpaß für Sprachfrequenzband; *i* Sendeverstärker für Sprachfrequenzband *k* Tiefpaß für Ruffrequenz; *l* Ruffrequenzgenerator; *m* Hochfrequenztrennfilter für F_2; *n* Pegelregler; *o* Hochfrequenzempfangsverstärker; *p* Empfangsverstärker für Sprachfrequenzband; *q* Empfänger für Ruffrequenz; *r* Empfänger für Überlagerungsfrequenz.

Nachrichtenfrequenzband in der Niederfrequenzlage auf der Sendeseite vor dem Umsetzer und auf der Empfangsseite nach dem Umsetzer durch Filter in drei Frequenzgruppen aufgeteilt, durch einen Hochpaß für die Überlagerungskanäle, einen Bandpaß für das Sprachfrequenzband und einen Tiefpaß für die Unterlagerungskanäle.

Abweichend von den bisher erwähnten Ausführungsbeispielen sind die Geräte von Brown Boveri so konstruiert (Abb. 62), daß alle Einzelteile von nur einer Seite voll zugängig sind. Sie können also an einer Wand stehen. Nach Öffnen der Tür liegen die Meßinstrumente und Bedienungsknöpfe, nach Wegnahme der Frontplatten die Verkabelung, und nach Herausschwenken des Montagerahmens die Röhren und alle

übrigen elektrischen Bauelemente (auch während des Betriebes) für Über-
wachungs- und Überholungsarbeiten frei.

Abb. 62. Zweikanalgerät mit Zweiseitenbandübertragung und überlagerten
Fernmeßkanälen (Brown Boveri).
rechts: Schranktür offen, Bedienungsteile zugängig, links: Schranktür
offen und Montagerahmen herausgeschwenkt, alle Bauteile auch
während des Betriebes von einer Schrankseite zugängig

b) Kombiniertes Zweikanalgerät mit Einseitenbandübertragung.

Das Zweikanalgerät mit Einseitenbandübertragung und überlagerten
Fernmeßkanälen von L. M. Ericksson, Stockholm (Schweden) arbeitet
mit zwei Modulationsstufen (Abb. 63). Es wird eine Zwischenfrequenz
von 15 kHz benutzt [24], wobei in der Zwischenfrequenzlage jedoch nur
das obere Seitenband unterdrückt wird, während die Zwischenfrequenz
15 kHz und das untere Seitenband 12,6 ··· 14,7 kHz weiterlaufen und in
die Hochfrequenzlage umgesetzt werden. Hier entstehen wiederum zwei
Seitenbänder, und zwar in 30 kHz Abstand voneinander. Der Hochfrequenzträger und das obere Seitenband werden durch das Hochfrequenz-
filter unterdrückt. Nur das untere Seitenband wird über die Hochspannungsleitung übertragen, bei einer Umsetzung mit einer Hilfsschwin-

gung von beispielsweise 117 kHz also die in die Hochfrequenzlage umgesetzte Zwischenfrequenz mit $117-15=102$ kHz sowie das Sprachfrequenzband zwischen $117-14,7=102,3$ kHz und $117-12,6=104,4$ kHz. Für die Gegensprechrichtung unterdrückt man in der Hochfrequenzlage das untere Seitenband und den Hochfrequenzträger und überträgt nur das obere Seitenband, also die Zwischenfrequenz mit $117+15=132$ kHz sowie das Sprachfrequenzband zwischen $117+12,6=129,6$ kHz und $117+14,7=131,7$ kHz. In jeder Verkehrsrichtung wird demnach nur ein Seitenband übertragen, das jeweils in 300 Hz Abstand von einer Hilfsschwingung begleitet ist. Der Abstand beider Hilfsschwingungen vonein-

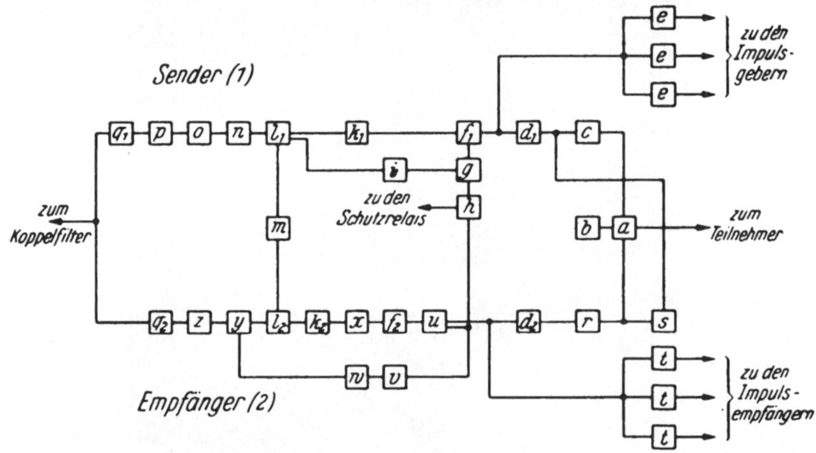

Abb. 63. Grundschaltung eines Zweikanalgerätes mit Einseitenbandübertragung und überlagerten Impulsübertragungskanälen.

a Gabelschaltung; *b* Nachbildung; *c* Amplitudenbegrenzer; *d* Sprachbandpaß; *e* Überlagerungsfrequenzsender mit Bandpaß; *f* Zwischenfrequenzumsetzer; *g* Zwischenfrequenzgenerator; *h* Zusatz für Selektivschutz; *i* Modulationsgradregler; *k* Zwischenfrequenzfilter; *l* Hochfrequenzumsetzer; *m* Hochfrequenzgenerator; *n* Hochfrequenzbandpaß; *o* Regler für Sendepegel; *p* Sendeverstärker; *q* Hochfrequenztrennfilter; *r* Entzerrer; *s* Tonrufzusatz; *t* Überlagerungsfrequenzempfänger mit Bandpaß; *u* Niederfrequenzverstärker; *v* Filter für Pegelregler; *w* Pilotempfänger; *x* Zwischenfrequenzverstärker *y* Pegelregler; *z* Vordämpfung

ander ist konstant und gleich der doppelten Zwischenfrequenz, also 30 kHz. Diese Frequenz wird als Pilotfrequenz für die Pegelregelung benutzt.

Die Rufimpulse werden in einem Tonfrequenzrufkanal übertragen, außerdem können bis zu drei Überlagerungskanäle jedem der beiden Seitenbänder zugeordnet werden. Diese liegen bei 2640, 2760 und 2880 Hz für die eine, und bei 2700, 2820 und 2940 Hz für die umgekehrte Übertragungsrichtung.

Ein Hochfrequenzkanal beansprucht mit der Hilfsschwingung und den drei Überlagerungskanälen ein 3 kHz breites Band. Die Hochfrequenztrennfilter sind für ein 4 kHz-Schema eingerichtet. Bei der Frequenzplanung gelten andere Regeln für die Wahl der Frequenzabstände als sie bisher dargestellt wurden, weil der Abstand zwischen den beiden Kanälen unveränderbar 30 kHz beträgt.

Alle bisher als Ausführungsbeispiele erwähnten Hochfrequenzgeräte sind in Eisenblechschränken eingebaut. Dies ergab sich aus der Tradition und wird auch heute noch von vielen Elektrizitätswerken deshalb

Abb. 64. Zweikanalgerät mit Einseitenbandübertragung und überlagerten
Fernmeßkanälen (Ericsson).
links: geschlossen; rechts: ohne Schutzkappen.

gewünscht, weil es am einfachsten ist, das Nachrichtengerät als eine in sich geschlossene Einheit in einem Hochspannungsraum unterzubringen. Die Geräte von Ericsson (Abb. 64) sind in Anlehnung an die Bauweise für Trägerfrequenzgeräte der Post in Gestellbauweise ausgeführt.

11. Stromversorgung von Trägerfrequenzübertragungsgeräten.

Zur Stromversorgung der Trägerfrequenzgeräte steht in den Hochspannungsstationen das Werkswechselstromnetz zur Verfügung, außerdem eine „Werksbatterie" von meistens 110 V oder 220 V, die für die Hilfsstromkreise der Starkstromanlage gebraucht wird. Innerhalb des Trägerfrequenzgerätes werden verschiedene Spannungen für Heiz-, Gitter-, Anoden-, Automatik- und Überwachungskreise benötigt. Man könnte zwar, wie es zu Beginn der Entwicklung der Trägerfrequenzgeräte der Fall war, verschiedene Batterien für diese Stromkreise der Nachrichtenanlage verwenden; da jedoch die Ladung und die Pflege solcher Fernmeldebatterien mit zusätzlichen Arbeiten verbunden sind, ist es zweckmäßiger, alle Hilfsspannungen über ein im Gerät eingebautes Netzanschlußgerät aus dem Werkswechselstromnetz zu entnehmen.

Auch wenn für die Stromversorgung einer größeren Fernmeldeanlage in einer Hochspannungsstation eine eigene Fernmeldebatterie vorhanden ist, wie etwa eine 60 V-Batterie für eine Selbstwählzentrale, ist diese für die direkte Speisung der Stromkreise in den Trägerfrequenzgeräten nicht geeignet, weil mehrere und zum Teil höhere Spannungen (Anodenspannung) gebraucht werden.

In vielen Hochspannungsstationen muß man damit rechnen, daß die Eigenversorgung aus dem Haustransformator bei Störungen im Hochspannungsnetz ausfallen kann; bei Umspannwerken ist eine hinreichende Sicherheit nur dann gegeben, wenn sie von mehreren Seiten gespeist werden, während man in Kraftwerken meist mit einer sicheren 50 Hz-Eigenversorgung rechnen kann.

Gerade dann, wenn eine Störung im Hochspannungsnetz auftritt, werden die Nachrichtenanlagen besonders in Anspruch genommen, um den Verlauf der Störung zu beobachten und Maßnahmen zu ihrer Beseitigung einzuleiten. Ist das Werkswechselstromnetz von einer Störung betroffen, so muß also eine Ersatzwechselstromquelle mit 220 V, 50 Hz die Speisung der Trägerfrequenznachrichtengeräte übernehmen.

a) Notstromversorgung.

Zur „Notstromversorgung" werden Motorgeneratoren oder Einankerumformer verwendet, die abhängig von der Werkswechselspannung durch besondere Schalteinrichtungen zu- und abgeschaltet werden. Eine Telefonbatterie ist weniger zur Abgabe der Antriebsenergie geeignet, weil bei den niedrigen Batteriespannungen zu große Ströme, insbesondere zu große Anlaufstromstöße auftreten. Deshalb schließt man die Notstromversorgungseinrichtungen allgemein an die Werksbatterien an.

Kennzeichnend für die Notstromversorgung ist, daß nach Ausfall des Werksnetzes eine Speisepause für das Trägerfrequenzgerät eintritt, die der Anlaufzeit der Maschine entspricht und einige Sekunden dauert. Meistens ergeben sich daraus für den Betrieb der Nachrichtenanlagen keine Schwierigkeiten, solange es sich um Fernsprech- oder Fernmeßgeräte handelt. Es kommt lediglich darauf an, die Maschine so einzustellen, daß sie bei der mittleren Batteriespannungslage eine Spannung und Frequenz innerhalb der für ein zuverlässiges Arbeiten der Übertragungsgeräte gegebenen Toleranzen abgibt.

Die Schalteinrichtung ist allgemein so ausgeführt, daß die Notstromversorgung bereits dann einsetzt, wenn die Werkswechselspannung die tiefste zulässige Grenze erreicht hat, also nicht erst bei deren vollständigem Ausfall.

b) Dauerstromversorgungen.

Kennzeichnend für die „Dauerstromversorgung" ist, daß die angeschlossenen Trägerfrequenzgeräte ohne Speisepause versorgt werden. Sie besteht meist aus einem Dreimaschinensatz, der aus einem Drehstrommotor, einem Gleichstrommotor und einem Einphasen-Wechselstromgenerator aufgebaut ist. Im Normalzustand wird der Dreimaschinensatz aus dem Werkswechselstromnetz durch den Drehstrommotor angetrieben und liefert über den Einphasen-Wechselstromgenerator die erforderliche Leistung mit 220 V, 50 Hz an die Nachrichtengeräte. Fällt das Werksnetz aus, so schaltet eine selbsttätige Schalteinrichtung auf Antrieb durch den Gleichstrommotor um, so daß der Maschinensatz aus der Werksbatterie angetrieben weiterläuft. Die Schwungmasse der drei mechanisch gekuppelten Anker ist so groß, daß im Augenblick der Umschaltung keine merkbare Absenkung der Spannung oder der Frequenz in der Versorgung der Nachrichtengeräte eintritt.

Es gibt auch an Stelle der Dreimaschinensätze Schaltanordnungen mit nur einer Maschine, bei denen die Speisepause für die Anodenstromkreise durch große Kondensatoren überbrückt wird.

Die Dauerstromversorgungen sind nur in Nachrichtenanlagen nötig, in denen keine Speisepause und damit auch keine kurzzeitige Außerbetriebsetzung der Nachrichtenkanäle zulässig ist, wie zum Beispiel in Streckenschutzanlagen mit Trägerfrequenzkanälen. Die dauernd laufenden Dreimaschinensätze sind in der Anschaffung teurer, zumal ein Reservemaschinensatz für die Überholungszeiten nötig ist. Außerdem ist die Wartungsarbeit größer als bei Notstromversorgungen. Dauerstromversorgungen werden deshalb nur da angewandt, wo technisch zwingende Gründe vorliegen.

12. Aufbau von Trägerfrequenzfernsprechnetzen (mit Zweikanalgeräten).

Beim Aufbau größerer Trägerfrequenzfernsprechnetze mit Zweikanalgeräten werden besondere Anforderungen an den einzelnen Sprechbezirk, die Durchschaltung zwischen den Sprechbezirken und den Übergang auf Niederfrequenzfernsprechanlagen gestellt. Die Fernbedienungsnetze werden ebenfalls nach einigen besonderen Gesichtspunkten aufgebaut, je nachdem, welche Art von Signalen zu übertragen ist. Diese Überlegungen gelten unabhängig davon, nach welchem Übertragungssystem die Geräte arbeiten, und ob es sich um reine Fernsprechgeräte oder um kombinierte Trägerfrequenzgeräte handelt. Sie sind durch die Art der Nachrichten bedingt und betreffen die Güte ihrer Übertragung. Der Frequenzplan, die Reichweite innerhalb eines Trägerfrequenzbezirks und die anderen bisher behandelten Fragen der Trägerfrequenzübertragung stehen mit ihnen nicht in unmittelbarem Zusammenhang.

a) Der Sprechbezirk als Teil des Trägerfrequenznetzes.

Die Fernsprechaufgabe bestand ursprünglich darin, zwischen nur zwei Stationen des Hochspannungsnetzes eine Nachrichtenverbindung herzustellen. Auch wenn später mehrere Stationen, die nahe genug beieinander lagen, zu einem Sprechbezirk zusammengefaßt wurden, erfolgte die Sprachübertragung immer über nur einen Kanal je Sprechrichtung. Je größer die Hochspannungsnetze wurden, desto häufiger entstand die Aufgabe, auch mehrere Trägerfrequenzbezirke hintereinanderzuschalten, also über einige in Reihe liegende Übertragungskanäle zu sprechen. Es sollten also auch Hochspannungsstationen miteinander verkehren können, deren Entfernung voneinander größer als die Reichweite der Geräte war. Diese Entwicklung ging in geografisch benachbarten Räumen gleichzeitig vor sich, und als bei Aufnahme des Verbundbetriebes die ursprünglich für den „Bezirkssprechverkehr“ jedes Hochspannungsnetzes gebauten Verbindungen in der Übergabestation durchgeschaltet werden sollten, stand man vor der Aufgabe des „Weitsprechverkehrs“.

Man verkennt die wesentlichen Voraussetzungen des Weitsprechverkehrs, wenn man die einzelnen vorhandenen in sich einwandfreien Sprechverbindungen einfach aneinanderschaltet und erwartet, daß über die Gesamtverbindung ein Gespräch geführt werden könnte. Gerade diesem Vorgehen ist es zuzuschreiben, wenn Sprechverbindungen über mehrere Hochfrequenzbezirke hinweg oder bei der Zusammenschaltung von Niederfrequenz- und Hochfrequenz-Übertragungsabschnitten qualitativ unbefriedigend sind.

In einer Fernsprechverbindung werden bereits bei der Übertragung in der natürlichen Frequenzlage über eine Nachrichtenleitung die Frequenzen des Sprachbandes 300 Hz bis 2 400 Hz verschieden gedämpft; beispielsweise ist die Dämpfung für die hohen Frequenzen bei einer nicht pupinisierten Kabelleitung (Anhang k) größer als für die tiefen Frequenzen. Die Abhängigkeit der Dämpfung von der Frequenz, der „Frequenzgang der Restdämpfung" einer Sprechverbindung (Abb. 65), wird durch „Entzerrer" so ausgeglichen, daß die Dämpfung möglichst für alle Frequenzen des Sprachbandes gleich groß ist. Auf diese Weise können aber nur die von der Frequenz des übertragenen Nachrichtenstromes abhängigen „Dämpfungsverzerrungen" (lineare Verzerrungen) verringert werden, nicht dagegen die von der Amplitude abhängigen, „nichtlinearen Verzerrungen" (Anhang e). Letztere kann man nachträglich nicht mehr ausgleichen.

Entscheidend für die Güte der Sprachübertragung sind demnach die Dämpfung (die meist bezogen auf die mittlere Sprachfrequenz 800 Hz angegeben wird), die lineare und die nichtlineare Verzerrung sowie der Störpegel, alles gemessen in der Tonfrequenzlage. Diese vier Größen können innerhalb gewisser Grenzen schwanken, bevor dies von den beiden Teilnehmern an den Enden der Verbindung als störend empfunden wird. In einer „Nahsprechverbindung", die

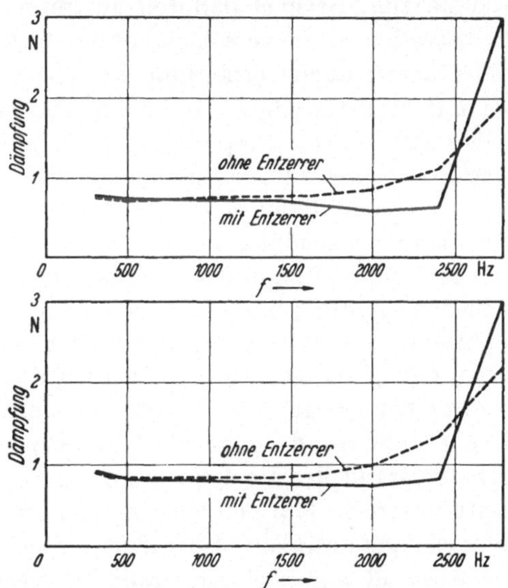

Abb. 65 a u. b. Frequenzgang der Dämpfung innerhalb des Sprachfrequenzbandes (lineare Verzerrung). a) Richtung I—II. b) Richtung II—I.

über einen einzigen Sprechbezirk hergestellt wird, dürfen ihre Werte ungünstiger sein als es für die Einzelabschnitte einer Weitsprechverbindung zulässig ist, die aus vielen hintereinandergeschalteten Sprechbezirken aufgebaut ist. Damit auch die Summe der Dämpfungen, Verzerrungen und Störpegel der Einzelabschnitte einer Weitsprechverbindung insgesamt nicht das zulässige Maß überschreitet, müssen also deren Werte in den einzelnen Bezirken kleiner sein als in einem Sprechbezirk, der nur dem Nahsprechverkehr dient.

Ist ein Sprachkanal auf einem Abschnitt des Übertragungsweges aus der natürlichen Lage in die Hochfrequenzlage verschoben, so muß man bei den Dämpfungs- und Verzerrungsangaben unterscheiden zwischen den Werten für den Hochfrequenzabschnitt allein und denen für den

Tonfrequenzkanal einschließlich des Hochfrequenzabschnittes. Zur Beurteilung der Sprachgüte sind die Werte für den Tonfrequenzkanal allein ausschlaggebend.

Geht man bei der Betrachtung des Pegelverlaufs in einem Trägerfrequenzsprechgerät von dem Mikrofon des Sprechenden aus, so ist der Sendepegel in der Tonfrequenzlage, gemessen am Eingang in das Trägerfrequenzsprechgerät, eine Größe, auf die die verschiedenen Einrichtungen innerhalb des Gerätes bis zur Modulationsstufe fest eingestellt sind, und zwar so, daß ein optimaler Modulationsgrad für den Hochfrequenzträger erreicht wird. Gewisse Veränderungen des Tonfrequenzeingangspegels, wie sie zum Beispiel dadurch auftreten, daß über eine vorgeschaltete Selbstwählzentrale verschieden weit entfernte Niederfrequenzteilnehmer die Trägerfrequenzverbindung anwählen können, sind zulässig, obwohl sie mit Veränderungen des Modulationsgrades verbunden sind. Ähnliches gilt auf der Empfangsseite für den Hörenden. Die Amplitudenwerte der Sprechströme, die aus der Umsetzerstufe entnommen werden, sind vom Modulationsgrad auf der Sendeseite abhängig. Der Pegel an den Ausgangsklemmen des Gerätes wird durch den Niederfrequenzverstärker im Empfangsteil so weit gehoben, daß er hinreicht, um über verschiedene Leitungsdämpfungen, wie sie beim Sprechen über eine Selbstwählzentrale am Empfangsort vorliegen, mit einem genügenden Nutzpegel den jeweiligen Gesprächspartner zu erreichen.

Der Sendepegel in der Hochfrequenzlage ist durch die Leistung des Hochfrequenzsendeverstärkers gegeben. Die vom Wetter und dem Schaltzustand der Hochspannungsanlage abhängige Dämpfung auf der Leitungsstrecke läßt den hochfrequenten Nutzpegel am Empfänger mehr oder weniger absinken. Im äußersten Fall soll, wie beschrieben (s. S. 54), der Abstand vom hochfrequenten Störpegel, der ebenfalls abhängig vom Wetter bei 110 kV-Leitungen bis zu — 4 N anwachsen kann, nicht kleiner als 3 N werden. Die selbsttätige Pegelregelung vor dem Eingang in den Hochfrequenzempfänger sorgt dafür, daß der hochfrequente Eingangspegel für die Umsetzerstufe konstant gehalten wird.

b) Anschluß längerer Niederfrequenz-Zubringerleitungen.

Die Hochspannungsleitungen enden bei größeren Städten meistens am Stadtrand in einem Umformerwerk, in dem die Trägerfrequenzsprechgeräte aufgestellt werden. Die Verwaltungsgebäude der Elektrizitätsversorgungsbetriebe befinden sich in einigen Kilometer Entfernung im Stadtzentrum, so daß Fernsprechkabel als längere Zubringerleitungen verwendet werden. Wenn der Ortssprechverkehr zwischen den Teilnehmern im Verwaltungsgebäude und den Teilnehmern im Umspannwerk über diese Kabel einwandfrei ist und der vom Umspannwerk abgehende Trägerfrequenz-Fernverkehr ebenfalls, so ergibt eine Zusammenschaltung der Teilnehmer im Verwaltungsgebäude über das Kabel und die Vermittlungszentrale des Umspannwerkes mit den fernen Teilnehmern des Trägerfrequenznetzes nur dann eine qualitativ einwandfreie Weitsprechverbindung, wenn die erwähnten Voraussetzungen hinsichtlich Dämpfung, Verzerrungen und Störpegel in den Einzelabschnitten erfüllt sind.

Wenn beim Bau der Trägerfrequenzsprechgeräte für Elektrizitätswerke dieselben Pegelwerte an den Enden der Kanäle in der Tonfrequenzlage eingehalten werden, wie sie sich für die neueren Trägerfrequenzsprechgeräte der Post als zweckmäßig erwiesen haben, so hat man im Weg zum Hochfrequenzsender einen Pegel von — 2 N und im Weg vom Hochfrequenzempfänger einen Pegel von + 1 N zur Verfügung. Setzt man sich zum Ziel, daß der entfernt liegende Niederfrequenzteilnehmer mit den Pegelwerten arbeitet, wie sie für gute Postgespräche festgelegt sind, so gibt er seine Sprache mit einem Sendepegel Null Neper an die Leitung ab und empfängt mit — 0,7 N. Die lineare Verzerrung für die Zubringerleitung kann bei Sprechverbindungen, an die nur geringere Anforderungen gestellt werden, 0,5 N betragen; wenn es sich jedoch um einen Abschnitt einer Weitsprechverbindung handelt, darf sie höchstens 0,2 N betragen. Diese beiden Werte

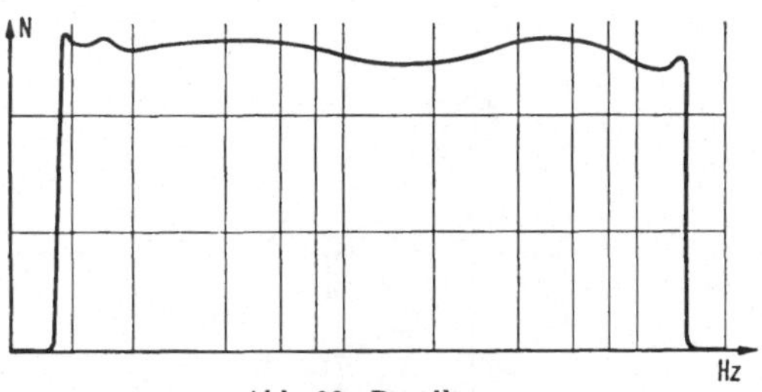

Abb. 66. Pegelkurve.

geben die höchste zulässige Abweichung der Dämpfung für die beiden Grenzfrequenzen des Sprachbandes (300 Hz und 2400 Hz) gegenüber dem 800 Hz-Wert an. Sind die Dämpfungswerte bei den Grenzfrequenzen beide größer oder beide kleiner als der Wert bei 800 Hz, so soll die jeweils größere Abweichung 0,5 N, beziehungsweise 0,2 N nicht überschreiten. Haben die Abweichungen für die beiden Grenzfrequenzen verschiedene Vorzeichen, so soll die Differenz beider Abweichungsbeträge die genannten Werte nicht überschreiten. Hiermit werden also die Grenzen festgelegt, innerhalb deren die lineare Verzerrung der Niederfrequenzzubringerleitung liegen muß, die mit einem Pegelschreiber gemessen werden kann (Abb. 66).

Es gibt acht Möglichkeiten, eine längere Niederfrequenzzubringerleitung aufzubauen, je nachdem, ob sie als Zweidraht- oder Vierdrahtleitung ausgeführt wird, und ob zusätzlich Verstärker [2] verwendet werden, um die Zubringerdämpfung herabzusetzen. Von diesen acht Möglichkeiten sind nur sechs von praktischer Bedeutung (Abb. 67). Bei den verschiedenen Leitungsarten ergeben sich für einen Niederfrequenzverstärker mit einer maximalen Verstärkung von 3,5 N im Vierdrahtweg unterschiedliche Längen der Zubringerstrecke, innerhalb derer die angegebenen Verzerrungsbedingungen eingehalten werden (Abb. 68). Dabei ist auch von Bedeutung, mit welcher Genauigkeit der im Verstärker ein-

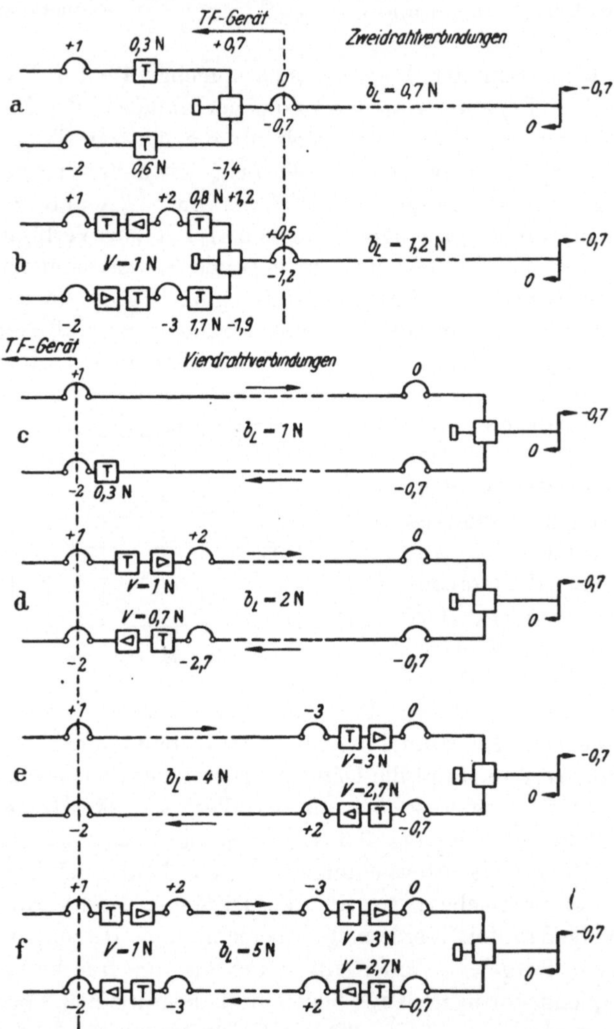

Abb. 67. Anschluß längerer Niederfrequenzzubringerleitungen an Trägerfrequenzfernsprechgeräte.

gebaute Entzerrer den Dämpfungsverlauf der Zubringerleitung ausgleichen kann. Die Längen hängen also nicht nur vom Verstärkungsgrad, sondern auch von der Güte des Entzerrers im Niederfrequenzverstärker ab. Man kann zwischen den Schaltungen der Zubringerstrecke nicht beliebig wählen. Für eine gegebene Entfernung kann eine einfachere

Entfernung in km	Unpupinisierte Sternviererkabel									Pupinisierte Kabel						Freileitungen A = 200 mm				Zugelassener Höchstwert der Dämpfungsverzerrung
										s = 1,7 km		s = 2 km	s = 1,7 km							0,5 N
										mittel	leicht	leicht	mittel	leicht	sehr leicht					
	0,6	0,8	0,9	1,0	1,2	1,4	1,6	1,8	2,0	0,9	0,9	0,9	1,4	1,4	1,4	2,5	3	4	5	
bis 2,5	a	a	a	a	a	a	a	a	a	a	a	a	a	a	a	a	a	a	a	
„ 5	b	a	a	a	a	a	a	a	a	a	a	a	a	a	a	a	a	a	a	
„ 10	b	b	b	b	a	a	a	a	a	a	a	a	a	a	a	a	a	a	a	
„ 15	d	b	b	b	b	b	a	a	a	a	a	a	a	a	a	a	a	a	a	
„ 20	f	d	d	b	b	b	b	a	a	a	b	a	a	a	a	a	a	a	a	
„ 25	f	d	d	d	e	b	b	b	a	a	b	b	a	a	b	a	a	a	a	
„ 30	f	f	d	d	d	d	b	b	b	a	b	b	a	a	b	a	a	a	a	
„ 40		f	f	f	d	d	d	d	b	b	d	d	a	a	d	a	a	a	a	
„ 50			f	f	f	e	d	d	d	b	d	d	a	b	d	a	a	a	a	
„ 60				f	f	e	e	d	d	b	e	d	a	b	e	a	a	a	a	
„ 70					f	f	e	e	d	d	e	e	a	b	e	a	a	a	a	
„ 80					f	f	f	e	e	d	e	e	b	d	e	a	a	a	a	
„ 90						f	f	e	e	d	e	e	b	d	e	a	a	a	a	
„ 100						f	f	e	e	d	e	e	b	d	e	a	a	a	a	
„ 200										e			d	e		b	b	a	a	
„ 300													e	f		d	d	b	b	
„ 500													f			e	e	d	b	
„ 600																e	e	d	d	
„ 700																f	e	d	d	

Abb. 68. Maximal zulässige Länge der Zubringerstrecke abhängig von Art und Schaltung der Niederfrequenzleitung. (Teil 1, Angaben für geringe Anforderungen) s = Abstand der Pupinspulen, A = Abstand der Freileitungsadern.

Entfernung in km	Unpupinisierte Sternviererkabel									Pupinisierte Kabel						Freileitungen A = 200 mm				Zugelassener Höchstwert der Dämpfungsverzerrung
										s = 1,7 km		s = 2 km	s = 1,7 km							
										mittel	leicht	leicht	mittel	leicht	sehr leicht					
	0,6	0,8	0,9	1,0	1,2	1,4	1,6	1,8	2,0	0,9	0,9	0,9	1,4	1,4	1,4	2,5	3	4	5	
bis 2,5	b	a	a	a	a	a	a	a	a	a	a	a	a	a	a	a	a	a	a	
„ 5	b	b	b	b	b	a	a	a	a	a	a	a	a	a	a	a	a	a	a	
„ 10	b	b	b	b	b	b	b	b	a	a	a	a	a	a	a	a	a	a	a	
„ 15	d	b	b	b	b	b	b	b	b	a	a	a	a	a	b	a	a	a	a	
„ 20	f	d	d	b	b	b	b	b	b	a	b	a	a	a	b	a	a	a	a	
„ 25	f	f	d	d	d	b	b	d	b	a	b	b	a	a	b	a	a	a	a	
„ 30	f	f	f	d	d	d	b	e	e	a	d	b	a	a	b	a	a	a	a	
„ 40		f	f	f	d	d	d	e	e	b	e	e	a	a		a	a	a	a	
„ 50			f	f	f	e	d	e	e	b	e	e	a	b		a	a	a	a	
„ 60				f	f	f	e	e	e	b	e	e	b	b		a	a	a	a	0,2 N
„ 70					f	f	f	e	e	d		e	b	b		b	a	a	a	
„ 80					f	f	f	e	e	d		e	b	d		b	a	a	a	
„ 90						f	f			d			b	d		b	b	a	a	
„ 100							f			d			b	d		b	b	b	b	
„ 200										e			d	f		b	b	b	b	
„ 300													e			d	d	b	b	
„ 500																e	e	d	b	
„ 600																e	e	d	d	
„ 700																	e	e	d	

Abb. 68. Maximal zulässige Länge der Zubringerstrecke abhängig von Art und Schaltung der Niederfrequenzleitung. (Teil 2, Angaben für Abschnitte von Weitsprechverbindungen) s = Abstand der Pupinspulen, A = Abstand der Freileitungen.

Schaltung, zum Beispiel *a* statt *b*, nicht benutzt werden, während eine nachfolgende Schaltung, zum Beispiel *c* statt *b*, nur angewandt werden kann, wenn die Verzerrungsbedingungen dies zulassen.

c) Zusammenschaltung von Trägerfrequenzsprechbezirken.

Die Zusammenschaltung von Trägerfrequenzsprechbezirken wird zweckmäßig anders ausgeführt als in Niederfrequenzfernsprechanlagen, bei denen ein Adernpaar zwischen Teilnehmer und Vermittlungszentrale zur Verfügung steht. Die Niederfrequenz-Vermittlungszentrale verbindet die zwei vom rufenden Teilnehmer ankommenden Drähte der Nachrichtenleitung mit den zwei zum gerufenen Teilnehmer führenden Drähten. Es handelt sich also um eine „Zweidrahtvermittlung", und zwar entweder um eine „Zweidrahthanddurchschaltung" oder eine „Zweidrahtdurchwahl", je nachdem, ob die Vermittlungszentrale für Handvermittlung oder für Selbstwählverkehr gebaut ist. Auf dem so durchgeschalteten Leitungsweg werden zwischen den beiden Fernsprechteilnehmern die Sprechströme in beiden Verkehrsrichtungen in der gleichen, natürlichen Frequenzlage übertragen.

Bei der Trägerfrequenztelefonie mit Zweikanalgeräten sind entsprechend den zwei Sprechrichtungen zwei verschiedene Übertragungskanäle vorhanden. Man kann eine solche Sprechverbindung so ansehen, als ob für eine Sprechrichtung ein Adernpaar, für die entgegengesetzte Sprechrichtung ein zweites Adernpaar zur Verfügung stände. Es handelt sich also um „Vierdrahtverkehr". Der Übergang von Zweidraht- auf Vierdrahtverkehr erfolgt innerhalb der Trägerfrequenzgeräte mittels der Gabelschaltung (s. S. 97). In dieser tritt notwendig eine Dämpfung für die Sprachströme ein, da über den Differentialtransformator die Leistung jeweils zur Hälfte auf den Nachrichtenweg und die Leitungsnachbildung aufgeteilt wird. Jede Gabelschaltung am Ende eines Zweikanalsprechbezirks bringt dadurch eine Dämpfung von $\frac{1}{2}\ln 2 = 0{,}35$ Neper.

Es wäre verfehlt, zwei aneinanderstoßende Zweikanalsprechbezirke über eine Zweidrahtvermittlung durchzuschalten, weil dadurch unnötig zwei in Reihe liegende Gabelschaltungen eine Dämpfung von $2 \cdot 0{,}35 = {,}07$ Neper im Sprachweg ergeben würden. Man vermeidet diese Dämpfungen dadurch, daß man eine „Vierdrahtvermittlung" anwendet, also jeweils in der Tonfrequenzlage die aus dem Empfänger kommenden Ströme auf den Sender des weitergehenden Kanals schaltet. Der Übergang von Vierdraht- auf Zweidrahtverkehr, der für örtliche Teilnehmer in der Vermittlungsstation nötig ist, wird somit bei Vermittlungsvorgängen zwischen den Trägerfrequenzbezirken vermieden, und zwar durch „Vierdrahthanddurchschaltung" oder „Vierdrahtdurchwahl", je nachdem, ob die Vermittlungszentrale für Handvermittlung oder Selbstwählverkehr gebaut ist.

Zweidrahtvermittlungen zwischen zwei Trägerfrequenzbezirken würden demnach eine Dämpfung von 0,7 Neper verursachen, Vierdrahtvermittlungen bringen dagegen keine Dämpfung in den durchgeschalteten Sprachübertragungsweg. Im allgemeinen Fall sind alle an eine Vierdraht-Vermittlungseinrichtung angeschlossenen Trägerfrequenzsprechgeräte in der Teilnehmerwahl gleichberechtigt, so daß bei n angeschlossenen Geräten $\frac{n}{2}$ Gespräche (bei geradzahligen n) gleichzeitig hergestellt sein können $\left(\frac{n-1}{2}\right.$ Gespräche bei ungeradzahligen $n\Big)$. Im Vergleich zur Zahl der Anschlüsse von Zweidraht-Vermittlungseinrichtungen bleibt die Zahl der Anschlüsse von Vierdrahtvermittlungseinrichtungen immer klein; in einem Knotenpunkt des Nachrichtennetzes kommen selten mehr als zehn Trägerfrequenzgeräte, die beliebig miteinander vermittelt werden sollen, zusammen.

Bei Handvermittlungen hat die Vermittlungsperson die Möglichkeit, Gespräche ihrer Betriebswichtigkeit nach zu ordnen oder auch bestehende Verbindungen zugunsten dringender Gespräche zu trennen. Bei Selbstwählverkehr werden alle gleichberechtigten Teilnehmer über eine Selbstwählzentrale an das Trägerfrequenzgerät angeschlossen. Einem bevorzugten Teilnehmer gibt man einen unmittelbaren Anschluß an das Gerät, der innerhalb des Sprechbezirks mit einer eigenen Anrufnummer zu erreichen ist. Über diesen Anschluß kann man durch Betätigen einer Aufschaltetaste eine „Aufschaltung" ausführen, und damit entweder in ein Gespräch eintreten, das mit einem anderen Anschluß des gleichen Trägerfrequenzgerätes geführt wird („Ortsaufschaltung"), oder bei einem Wellenwechselbezirk in ein Gespräch, das im eigenen Bezirk zwischen zwei anderen Trägerfrequenzgeräten besteht („Bezirksaufschaltung"). Soll in einer Vierdrahtdurchwahlstation auf eine zwischen zwei Bezirken bestehende Sprechverbindung von einem entfernten Teilnehmer eines dritten Bezirks aus aufgewählt werden, so kann dies durch Ziehen einer besonderen Aufwahlnummer erreicht werden. Diese „Aufwahl" kann also auch über den Sprechbezirk hinaus wirksam werden, zu dem der Aufschaltende gehört.

Es hat sich als zweckmäßig erwiesen, für die Vierdrahtvermittlung sowohl eine Einrichtung zur Durchwahl als auch eine Einrichtung zur Handdurchschaltung einzubauen. Die im Vermittlungsdienst auftretenden Aufgaben hinsichtlich der Handhabung der Aufschalterechte, der „Nachtschaltung" für die Zeit, in der eine Station unbesetzt ist, und sonstige Sonderaufgaben lassen sich am besten lösen, wenn beide Vermittlungsmöglichkeiten parallel gegeben sind. Zu diesen Sonderaufgaben gehört auch eine Überwachung des Sprechverkehrs, die verhindern soll, daß netzfremde Teilnehmer über Durchwahlpunkte in das angrenzende

Netz freie Sprechwege zu den Sprechstellen ihres eigenen Netzes suchen, sowie die Vermittlung von Weitverkehrsgesprächen für übergeordnete Interessen.

d) Wahlimpulsübertragung über mehrere Sprechabschnitte.

Bisher waren nur die Gesichtspunkte für die Hintereinanderschaltung vieler Abschnitte zu einer Weitsprechverbindung erwähnt worden, soweit sie für eine gute Übertragung der Sprache ausschlaggebend sind. Es müssen noch zusätzliche Bedingungen erfüllt sein, damit auch die Wahlimpulse einwandfrei übermittelt werden.

Die Ablaufzeit des Nummernschalters eines Teilnehmerapparates ist mit 1 s $\pm$ 10% genormt. Auch das Verhältnis zwischen der Länge der Impulse und der Pausen ist auf 0,40:0,60 festgelegt. Auf diese Normwerte sind die Relais und Wähler in den Selbstwählzentralen eingestellt. Wenn man von „Verzerrungen der Wahlimpulse" spricht, meint man wie in der Telegrafie Verlängerungen oder Verkürzungen der Zeitdauer der Impulse oder der Pausen, die bei der Übertragung entstehen (Anhang l). Durch „Impulskorrekturen" versucht man die Verzerrung der Wahlimpulse am Ende jedes Übertragungsabschnittes wieder soweit herabzusetzen, daß sie innerhalb der vorgeschriebenen Toleranzen liegen, bevor sie an den anschließenden Abschnitt weitergeleitet werden.

Die Trägerfrequenzgeräte sind entweder mit einem eingebauten Relaisteil versehen — insbesondere, wenn sie für Wellenwechsel geeignet sind —, sie können aber auch ohne eingebaute Automatik arbeiten, wenn die für den Betrieb nötigen Schaltvorgänge von einer anderen Vermittlungseinrichtung übernommen werden (s. S. 97 und 99). Für die abgehende Wahl ist im Gerät ein Wahlimpulssenderelais eingebaut, während die ankommende Wahl von einem Wahlimpulsempfangsrelais aufgenommen wird. Soweit ein Relaisteil im Trägerfrequenzgerät enthalten ist, ist als Anschlußleitung zu einem Teilnehmerapparat in der Regel eine Gleichstromschleife nötig. Der Teilnehmer gibt in gleicher Weise wie beim Anschluß an eine Selbstwählzentrale seine Wahlimpulse dadurch an das Gerät, daß er mit seinem Wählscheibenkontakt eine vom Gerät aus gespeiste Gleichstromschleife unterbricht. Die ankommenden Wahlimpulse dienen im Gerät der Auswahl, während der Ruf durch Wechselstromimpulse aus einem Polwechsler über dieselbe Leitungsschleife zum Teilnehmerapparat gegeben wird.

Sobald es sich jedoch um den Übergang von Trägerfrequenzverbindungen auf Niederfrequenz-Fernsprechleitungen handelt, die durch „Ringübertrager" (Transformatoren) abgeschlossen sind — sei es, daß die Leitungen hochspannungsgefährdet sind und deshalb durch hochspannungssichere Ringübertrager, also durch Schutztransformatoren abgeriegelt werden (Anhang a), sei es, daß Anpassungen der Wellenwiderstände bei pupinisierten Kabeln durchgeführt werden (Anhang k) — sind zusätzliche Einrichtungen für die Wahl nötig, damit diese in beiden Rufrichtungen auch ohne durchgeschaltete Gleichstromschleife übertragen wird.

Im Fernverkehr über Postkabel verwendet man unter gleichartigen Umständen Rufströme mit einer Frequenz aus dem Sprachband, damit man für Ruf und Sprache denselben Übertragungskanal benutzen kann. Derartige Aufwendungen sind für die kurzen Zubringerleitungen von Trägerfrequenzfernsprechgeräten in Elektrizitätswerken zu groß; es genügt hier, eine einfache netzunabhängige Rufwechselstromquelle (Rufinduktor, Polwechsler) zu verwenden, die ohne Röhren aufgebaut ist und keine größeren Hilfsstromquellen erfordert. Meistens wird als einfachste Art einer Wahlimpulsübertragung über durch Übertrager abgeriegelte Leitungen die „Induktivwahl" benutzt, bei der die Wahlimpulse aus der ohnehin für die örtlichen Relaisstromkreise nötigen Gleichstromquelle entnommen und auf einen besonders ausgebildeten Transformator (einen „Impulsübertrager") gegeben werden. Der Impulsübertrager gibt dann als Wahlimpuls zwei zusammengehörige Stromstöße entgegengesetzter Polarität ab. Man kann zwar mit Induktivwahl nur über wenige hintereinanderliegende Übertrager rufen, jedoch reicht dies für die vorliegenden Verhältnisse meist aus.

Verstärker in einer Niederfrequenz-Zubringerleitung müssen durch „Rufumgehungsschaltungen" für die Rufströme überbrückt werden, wenn ihre Frequenz außerhalb des Sprachfrequenzbandes liegt, für das der Verstärker durchlässig ist.

Bei manchen Trägerfrequenzfernsprechgeräten alter Ausführung mußte man eine „Blindziffer" zu Beginn des Wahlvorganges ziehen, meist eine Null oder eine Neun; diese sollte eine Zeitspanne für das Anheizen des Senders sicherstellen, der durch das Abheben des Mikrotelefons zwar eingeschaltet wurde, aber nicht sofort betriebsfähig war. Derartige Blindziffern lösen also keinen Wahlvorgang aus und erhöhen unnötig die Stellenzahl der Rufnummer. Im Durchwahlverkehr über mehrere Abschnitte macht sich dies besonders störend bemerkbar. Die Trägerfrequenzgeräte sind heute entweder mit Röhren kurzer Anheizzeit oder mit vorgeheizten Röhren im Sender so aufgebaut, daß eine Blindwahl überflüssig ist. Die Stellenzahl der Rufnummern wird im Durchwahlverkehr trotzdem oft hoch, besonders, wenn eine Nachwahl in Niederfrequenz-Selbstwählzentralen nötig ist. Man hat hier mit Hilfe von Speichern in der Automatik weitgehende Abkürzungen durchführen können. Dies ist besonders vorteilhaft, wenn man nicht erst nach der Wahl einer Anzahl von Ziffern der Rufnummer feststellen will, daß der angewählte ferne Sprechbezirk besetzt ist. Auch Speicherschaltungen, die in einem solchen Fall die Weiterwahl selbsttätig ausführen, sobald der besetzte Abschnitt frei wird (damit der rufende Teilnehmer den Anfang der Wahl nicht wiederholen muß), sind ausgeführt worden. Mitunter werden auch die Besetztzustände der von einem Knotenamt abgehenden Trägerfrequenzsprechbezirke durch eine eigene „Besetztmeldeanlage" zu einem anderen Knotenamt gemeldet, damit der Aufbau einer Fernverbindung erst dann begonnen wird, wenn die Sprechwege zum gewünschten Teilnehmer wirklich frei sind. Diese Besetztmeldeanlagen arbeiten ähnlich den Schalterstellungsmeldeanlagen über eigene Meldekanäle und verhindern unnötige Belegungen der Sprechbezirke durch vergebliche Wahlversuche.

Für die Verteilung der Rufnummern aller unmittelbaren Teilnehmeranschlüsse eines Trägerfrequenzsprechnetzes mit Selbstwählverkehr wird ein „Rufnummernplan" festgelegt, der die Anwahlwege zu einem gewünschten Teilnehmer über verschiedene Sprechbezirke unter verschiedenen Rufnummern wiedergibt, je nachdem, welche Verkehrswege durch die Vermaschung gegeben sind. Die Regeln, nach denen ein Rufnummernplan ausgearbeitet wird, hängen naturgemäß ganz vom Aufbau der Rufautomatik ab und sind je nach Herkunft der Geräte verschieden. Der Rufnummernplan enthält nur die unmittelbaren Anschlüsse an das Trägerfrequenznetz, zum Beispiel zwei Nummern je Trägerfrequenzsprechgerät, wenn dieses für den Anschluß zweier elektrisch gegeneinander verriegelter Teilnehmer gebaut ist. Er ist nicht etwa gleichzusetzen einem Verzeichnis der Teilnehmeranschlüsse für das ganze Sprechnetz; dieses kommt erst durch Hinzufügen der Nachwahlnummern für die Teilnehmer der angeschlossenen Selbstwählzentralen zustande.

e) Trägerfrequenzübertragung über hochspannungsbeeinflußte Fernsprechleitungen.

Betriebsfernsprechanlagen, die über hochspannungsbeeinflußte Fernmeldeleitungen arbeiten und an Trägerfrequenzsprechnetze angeschlossen werden sollen, verursachen öfters Schwierigkeiten als nicht hochspannungsbeeinflußte Fernsprechanlagen. Infolge der größeren Entfernungen die Teilnehmer von der Vermittlungsstelle, der höheren Dämpfungen durch die eingebauten Hochspannungsschutzeinrichtungen und der höheren Fremdspannungen muß man oft im ganzen Niederfrequenzfernsprechnetz entsprechende Mittel anwenden, um die Voraussetzungen für die Durchschaltung der Gespräche in das Trägerfrequenznetz zu schaffen. Bei einem ausgedehnteren Niederfrequenznetz mit vielen Teilnehmern und Vermittlungsmöglichkeiten ist es meist technisch einfacher und auch wirtschaftlicher, dem Niederfrequenzgespräch auf der hochspannungsbeeinflußten Freileitung einfach eine Trägerfrequenzfernsprechverbindung als Zubringer zu überlagern. Hierdurch wird man auch von allen Vermittlungsstellen des Niederfrequenzsprechnetzes unabhängig.

Die Leitungsausrüstung ist bei der Ankopplung an hochspannungsbeeinflußte Fernsprechfreileitungen wesentlich einfacher als bei der Ankopplung an Hochspannungsleitungen, da weder die Betriebsspannung noch der Betriebsstrom der Hochspannungsanlage für die Bemessung der Ankopplungen und Sperren zu berücksichtigen sind. Es genügen hier einfach aufgebaute Vierpole, wie „Spulenleitungen", die vor den Eingang in die Niederfrequenzfernsprechanlage als Sperren für das Trägerfrequenzgespräch eingeschaltet werden (auch „Tiefpässe" genannt) und „Kondensatorleitungen", die zur Ankopplung des Trägerfrequenzgespräches eingeschaltet werden und für das Niederfrequenzsprechband undurchlässig sind (auch „Hochpässe" genannt). Die Bauelemente der Tief- und Hochpässe werden entsprechend der Isolation der Fernmeldeleitung bemessen, also etwa für 10 kV.

Die Vermittlungsämter der Niederfrequenzfernsprechanlage werden durch Überbrückungsschaltungen umgangen, die aus zwei Tiefpässen und einem Hochpaß bestehen. Unterwegs an der Leitung parallel liegende Niederfrequenzfernsprecher braucht man im allgemeinen nicht mit Tiefpässen zur Vermeidung von Hochfrequenzverlusten auszurüsten, weil hierfür die Induktivität der Schutztransformatoren neuerer Ausführung meist ausreicht.

Die hochspannungsbeeinflußten Fernsprechfreileitungen liegen auf den Gestängen eines Mittelspannungsnetzes. An die Hochspannungsleiter selbst sind keine Trägerfrequenznachrichtengeräte angekoppelt (sonst könnte man einen Teilnehmer des Niederfrequenzsprechnetzes mit einem Trägerfrequenzgerät auch unmittelbar an die Trägerfrequenzanlage anschließen). Man braucht also bei der Frequenzplanung keine Rücksicht auf Trägerfrequenzanlagen der Hochspannungsleitung zu nehmen. Wenn in seltenen Fällen die Hochspannungsleitung und die Fernsprechleitung am gleichen Gestänge mit Trägerfrequenzverbindungen belegt sind, muß man allerdings nach einem gemeinsamen Frequenzplan verfahren. Hier lohnt es sich, Trägerfrequenzgeräte aus der Posttechnik mit Trägerfrequenzen unter 50 kHz auf der Fernsprechleitung zu verwenden, weil dadurch die Plätze im Frequenzplan zwischen 50 kHz und 300 kHz für Trägerfrequenzverbindungen im Hochspannungsnetz freigehalten werden (Anhang a).

Mitunter werden auch für Zubringerstrecken auf Fernsprechfreileitungen die gleichen Typen von Trägerfrequenzgeräten verwendet wie für die Übertragung über Hochspannungsleitungen. Dies geschieht entweder der Einheitlichkeit halber, so lange es wirtschaftlich vertretbar ist, oder auch, wenn zu einem späteren Zeitpunkt die Zubringerstrecke auf eine höhere Betriebsspannung umgestellt und dann die gleichen Trägerfrequenzgeräte für den Betrieb über die neue Hochspannungsleitung weiter verwendet werden sollen.

Im allgemeinen sollen nicht alle Teilnehmer einer hochspannungsbeeinflußten Niederfrequenzfernsprechanlage mit denen des Trägerfrequenzsprechnetzes verkehren können. Sie haben entweder betrieblich nichts miteinander zu tun, oder man will die Sprechdichte in den Trägerfrequenzbezirken nicht zu groß werden lassen. Es genügen also meistens wenige Trägerfrequenzzubringerstrecken im Fernsprechleitungsnetz. Wo allerdings eine für die Betriebsführung des Hochspannungsnetzes wichtige Station nur über das Mittelspannungsnetz erreicht werden kann, und dieses für Trägerfrequenzübertragung wegen seiner allzu starken Vermaschung ungeeignet ist, erhält man mit Trägerfrequenzzubringerverbindungen über das Betriebstelefonnetz oft zweckmäßige Gesamtanordnungen. Es wurden auch Überbrückungsschaltungen zum unmittelbaren Übergang von Hochspannungsnetzen auf hochspannungsbeeinflußte Fernsprechfreileitungen gebaut, so daß der Teilnehmer im Mittelspannungsnetz direkt an einen Trägerfrequenzsprechbezirk des Hochspannungsnetzes angeschlossen ist und keine Vermittlung in einer Übergangsstelle vom Mittelspannungsnetz zum Hochspannungsnetz in Anspruch zu nehmen braucht.

f) Tragbare Trägerfrequenzfernsprechgeräte im Nachrichtennetz.

Einen Sonderfall für den Sprechverkehr im Trägerfrequenznetz stellt das Sprechen mit tragbaren Hochfrequenzgeräten dar. Diese geben einem Bautrupp an der Freileitungsstrecke die Möglichkeit, eine Fernsprechverbindung zum nächsten Werk herzustellen, das ein ortsfestes Trägerfrequenzsprechgerät hat. Tragbare Hochfrequenzgeräte werden demnach meistens an abgeschaltete und geerdete Hochspannungsleitungen angekoppelt. In die Erdleitungen müssen tragbare Hochfrequenzsperren (Abb. 22) eingeschaltet werden, damit eine Trägerfrequenzübertragung über die geerdete Hochspannungsleitung möglich ist. Man will aber mit der Baustelle bis zum Abschluß der Arbeiten an der Hochspannungsleitung sprechen können, also auch noch nach dem Aufheben der Erdverbindungen und nach dem Wiedereinschalten der Leitung. Insbesondere ist die Einschaltung der Leitung von einer entsprechenden telefonischen Meldung des Bautrupps abhängig, die über das tragbare Hochfrequenzgerät gegeben wird. Man schaltet ungern eine Hochspannungsleitung zu einem vorher telefonisch verabredeten Zeitpunkt ein, wenn man weiß, daß zwischen dem letzten Telefongespräch und der Einschaltung die Fernsprechanlage von der Hochspannungsleitung abgetrennt werden muß. Die Baustelle ist dann telefonisch nicht mehr erreichbar und von beiden Seiten ist eine Änderung der Verabredung nicht mehr möglich. Da Koppelkondensatoren für die volle Betriebsspannung bei weitem zu schwer sind, könnten zur Ankopplung tragbarer Geräte nur leichte und handliche Kondensatoren verwendet werden, die für niedrigere Spannungen als die Betriebsspannung des Netzes isoliert sind. Dies ist aber mit den beschriebenen Bedingungen bei der Wiedereinschaltung der Hochspannungsleitung nicht vereinbar. Somit hat sich für diesen Fall nur die Antennenkopplung als zweckmäßig erwiesen, so viele Mängel sie auch hat (s. S. 21). Allerdings sind diese Mängel für die Ankopplung tragbarer Geräte nicht so schwerwiegend wie für die Ankopplung ortsfester Geräte, von denen man wesentlich größere Reichweiten und einwandfreie Übertragungseigenschaften auch für den Weitverkehr verlangt.

Die Stromversorgung tragbarer Hochfrequenzgeräte stellt eine weitere Besonderheit dar. So lange die Geräte mit Kraftwagen an den Einsatzort gebracht werden und eine Speisung aus der Starterbatterie über einen kleinen Motorgenerator möglich ist, sind die Bedingungen für die Stromversorgung einfach. Jedoch sind nicht in allen Anwendungsfällen genügend Schnittpunkte zwischen befahrbaren Wegen und dem Hochspannungsnetz gegeben. Man ist dann genötigt, die Stromversorgung so auszubilden, daß sie vom Bautrupp mit an die Baustelle getragen werden kann. Es wurden deshalb auch tragbare Hochfrequenzgeräte gebaut, deren Empfangsteil ohne Stromversorgung arbeitet, der also mit einem Detektor aufgebaut ist. Die Hilfsspannungen für den Sender werden in einem im tragbaren Gerät eingebauten Handdrehgenerator erzeugt, der solange betätigt werden muß, als von der Baustelle aus gesprochen wird.

Wenn ein tragbares Gerät in einem größeren Teil des Sprechnetzes benutzbar sein soll, also in der Abstimmung auf mehrere Sprechbezirke passen soll, müssen die Kondensatorsätze für die Filter und den Generator umschaltbar sein. Eine Vertauschbarkeit der beiden Trägerfrequenzen eines Sprechbezirks untereinander ist beim tragbaren Gerät ebenfalls nötig, damit man in Sprechbezirken mit fest zugeordneten Trägerfrequenzen (Bezirke mit Endverkehr und Strahlenverkehr) von der Baustelle aus nach beiden Richtungen sprechen kann.

Schließlich sind tragbare Sprechgeräte nicht gut verwendbar, wenn sie in Sprechbezirken arbeiten sollen, in denen die Träger dauernd eingeschaltet sind, also bei Linienverkehr und auch bei Verkehr mit kombinierten Fernsprech-Fernmeßgeräten. Dabei können nämlich Interferenzerscheinungen und Störungen der überlagerten Kanäle nicht vermieden werden. Beim Sprechen mit tragbaren Geräten in Bezirken, deren Trägerwellen nach dem Prinzip der zeitlichen Staffelung für mehrere Übertragungsvorgänge benutzt werden, entstehen ebenfalls Schwierigkeiten.

Sowohl für den Aufbau als auch für den Betrieb eines tragbaren Hochfrequenzsprechgerätes gibt es also zahlreiche einschränkende Bedingungen. Dies hat dazu geführt, daß sie verhältnismäßig selten verwendet werden.

13. Aufbau von Trägerfrequenz-Fernbedienungsnetzen.

Fernbedienungsanlagen können nicht zum Austausch verschiedenartiger Nachrichten verwendet werden, wie die Fernsprechanlagen. Ihr Wirkungsbereich ist deshalb meist auf das Hochspannungsnetz eines Stromversorgungsunternehmens begrenzt. Fernverkehrsaufgaben nach Art des Weitsprechverkehrs über viele hintereinandergeschaltete Übertragungsabschnitte kommen sehr selten vor. Es ist denkbar, daß Übertragungen von Programm-Meßwerten zwischen weit auseinander liegenden Lastverteilerwarten in näherer Zukunft auch zu Weitverkehrsverbindungen mit Fernbedienungskanälen führen, jedoch wird für die anderen Anlagearten der Fernbedienungstechnik ein Weitverkehr kaum in Betracht kommen. Der Weitverkehr über Hochspannungsleitungen beim Fernschreiben (s. S. 15) ist nur für Länder von Interesse, die über kein öffentliches Fernschreibnetz verfügen.

a) Der einzelne Übertragungsabschnitt.

Die Anforderungen an die Güte der Fernbedienungskanäle sind geringer als bei Fernsprechkanälen, da es sich nur um die Übertragung von Impulsen handelt. Es genügt also, in der Zeichenverzerrung (im Sinne der Telegrafie, Anhang l) den Bedingungen der Fernbedienungsanlagen zu entsprechen. Andererseits können die Anforderungen hinsichtlich der Übertragungssicherheit höher sein als beim Fernsprechen. Eine ungenügende Wahlimpulsübertragung hat nur eine Falschwahl zur Folge, oder ein Teilnehmer kann überhaupt nicht erreicht werden. Eine ungenügende Sprachübertragung wird weitgehend durch die Anpassungsfähigkeit der beiden Partner ausgeglichen. Unsichere Impulsübertragungen in Fernbedienungsanlagen verhindern dagegen entweder die Funktion der Anlage überhaupt, oder sie führen zu Fehlbeurteilungen der Betriebszustände im Netz. Fernmelde- und Fernsteueranlagen sind zwar so aufgebaut, daß zusätzliche oder fehlende Impulse weder eine falsche Meldung noch einen falschen Steuervorgang auslösen können (Anhang g), bei der Fernmessung jedoch können durch Fehler in der Impulsübertragung die Registrierempfänger beispielsweise Belastungsspitzen oder Lastabsenkungen vortäuschen, die in Wirklichkeit nicht bestanden haben.

Fernbedienungskanäle werden deshalb nicht nur entsprechend den Anforderungen an die Verzerrung aufgebaut, sondern auch mit der nötigen Sicherheit im Störpegelabstand. Bei kritischen Anlagenarten, wie zum Beispiel bei der Fernsteuerung oder dem Streckenschutz, verhindert außerdem die Arbeitsweise der Anlage zuverlässig Fehlbetätigungen durch Übertragungsfehler; bei der Fernzählung sind besondere Überwachungsschaltungen für den Übertragungskanal üblich. Schließlich kann bei jeder Anlagenart durch eine Doppeltontastung die Sicherung gegen zusätzliche Impulse oder den Verlust von Impulsen im Übertragungskanal weitgehend erhöht werden.

Bei der „Doppeltontastung" werden für die Übertragung der Impulse nicht nur ein, sondern zwei Übertragungskanäle mit den (Ton-)Frequenzen f_1 und f_2 belegt. Man überträgt nicht einfach Stromimpulse und Pausen, sondern den Impuls mit f_1 und die Pause mit f_2 (Abb. 69). In der Empfangsschaltung wird die Anwesenheit von f_1 und die Abwesenheit von f_2 als Impuls, und die Abwesenheit von f_1 und die Anwesenheit von f_2 als Pause ausgewertet. Sprunghafte Änderungen des Störpegels, die so verlaufen, daß diese Voraussetzungen für das Vortäuschen eines Impulses oder einer Pause auf der Übertragungsstrecke auftreten, sind sehr unwahrscheinlich.

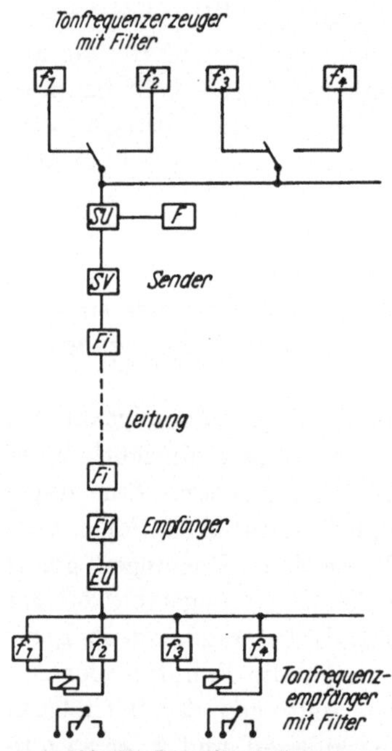

Abb. 69. Doppeltontastung.
SU Sendeumsetzer; *F* Trägerfrequenzgenerator-; *SV* Sendeverstärker; *Fi* Trägerfrequenzfilter; *EV* Empfangsverstärker; *EU* Empfangsumsetzer.

b) Zusammenschaltung mehrerer Übertragungsabschnitte.

Bei der Zusammenschaltung mehrerer Übertragungsabschnitte für Impulsübertragung zu einer längeren Gesamtstrecke kann an den Übergangsstellen das Empfangsrelais am Ende des einen Kanals bei der Tastung des Senders für den anschließenden Kanal im Sinne einer Impulskorrektur wirken, wenn dies nötig sein sollte. Angesichts der niedrigen Tastgeschwindigkeit von 25 Baud für Fernmeß- und Fernsteueranlagen spielen jedoch die Umschlagzeiten der Relais, die den überwiegenden Anteil der Impulsverzerrungen ausmachen, noch keine Rolle, so daß besondere Maßnahmen zur Herabsetzung der Verzerrungen nicht nötig sind. Man beschränkt sich darauf, die Anzahl der im Zuge der Gesamtstrecke liegenden Relais so klein wie möglich zu halten. Dies wird auch angestrebt, um die Anzahl der mechanisch bewegten Teile in einer Verbindung klein zu halten und damit die Anzahl der möglichen Fehlerquellen sowie die Anforderungen an die Wartung der Anlagen herabzusetzen. Die Anwendung von Ringmodulatoren in kontaktlosen Sendetastschaltungen kommt diesen Bestrebungen entgegen.

c) Anschluß längerer Niederfrequenzzubringerleitungen.

Wenn ein Bündel von Trägerfrequenzfernmeßkanälen (die also auf einem Platz im Frequenzplan untergebracht sind) in einem Umformerwerk am Rand einer Großstadt endet und eine niederfrequente Weiterübertragung der Fernmeßwerte nach einem Verwaltungsgebäude im Stadtzentrum nötig ist, werden die Tonfrequenzen, die nach der Umsetzung in einem Trägerfrequenzempfänger (nach dem Modulationsprinzip oder nach dem Vielbandprinzip) zur Verfügung stehen, nicht auf die einzelnen Tonkanäle aufgeteilt, sondern als Tonfrequenzgemisch über ein Adernpaar weitergeleitet. Die Trennung in einzelne Tonkanäle erfolgt erst am Ende der Niederfrequenzstrecke in einem Tonfrequenzempfangsgestell. Der Empfänger wird also aufgeteilt in einen Hochfrequenzteil, der im Umspannwerk aufgestellt wird, und einen Tonfrequenzteil für das Verwaltungsgebäude. Man kommt auf diese Weise mit nur einem Adernpaar für die Übertragung aller Fernmeßwerte aus.

14. Messungen in Trägerfrequenznetzen.

In den ersten 10 Jahren der Entwicklung war man in der Beurteilung der Güte der Trägerfrequenznachrichtenübertragung über Hochspannungsleitungen im wesentlichen vom subjektiven Eindruck abhängig. Gemessen wurde nur wenig. So benutzte man einen Frequenzmesser in der aus der drahtlosen Übertragungstechnik bekannten Ausführung, um die Frequenz der Oszillatoren möglichst genau einzustellen und die Resonanzsperren abzustimmen. Der vom Sender ausgehende Trägerstrom wurde im Leitungskreis mit einem Hitzdrahtinstrument gemessen, ebenso der am Empfänger ankommende Trägerstrom mit einem Drehspulinstrument nach einer Gleichrichtung in einer Röhre. Damit war in einem gewissen Umfang für die sichere Übertragung der Trägerfrequenz gesorgt, und man konnte sich auch ein ungefähres Bild über die Dämpfung im Hochfrequenzkanal machen. Zur Messung der Hochfrequenzspannungen in Empfängern und Brückenschaltungen ohne Sprechstellen wurden Röhrenvoltmeter benutzt.

Diese Messungen waren mehr eine notwendige Voraussetzung für die Sicherung der Übertragung überhaupt, sie boten indes keine ausreichende Möglichkeit zur objektiven Beurteilung der Übertragungsgüte. Hierzu genügen auch nicht die in den Trägerfrequenzgeräten eingebauten Meßgeräte für die charakteristischen Betriebswerte (hochfrequenter Sendestrom und Sendespannung, Empfangsstrom, Röhren- und Automatikhilfspannungen und ähnliches). Man braucht zusätzliche Meßeinrichtungen, um die Dämpfung einer Verbindung frequenzabhängig messen zu können, ferner den Pegelverlauf und den Störpegel sowohl in der Hochfrequenz- als auch in der Tonfrequenzlage; schließlich sind Meßeinrichtungen zur Feststellung des Modulationsgrades, der Rufimpulsverzerrung sowie der Frequenz von Störsendern erforderlich.

Mit der Weiterentwicklung der Trägerfrequenzübertragungstechnik wurden auch mehr und mehr geeignete Meßeinrichtungen geschaffen. Die Lieferfirmen für Trägerfrequenzgeräte brauchen umfangreiche Meßeinrichtungen bei der Einschaltung neuer Anlagen oder bei größeren Umbauarbeiten im vorhandenen Nachrichtennetz, damit nicht von Anfang an Schwächen infolge unzureichender Überprüfung der Leitungseigenschaften und dementsprechend ungenauer Einstellung der Betriebswerte der Geräte gegeben sind. Diese Meßgeräte stellen aber meist einen Aufwand dar, der für den Betrieb zu hoch wäre und auch gar nicht erforderlich ist. Für die Wartung genügen wenige Meßeinrichtungen. Mit ihnen sollen die im Betrieb allmählich auftretenden Mängel durch regelmäßig zu wiederholende Messungen rechtzeitig erkannt werden, bevor also die Güte der Verbindungen oder ihre Betriebssicherheit nachläßt.

Für allgemeine Betrachtungen wird der Begriff des Leistungspegels verwendet (s. S. 52). Sobald es sich jedoch um Messungen handelt, ist zu beachten, daß die meßbaren Größen vornehmlich Spannungen sind und dementsprechend die Pegelwerte als Spannungspegel bestimmt werden. Die Leistungspegel p_N können aus Spannungspegeln p_U und Scheinwiderstand leicht errechnet werden. Aus Gl. (10):

$$p_N = \ln \sqrt{\frac{N}{N_0}}$$

läßt sich mit

$$N = \frac{U^2}{Z} \qquad \text{und} \qquad N_0 = \frac{U_0^2}{Z_0}$$

ableiten

$$p_N = \ln \sqrt{\frac{U^2}{Z} \cdot \frac{Z_0}{U_0^2}}$$

$$= \frac{1}{2} \ln \left(\frac{U^2}{U_0^2} + \frac{Z_0}{Z} \right)$$

$$= \ln \frac{U}{U_0} - \frac{1}{2} \ln \frac{Z}{Z_0}$$

$$p_N = \ln \frac{U}{0{,}775} - \frac{1}{2} \ln \frac{Z}{600} \ . \tag{25}$$

Da der Ausdruck $\ln \dfrac{U}{0{,}775}$ den Spannungspegel p_u darstellt Gl. [(11)] unterscheidet sich der Leistungspegel von ihm lediglich durch die Korrekturgröße:

$$\varDelta = - \frac{1}{2} \ln \frac{Z}{600}$$

die durch die Scheinwiderstandsabweichung von Z gegen den Normalwert $600\,\Omega$ gegeben ist.

Zur Ermittlung des Leistungspegels bei beliebigem Z aus dem Spannungspegel dient ein Diagramm (Abb. 70), das die Korrekturgröße $\varDelta$ in Abhängigkeit von der Scheinwiderstandsabweichung $Z/600$ darstellt.

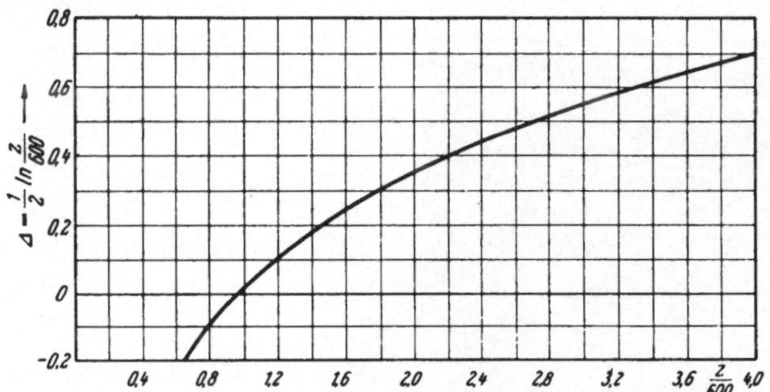

Abb. 70. Ermittlung des Leistungspegels aus dem Spannungspegel.

a) Meßeinrichtungen.

Von den zahlreichen Meßeinrichtungen für Fernmeldeanlagen — oft kann auch eine Meßaufgabe mit verschiedenen Meßgeräten gelöst werden — werden hier nur einige Ausführungen zusammengestellt, soweit sie für die Trägerfrequenznachrichtenanlagen der Elektrizitätswerke besonders geeignet sind.

Meßeinrichtung	Verwendungszweck
Frequenzmesser (Wellenmesser)	Abstimmung von Sperren, Feststellen der Frequenz von Störsendern, Prüfung der Betriebsfrequenz von Sendern
Spannungsmesser	Messung von Hochfrequenz- und Tonfrequenzspannungen in Übertragungsgeräten und Ankopplungsschaltungen zur Feststellung des Pegelverlaufs
Meßkoffer für Fernmeldeanlagen (Tonfrequenzmeßkoffer)	Messungen im Tonfrequenzbereich 300 Hz bis 3000 Hz; Senden des Normalpegels, Messung von Pegel-, Dämpfungs- und Verstärkungswerten, Messung von Scheinwiderständen, Herstellung künstlicher Dämpfungen
Meßgerät für Fernmeldeanlagen (Ton- und Hochfrequenzmeßgerät)	Messungen im Tonfrequenz- und Hochfrequenzbereich 800 Hz bis 320 kHz; Senden des Normalpegels, Messung von Pegel-, Dämpfungs- und Verstärkungswerten, Messung von Scheinwiderständen, Prüfung der Abstimmung von Trennfiltern
Impulsschreiber	Prüfen der Kontaktgabe von Nummernschaltern, Impulsrelais, Aufzeichnen von Wahlstromstößen
Hochfrequenzstörer-Suchgerät	Ermittlung defekter Hochspannungsisolatoren

Der Frequenzmesser (Abb. 71) mit einem Meßbereich von 30 kHz bis 300 kHz ist für Messungen auf der Strecke gebaut. Er ist als Koffergerät ausgeführt und benötigt weder Hilfsspannungen noch besonderes Zubehör. Der Frequenzbereich ist unterteilt in die drei Stufen 30 bis 65, 65 bis 135 und 135 bis 300 kHz. Die Meßunsicherheit beträgt etwa $\pm 1^0/_{00}$ (zuzüglich Ablesefehler an den Eichkurven), der Eingangsscheinwiderstand etwa 50 kΩ. Für Vollausschlag ist eine Eingangsspannung von 10 bis 70 V (effektiv) erforderlich.

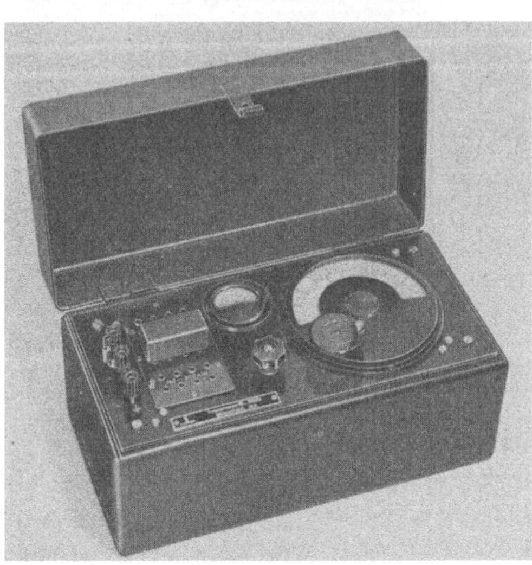

Abb. 71. Frequenzmesser (Siemens & Halske).

Der Spannungsmesser (Abb. 72) ist ebenfalls als Koffergerät ausgeführt. Als röhrenloses Gerät benötigt er ebenfalls weder Hilfsspannungen noch irgendwelche Eichmittel. Er kann in einem sehr großen Frequenzbereich als Spannungs- und auch als Strommesser verwendet werden und hat folgende Kennwerte (s. Tab. nächste Seite). Bei diesem Spannungsmesser wird der Spitzenwert der zu messenden Wechselspannung gespeichert, angezeigt wird jedoch ein ihm proportionaler, etwas kleinerer Wert. Das Instrument ist in Effektivwerten geeicht, da der Einfluß der zweiten Harmonischen fast ganz unterdrückt wird. Die dritte Harmonische könnte zwar je nach Phasenlage bis zu ihrem vollen Wert die Größe des Ausschlages beeinflussen, jedoch kommt sie in der Fernmeldetechnik bei höheren Frequenzen fast nie in einer störenden Größe vor. Die Skalenteilung ist bis auf einen ganz kleinen Anfangsbereich linear.

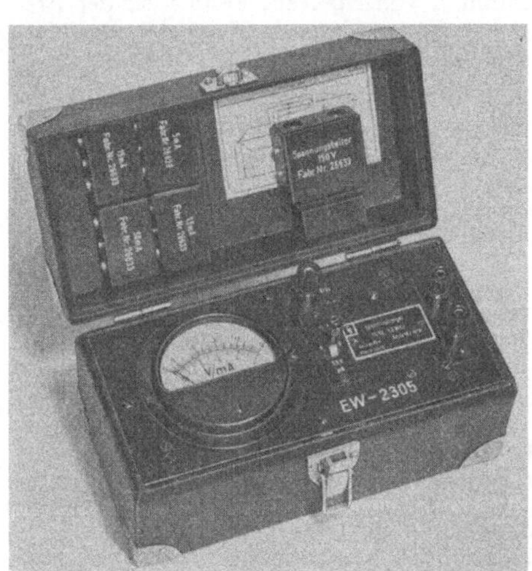

Abb. 72. Spannungsmesser (Siemens & Halske).

	Spannungsmessung	Strommessung
Frequenzbereich	30 Hz bis 1,6 MHz	30 Hz bis 100 kHz
Meßbereich (Endwerte) . .	1,5; 5; 15 V [1]	1,5; 5; 15; 50 mA
Kleinster meßbarer Wert .	0,3 V	0,3 mA
Meßunsicherheit bei 20° C (mit Frequenzkurve)	bis 500 kHz: $\pm$ 3% über 500 kHz: etwa $\pm$5%	bis 50 kHz: $\pm$ 3% über 50 kHz: etwa $\pm$ 5%
Temperaturabhängigkeit zwischen 10° und 30° C	etwa $\pm$ 2%	etwa $\pm$ 2%
Eingangsscheinwiderstand	je nach Meßbereich und Frequenz 300 Ω bis 80 000 Ω	

Der Meßkoffer für Fernmeldeanlagen (Abb. 73) enthält einen Sende-
und einen herausnehmbaren Empfängerteil. Er wird entweder aus einem

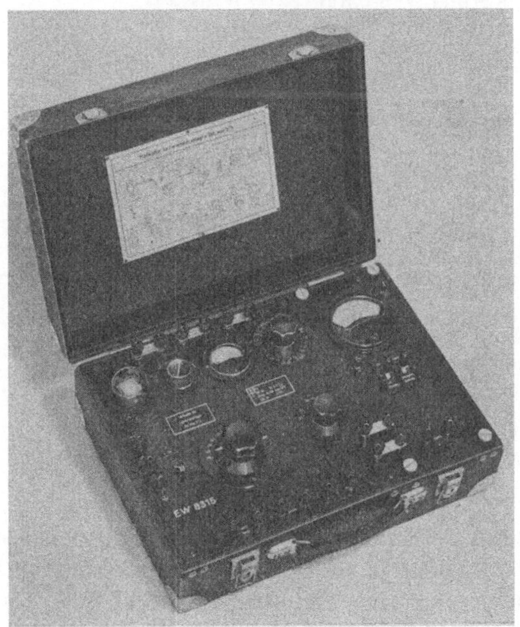

Abb. 73. Tonfrequenzmeßkoffer (Siemens & Halske).

Batteriekoffer (mit einer Anodenbatterie und sechs Taschenlampen-
batterien) oder aus einem Netzanschlußgerät betrieben. Diese Stromversorgung ist nur für den Sendeteil nötig, während der Empfängerteil
ohne Hilfsspannungen arbeitet. Der Meßkoffer wird für Untersuchungen

---

[1] Bei Bedarf Erweiterung auf 150 V durch aufsteckbaren Spannungsteiler,
Frequenzbereich bis 300 kHz, Meßunsicherheit etwa $\pm$5%, Eingangsscheinwiderstand etwa 30 kΩ.

im Frequenzbereich der Sprache, 300 Hz bis 3000 Hz, verwendet und hat in seinen einzelnen Teilen folgende Kennwerte:

1. Rückkopplungssummer für die 12 CCI Frequenzen

Frequenzen	300 Hz, 400 Hz bis 3000 Hz
Frequenzunsicherheit	$\pm 2\%$
Innerer Widerstand	etwa $100\,\Omega$
Ausgangsspannung an $600\,\Omega$	etwa 4 V
Stromverbrauch: Heizung 4 V/0,15 A	Anode 100 V/9 mA

2. Normalgenerator

Sendepegel in 11 Stufen von je 0,5 N	$+1,0$ bis $-4,0$ N
Wirksamer innerer Widerstand	$600\,\Omega \pm 1\%$

3. Eichleitung (überbrückte T-Schaltung, $Z = 600\,\Omega$)

Frequenzbereich	0 bis 3000 Hz
Dämpfung in Stufen von 0,5 N	0 bis 5 N

4. Empfänger als Pegelmesser

Frequenzbereich	300 bis 3000 Hz
Meßbereich	$+1,5$ bis $-2,0$ N
Eingangswiderstand	$\geq 20\,000\,\Omega$

5. Empfänger als Dämpfungs- oder Verstärkungsmesser

Frequenzbereich	300 bis 3000 Hz
Meßbereich	$b = -1,5$ bis $+3,0$ N
also Pegel an $600\,\Omega$	$p = +1,5$ bis $-3,0$ N.

Meßbereich erweiterbar durch Veränderung des Sendepegels zwischen $+1$ N und -4 N

bei Verstärkungsmessungen	bis $s = 5,5$ N
bei Dämpfungsmessungen	bis $b = 4,0$ N
Eingangswiderstand	$600\,\Omega \pm 5\%$

6. Scheinwiderstandsprüfer

Frequenzbereich	300 bis 3000 Hz
Meßbereich	10 bis 500000 Ω.

Die Frequenzen werden mit einem Stufenschalter eingestellt. Durch Einregeln auf die Eichmarke am Instrument im Sendeteil erhält man die richtige Sendespannung. Der Empfänger besteht aus dem Instrument mit Gleichrichterschaltung. Beim Pegeln werden die beiden Meßbereiche durch Umschalten einer Übertragerwicklung hergestellt. Beim Empfangen mit $Z = 600\,\Omega$ wird durch die Eichleitung die Empfindlichkeit eingestellt. Die Scheinwiderstandsmessung ist auf eine Strommessung bei konstanter Spannung zurückgeführt. Entsprechend den verschiedenen Meßmöglichkeiten ist die Skala des Instruments im Empfangsteil in Neper und in Ohm geeicht.

Das Meßgerät für Fernmeldeanlagen (Abb. 74) stellt eine Erweiterung des Meßkoffers für Messungen im Frequenzbereich 800 Hz bis 300 kHz dar. Der Sendeteil und der Empfangsteil sind konstruktiv getrennt aufgebaut.

Die Hilfsspannungen werden über eingebaute Netzanschlußgeräte dem Wechselstromnetz entnommen. Das Meßgerät wird sowohl für Untersuchungen im Frequenzbereich 800 Hz bis 3000 Hz als auch im Hoch-

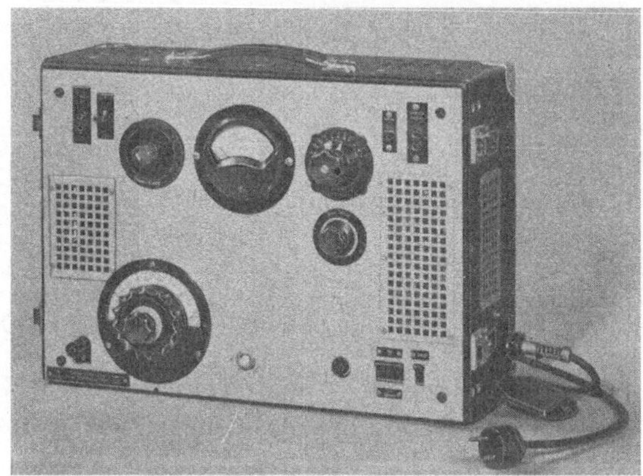

Abb. 74. Ton- und Hochfrequenzmeßgerät (Siemens & Halske).

frequenzbereich bis 300 kHz verwendet und hat in seinen einzelnen Teilen folgende Kennwerte:

Sendeteil

1. Schwebungssummer mit Null-Hz-Eichung

Frequenzbereich 800 Hz bis 170 kHz und 150 bis 320 kHz	
Hilfsskala zur Feinablesung	± 3000 Hz
Frequenzunsicherheit	$\pm 2\%$
Sendepegel stetig einstellbar	von $-7,0$ bis $+2,0$ N
Unsicherheit des Ausgangspegels	$\pm 0,03$ N
Innenwiderstand	600, 150, 75, nahezu 0 Ω
Klirrfaktor bei N $\leq$ 0,5 W	$\leq 2\%$
Brummspannung bezogen auf Netzspannung	$\leq 0,5^0/_{00}$

Modulation

Frequenzbereich für Fremdmodulation 150 bis 6000 Hz	
erforderliche Spannung für Modulationsgrad $m = 30\%$ (an etwa 500 Ω)	etwa 5 V
Eingangsscheinwiderstand	$= 500 \Omega$
Netzanschluß	40 bis 60 Hz/110, 220 V/60 VA

Empfangsteil

2. Pegelmessung

Frequenzbereich	800 Hz bis 320 kHz
Meßunsicherheit	etwa $\pm 0,03$ N
Meßbereich (Breitbandpegel)	-7 bis $+3,0$ N
Unterteilt in 8 Bereiche in Stufen von	1,0 N
Eingangsscheinwiderstand bei Pegeln	
hochohmig zwischen 800 Hz und 100 kHz	> 10 kΩ
„ 100 kHz „ 320 kHz	> 5 kΩ

10*

3. Kanalpegel-Messung

Frequenzbereich	4 bis 320 kHz
Eingangsscheinwiderstand	wie unter 2
Bandbreite (für 0,7 N Abfall)	± 200 Hz
Kleinster ablesbarer Pegel	$-12,0$ N
Nebensprechdämpfung in Verbindung mit Teil 1	bis zu 14,0 N

4. Scheinwiderstandsmessung

Meßbereich	50 bis 3 000 Ω
Meßunsicherheit	etwa 10%

5. Fehlerdämpfungs- und Symmetriedämpfungsmessung

Fehlerdämpfung	bis 4,0 N
Symmetriedämpfung	bis 6,0 N
Meßunsicherheit	etwa $\pm 0,1$ N
Netzanschluß	40 bis 60 Hz/110, 220 V/70 VA

Das Meßgerät enthält in seinem Sendeteil einen von 800 Hz bis 170 kHz und von 150 kHz bis 310 kHz stetig veränderbaren Schwebungssummer,

Abb. 75. Impulsschreiber (Siemens & Halske).

einen dreistufigen Leistungsverstärker und einen Spannungsmesser. Mit diesem lassen sich geeichte Sendespannungspegel von -8 N bis $+2$ N einstellen. Die Sendefrequenz kann mit Frequenzen von 150 Hz bis 6000 Hz fremdmoduliert werden. Der Empfangsteil enthält einen Meßverstärker mit einem in Neper und in Ohm geeichten Instrument, den Scheinwiderstandsmeßzusatz, den Überlagerungssatz sowie einen

Walzenschalter, mit dem alle vorgesehenen Meßschaltungen hergestellt werden können.

Eine derart umfangreiche Meßeinrichtung, wie sie das Ton- und Hochfrequenzmeßgerät darstellt, ist für Messungen bei der Inbetriebsetzung neuer Anlagen angebracht. Die Anschaffung eines solchen Gerätes lohnt sich für ein Elektrizitätswerk erst dann, wenn sehr ausgedehnte Trägerfrequenznachrichtenanlagen vorhanden sind, und das für die Bedienung erforderliche geschulte Personal zur Verfügung steht. Messungen im reinen Wartungsdienst werden besser mit leichter transportierbaren und einfach zu bedienenden Meßgeräten ausgeführt.

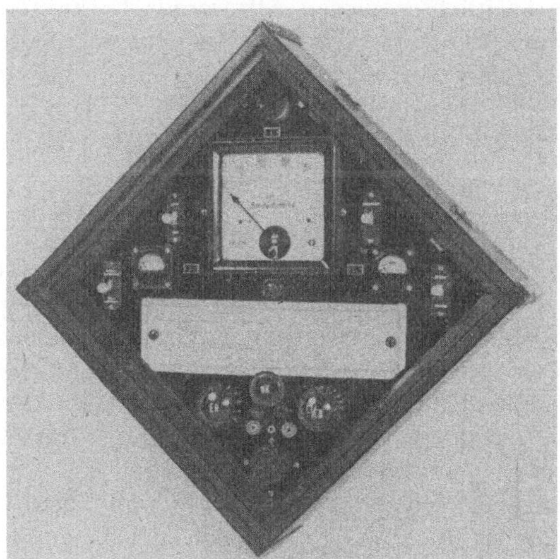

Abb. 76. Hochfrequenzstörer-Suchgerät.

Der Impulsschreiber (Abb. 75) ist zum Anschluß an 220 V, 50 Hz gebaut und enthält einen Synchronmotor, der bei Betätigung einer Kupplungstaste ein Papierband ablaufen läßt. Dieses Band ist auf einer Seite mit einer druckempfindlichen Schicht versehen, auf der die Stromstöße durch den leichten Druck eines von einem Schreibmagneten betätigten Schreibstiftes eingezeichnet werden. Als Hilfsspannungsquelle für die Erregung des Schreibmagneten dient die Telefonbatterie mit 24 V oder 60 V.

Der Impulsschreiber arbeitet ohne Tinte. Die Schreibgeschwindigkeit beträgt 250 mm/s. Die Genauigkeit, mit der die Impulsdauer aufgezeichnet wird, beträgt im Mittel ± 2 ms. Auch die neueren Ausführungen mit zwei Schreibsystemen sind in handlichen kleinen Koffern untergebracht.

Das Hochfrequenzstörer-Suchgerät (Abb. 76) besteht aus einem Zweikreisempfänger, einer Niederfrequenzverstärkerstufe und einem Röhrenvoltmeter. Die hochfrequenten Störspannungen werden mittels einer Rahmenantenne empfangen, die in der Nähe der zu überprüfenden Hochspannungsgeräte aufgestellt wird. Den Betriebsbedingungen entsprechend ist die ganze Prüfeinrichtung in zwei handlichen Koffern untergebracht, von denen der eine das Meßgerät, der andere die Batterien zur Stromversorgung enthält.

Das Hochfrequenzstörer-Suchgerät ist nicht als Meßgerät zur quantitativen Beurteilung von Hochfrequenzstörern gedacht, sondern als Gerät zur Prüfung der Isolation von Hochspannungsfreileitungen und Schaltanlagen während des Betriebes [15]. Schadhafte Isolatoren verursachen meist hochfrequente Störspannungen im ganzen Frequenzbereich der Trägerfrequenznachrichtenanlagen. Oft werden defekte Hochspannungsisolatoren als unerwünschte Hochfrequenzerzeuger festgestellt, die zwar für den Starkstrombetrieb noch brauchbar wären, aber dennoch ausgewechselt werden müssen, weil sie unzulässig hohe Störungen in den Trägerfrequenzübertragungswegen und für den Rundfunkempfang verursachen.

b) Messungen an Hochspannungsleitungen.

Im allgemeinen kann eine Trägerfrequenznachrichtenanlage an Hand von Erfahrungswerten über die Dämpfung und den Störpegel von Hochspannungsleitungen entworfen werden. Manchmal sind jedoch die Übertragungseigenschaften einer Hochspannungsleitung unübersichtlich, zum Beispiel, wenn man in Mittelspannungsnetzen nicht alle Abzweige sperren will, um Hochfrequenzsperren einzusparen. In solchen Fällen sind vor der Planung Messungen nötig, um festzustellen, wie eine vorliegende Nachrichtenaufgabe am besten gelöst werden kann. Man muß mitunter durch Messungen geeignete Trägerfrequenzen ermitteln, wenn durch das Weglassen von Sperren die Dämpfung in den verschiedenen Schaltzuständen der Hochspannungsanlage unzulässig groß werden kann, oder auch bei Hochspannungsleitungen mit unbekanntem Verlauf des Wellenwiderstandes (Leitungen mit kurzen Hochspannungskabelstücken oder kurzen Eisenleitungsstücken). Es ist auch zweckmäßig, vor dem Aufbau einer Nachrichtenanlage kritische Dämpfungsverhältnisse bei besonders rauhreifgefährdeten Strecken, die Möglichkeit der Wiederverwendung von bestimmten Frequenzen bei stark besetztem Frequenzplan und 220 kV-Leitungen mit ungewöhnlich hohen Störpegeln durch entsprechende Messungen zu untersuchen. Die Hochspannungsleitungen stehen dabei meist unter Spannung, teils weil sie nicht abgeschaltet werden können, teils auch, weil die zu messenden Größen — wie der Störpegel — erst mit der Betriebsspannung auftreten. Für die Messungen unter Spannung müssen Ankopplungseinrichtungen, also Koppelkondensatoren, Koppelfilter und gegebenenfalls auch Sperren zur Verfügung stehen.

c) Messungen an Trägerfrequenzgeräten und Sperren.

Bei der Einschaltung von Trägerfrequenzgeräten werden die Betriebswerte des Gerätes, also Empfängerempfindlichkeit, Entzerrung und
Pegelwerte für die Niederfrequenzanschlüsse den örtlichen Verhältnissen
entsprechend eingestellt. Hierzu gehört auch die Anpassung des Strom-
versorgungsteiles auf die mittlere Werkswechselspannung und die Ein-
regulierung der Notstromversorgung, da die Trägerfrequenzgeräte
meistens für nur $\pm 10\%$ Netzspannungsschwankung gebaut sind. Diese
Messungen bei der Inbetriebsetzung können nur zum Teil mit den
fest in den Geräten eingebauten Meßgeräten durchgeführt werden;
Meßeinrichtungen für die Pegelwerte an den Niederfrequenzanschlüssen
zum Beispiel sind bei den meisten Geräteausführungen nicht enthalten,
weil dadurch die Gerätepreise zu sehr erhöht würden. Bei der Inbetriebsetzung werden auch meistens solche Betriebswerte nochmals über-
prüft, die von den örtlichen Verhältnissen unabhängig sind, und die in
der Fabrik endgültig eingestellt worden waren, wie zum Beispiel der
Modulationsgrad. Man will sich hier-
durch vergewissern, daß beim Transport
keine Schäden in den Geräten entstanden sind.

Durch Witterungseinflüsse werden
mitunter Mängel an den Abstimmit-
teln der Sperren verursacht. Die einfachste Art einer Sperrenprüfung besteht in einer betriebsmäßigen Erdung
der Hochspannungsleitung hinter den
Sperren. Wird die Betriebsdämpfung

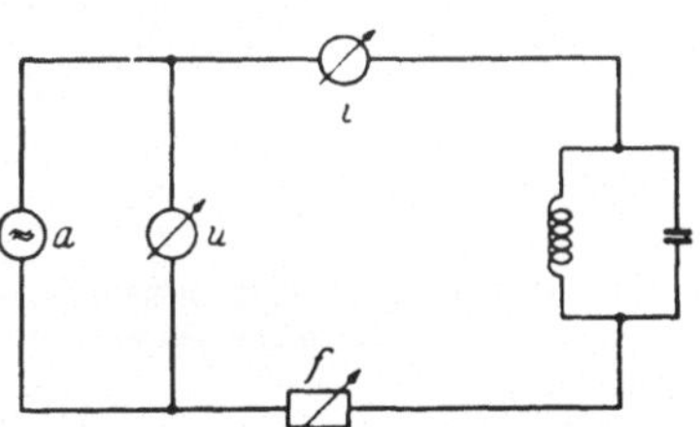

Abb. 77. Schaltung für Sperrenprüfung.
a TF-Generator; i Strommesesr;
u Spannungsmesser; f Frequenzmesser.

dabei nicht höher, so sind die Sperren in Ordnung, erhöht sie sich
merkbar, so sind die Sperren defekt und müssen in Ordnung gebracht
werden. Sie werden dann einzeln mit einem Sender stetig veränder-
barer Frequenz und einem Frequenzmesser geprüft. Hierbei wird der
Widerstand wie bei der Sperrenabstimmung aus einer Strom- und Span-
nungsmessung ermittelt (Abb. 77).

d) Messungen an Trägerfrequenzverbindungen.

Nachdem bei der Einschaltung einer Anlage die einzelnen Geräte über-
prüft und den jeweiligen Verhältnissen entsprechend eingestellt worden
sind, mißt man in der Hochfrequenz- und der Tonfrequenzlage die Restdämpfung und ihren Frequenzgang. Soweit nötig, wird auch der Pegelverlauf längs einer Verbindung festgestellt.

Der Frequenzgang der Restdämpfung (Abb. 78a) soll sich möglichst
in den vom CCIF empfohlenen Grenzen für einen zwischenstaatlichen

Vierdrahtkreis halten, mindestens jedoch in den Grenzen für einen zwischenstaatlichen Zweidrahtkreis. Der Einfluß, den eine nicht gesperrte Stichleitung haben kann (Abb. 78b), muß durch den Einbau

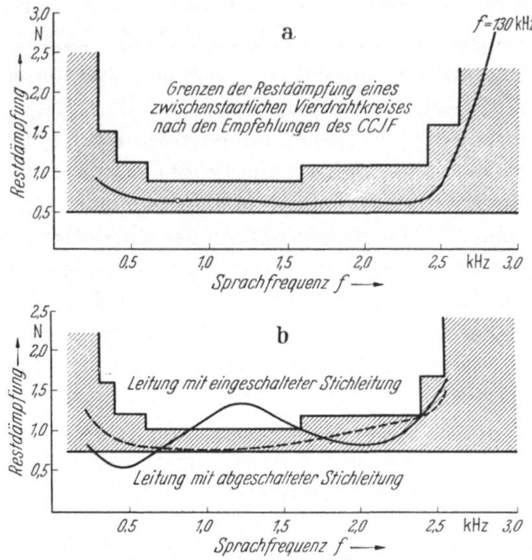

Abb. 78a u. b. Frequenzgang der Restdämpfung einer Trägerfrequenzverbindung.
a) Normaler Verlauf. b) Einfluß einer ungesperrten Stichleitung.

einer Sperre beseitigt werden, wenn das Verhältnis von Stichleitungslänge zur Trägerfrequenz ungünstig ist.

15. Über die Abhörbarkeit von Trägerfrequenznachrichtenanlagen in Hochspannungsnetzen.

Die Hochspannungsanlagen können störend für Rundfunkempfang wirken. Ihr Einfluß auf die betriebseigenen Trägerfrequenznachrichtenanlagen, die zum Teil im gleichen Frequenzbereich arbeiten wie der Rundfunk, wird durch den Störpegel erfaßt und beim Bau der Nachrichtenanlagen berücksichtigt.

Unabhängig davon hat die Hochspannungsleitung eine gewisse Antennenwirkung. Eine auf der Leitung verlaufende Trägerstromnachrichtenverbindung erzeugt ein hochfrequentes Feld, das Energie an Rundfunkempfänger abgibt, die in der Nähe der Hochspannungsleitung liegen. Umgekehrt kann die als Antenne wirkende Hochspannungsleitung Energien aus dem hochfrequenten Feld fremder Sender aufnehmen, die die Trägerfrequenznachrichtenverbindungen des betriebseigenen Nachrichtennetzes stören.

Bei einem unbeabsichtigten Mithören, das von den Rundfunkempfängern als unerwünschte Störung des Empfangs aufgefaßt wird, interessiert die Frage, bis zu welcher Entfernung von der Hochspannungsleitung die Abstrahlung wirksam ist, und mit welchen einfachen Mitteln die Störung beseitigt werden kann.

Eine nennenswerte Abstrahlung liegt nicht vor, da der Abstand zwischen Hin- und Rückleitung des Trägerstromübertragungsweges, also der Abstand zwischen den Leitern auf dem Hochspannungsgestänge, klein ist im Verhältnis zu den benutzten Wellenlängen. Entscheidend für die Größe der von der Hochspannungsleitung abgestrahlten Hochfrequenzleistung ist zunächst die vom Sender abgegebene Trägerleistung (die 10 Watt nicht überschreitet), dann in der Nähe der Koppelstellen die Kopplungsart; bei Einleiterkopplung wird mehr Leistung abgestrahlt als bei Zweileiterkopplung, weil nicht von Anfang an ein metallischer Rückleiter für den Trägerstrom zur Verfügung steht. In einiger Entfernung von den Koppelstellen haben diejenigen Leiter des Hochspannungssystems, an die die Nachrichtenanlage nicht angeschlossen ist, die Rückleitung übernommen, so daß die Abstrahlung für Anlagen mit Einleiterkopplung und Anlagen mit Zweileiterkopplung etwa gleich groß ist. Infolge der Dämpfung der Sendeleistung auf dem durchlaufenen Teil der Übertragungsstrecke wird mit zunehmender Entfernung vom Sender die Abstrahlung senkrecht zur Hochspannungsleitung immer geringer.

Es wurden unter anderem Empfangsversuche mit einer abgestimmten Rahmenantenne von 2 m² in 2 bis 3 m Höhe über dem Erdboden sowie auch auf Hausdächern in 15 m bis 20 m Höhe über Erde durchgeführt [20] u. [21]. Man kam dabei zu dem Ergebnis, daß der Trägerstrom rings um die Leitung ein induktives Feld erzeugt, wobei auch in 100 m bis 500 m Entfernung von der Hochspannungsleitung die magnetischen Feldlinien im wesentlichen parallel zur Erde verlaufen.

Eine Untersuchung des Feldes senkrecht zur Hochspannungsleitung mit einer in einem Kraftwagen eingebauten Feldstärkemeßeinrichtung (wie sie hauptsächlich für den Rundfunkbereich von 150 kHz an verwendet wird), ergab bei allen untersuchten Anlagen das nach der Rechnung zu erwartende Resultat, daß die Feldstärke mit der Entfernung x von der Hochspannungsleitung im großen und ganzen entsprechend $\frac{1}{x^2}$ abfällt (Abb. 79). Bei Trägerfrequenzen unter 150 kHz wird der Abfall der Feldstärke, vom gleichen Anfangswert aus gesehen, vermutlich etwa proportional der Trägerfrequenz langsamer verlaufen.

Die größten Werte der Feldstärke in nur 10 m bis 20 m Entfernung von der Leitung lagen bei diesen Messungen zwischen 10 mV/m und 100 mV/m, als Spitzenwerte wurden Feldstärken von rund 300 mV/m gefunden. Man kann aus den Meßresultaten mit einem Abfall $\dfrac{1}{x^2}$ den Verlauf der Feldstärke errechnen:

Abstand x in m	100	200	500	1000	2000	3000
Feldstärke in μV/m	1000...3000	250...750	40...120	10...30	2,8...7,5	1...5

Empfangsfeldstärken unter 100 μV/m kann man im Frequenzbereich der Langwellensender mit Rücksicht auf den atmosphärischen Störpegel und das Eigenrauschen beim Zweiseitenbandbetrieb (der Rundfunkübertragung) nur selten ausnutzen. Erfahrungsgemäß setzt man je nach Qualitätsanforderung an den Rundfunkempfang beim Arbeiten in etwa gleicher Frequenzlage ein Verhältnis zwischen Stör- und Nutzfeldstärke von 1 : 30 bis 1 : 100 an; somit würde im äußersten Fall (100 μV/m) die Möglichkeit einer Störung noch bei 1 μV/m bis 3 μV/m bestehen, also bis zu einer Entfernung von 3 km von der Hochspannungsleitung. Von praktischer Bedeutung ist die Störgefahr jedoch nur bis zu Entfernungen von 1 km; die bisher beobachteten Störfälle liegen fast alle bei Entfernungen unter 600 m, gemessen senkrecht zur Leitung.

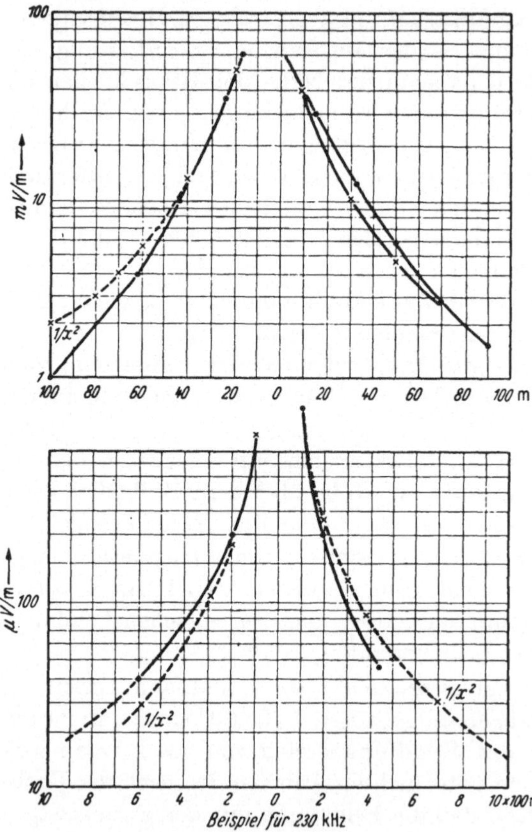

Abb. 79. Verlauf der Abstrahlung abhängig vom Abstand von der Hochspannungsleitung.

Längs einer Hochspannungsleitung bewirken die geerdeten Eisenmaste eine Verringerung des von der Trägerfrequenzverbindung hervorgerufenen Feldes, auch liegt die Leitung gewöhnlich an diesen Punkten mehrere Meter höher als an den Punkten tiefsten Durchhanges.

Die Feldstärke zeigt dadurch an den Masten jedesmal eine Absenkung (Abb. 80).

Für die Elektrizitätswerke bleibt die Erscheinung unerwünscht, daß ihre Betriebsgespräche in der Nähe der Hochspannungsleitung von normalen Rundfunkempfangsgeräten aufgenommen werden können, wenn die Übertragung mit einem amplitudenmodulierten Träger und beiden Seitenbändern durchgeführt wird. Dies ist allerdings nur bei Trägerfrequenzen von etwa 150 kHz an aufwärts ohne Änderung der Rundfunkgeräte möglich, da deren Arbeitsbereich erst etwa bei dieser Frequenz beginnt.

Ein Mittel gegen das Abhören von Nachrichtenverbindungen, die mit Übertragung des Trägers und beider Seitenbänder arbeiten, ist mit den „Sprachwenden" gegeben, die beim Modulationsvorgang das obere und untere Seitenband miteinander vertauschen. Beide Seitenbänder befinden sich vom Träger aus gesehen dann in der Kehrlage. Am Empfangsort wird bei der Demodulation eine entsprechende Umkehrung der Seitenbänder vorgenommen, so daß die Teilnehmer zwar wie über eine normale Sprechverbindung miteinander verkehren können; auf dem Trägerfrequenzabschnitt ist jedoch ein Abhören nicht ohne weiteres möglich. Man

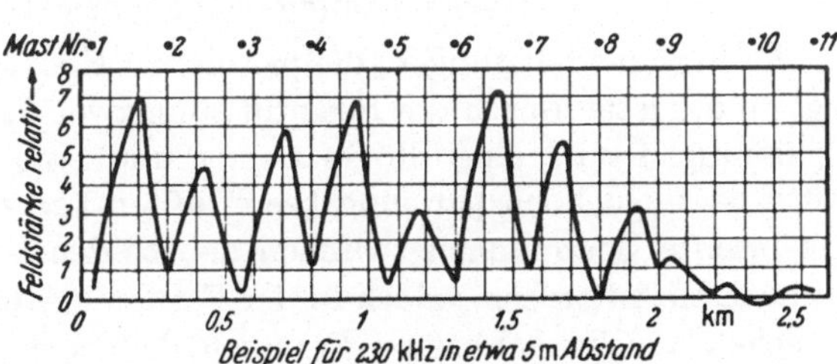

Abb. 80. Verlauf der Abstrahlung längs der Hochspannungsleitung.

könnte in einem Abhörgerät einen Träger zusetzen und damit die Verbindung „anpfeifen", das Abhören ist jedoch durch einen verhältnismäßig lauten Interferenzton gestört, den der im Abhörgerät erzeugte Träger mit dem übertragenen Träger bildet. Es gibt auch noch besondere „Sprachverschlüsselungseinrichtungen", bei denen die Kenntnis einer nach Verabredung veränderbaren Verschlüsselungshilfsfrequenz nötig wäre, um als unbefugter Dritter ein Gespräch abzuhören. Diese Hilfsmittel sind jedoch verhältnismäßig kostspielig und werden kaum angewendet, weil wirklich zwingende Gründe meistens nicht vorliegen.

Bei der Einseitenbandübertragung mit unterdrücktem Träger ergibt sich eine Erschwerung des Abhörens von selbst. Eine Sendung mit vollständig unterdrücktem Träger kann nur durch Zusetzen des Trägers wieder hörbar gemacht werden. Hierzu sind Rundfunkempfänger nötig, die bei der unterdrückten Trägerfrequenz zum Schwingen gebracht werden können. Grundsätzlich ist dies nur bei Rückkopplungsempfängern der Fall, die von der Rundfunkindustrie im allgemeinen nicht mehr gebaut werden.

Das Abhören einer Einseitenbandsprechverbindung mit unterdrücktem Träger durch Rückkopplungsempfänger ist keineswegs bequem durchführbar, da die Frequenz der schwingenden Empfänger nicht genügend konstant ist. Orientierende Versuche haben gezeigt, daß ein dauerndes Nachregeln nötig ist, um zusammenhängenden Text verstehen zu können.

Die größeren und empfindlicheren Rundfunkempfänger neuerer Bauart arbeiten meistens mit Überlagerungsempfang. Da ein vollständiges Unterdrücken des Trägers im Einseitenbandgerät praktisch nicht möglich ist, kann in seltenen Fällen der Trägerrest für einen — wenn auch qualitativ sehr schlechten — Empfang auch mit Überlagerungsempfängern ausreichen, nämlich dann, wenn der Sprachpegel am Eingang der Trägerfrequenzgeräte infolge einer hohen Dämpfung in den Zubringerleitungen sehr klein ist.

16. Anhang.

a) Hochspannungsbeeinflußte Fernmeldeleitungen und Hochspannúngsschutzeinrichtungen.

An Fernmeldeleitungen, die parallel zu Hochspannungsleitungen verlegt sind, treten durch die Beeinflussung zwei Arten von unerwünschten Spannungen auf: eine Störspannung und eine Gefährdungsspannung. Auch bei nicht hochspannungsbeeinflußten Fernmeldeleitungen sind unerwünschte Spannungen zwischen den beiden Nachrichtendrähten vorhanden, sie entstehen jedoch in der Fernmeldeanlage selbst durch Übersprechen aus benachbarten Fernmeldeleitungen, störende Spannungen aus den Hilfsstromquellen und ähnliches. Ihr Effektivwert, die Fremdspannung, wird mit geeigneten Mitteln in den zulässigen Grenzen gehalten. Beim Parallelverlauf der Nachrichtenleitungen mit einer Hochspannungsleitung kommen wesentlich größere unerwünschte Spannungen hinzu, die aus der Hochspannungsanlage in die Fernmeldeanlage übertragen werden. Die einzigen Mittel, diese Spannungen klein zu halten, sind entweder eine Abschirmung der Nachrichtenleitung gegen das Feld der Hochspannungsleitung (was auch mit einer Verkabelung der Hochspannungsleitung und der Fernmeldeleitung nur zum Teil erreichbar ist), oder eine möglichst gleichmäßige Beeinflussung beider Nachrichtendrähte im Feld der Hochspannungsleitung, also eine gute Symmetrierung und Verdrillung, damit keine Spannungsdifferenzen zwischen den beiden Nachrichtendrähten auftreten können.

Die Gefährdungsspannungen an hochspannungsbeeinflußten Nachrichtenleitungen bestehen in Spannungen zwischen dem Nachrichtenstromkreis und Erde; sie beanspruchen die Isolation in den Nachrichtengeräten gegen Erde und können für Geräte und Bedienungspersonal gefährliche Größen annehmen, wenn die Nachrichtenanlage nicht entsprechend aufgebaut ist.

Die Adern von Steuerkabeln (Signalkabeln), wie sie in Hochspannungsstationen zur Betätigung von Starkstromgeräten verlegt werden, lassen sich nicht gut als Fernmeldeleitungen benutzen. Abgesehen davon, daß aus den Steuerkreisen des Kabels selbst, die oft mit 220 Volt Wechselspannung oder 220 Volt Gleichspannung mit Oberwellen der Batterieladespannung betrieben werden, Störspannungen auf diese Fernmeldekreise übertreten würden, ist auch eine aus zwei Drähten eines Steuerkabels gebildete Leitungsschleife zu unsymmetrisch. Bekanntlich liegen die Drähte des Kabels einzeln, die beiden zu einem Fernmeldekreis gehörenden Drähte sind also nicht miteinander verdrillt, und die aus parallel laufenden Hochspannungskabeln herrührende Störspannung wird dadurch sehr hoch.

In Fernsprechkabeln dagegen sind die beiden zu einem Leitungskreis gehörenden Drähte verdrillt. Bei einem Parallelverlauf mit Hochspannungsleitungen tritt zwar trotz der Schirmwirkung des Kabelmantels ein Teil des Feldes der Hochspannungsleitung in das Fernmeldekabel ein und ruft in den einzelnen Verdrillungsabschnitten Störspannungen mit immer abwechselnden Vorzeichen hervor; die Störspannungswerte der einzelnen Verdrillungsabschnitte heben sich aber über die ganze Leitungslänge gegenseitig fast vollständig auf.

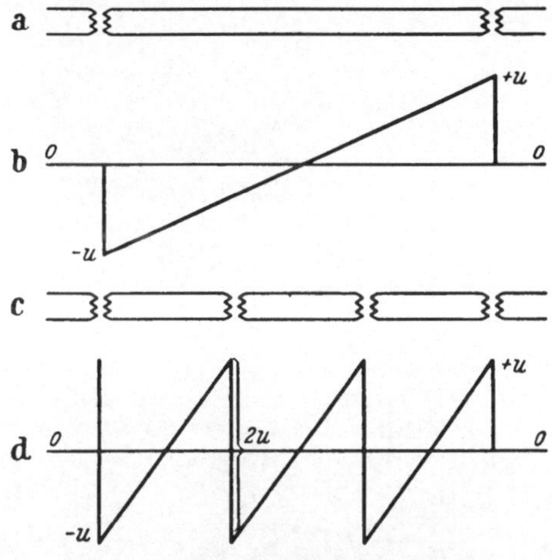

Abb. 81 a—d. Hochspannungsbeeinflußte Fernmeldekabel.
a) Schaltung einer Leitungsschleife. b) Verlauf der Gefährdungsspannung zwischen Ader und Mantel. c) Induktive Unterteilung einer Leitungsschleife. d) Verlauf der Gefährdungsspannung bei induktiver Unterteilung.

Dagegen tritt bei hochspannungsbeeinflußten Fernmeldekabeln eine nennenswerte Gefährdungsspannung auf (Abb. 81 a, b). Sie wird unwirksam gemacht, indem man die galvanische Verbindung zwischen der Leitung und den angeschlossenen Apparaten durch entsprechend isolierte Ringübertrager aufhebt. Die „induzierten Längsspannungen" in einem Fernmeldekabel werden für den gefährlichsten Beeinflussungsfall, den Doppelerdschluß, berechnet [6]. Können sie größer werden als die Prüfspannung des Fernmeldekabels, so werden die Fernmeldekreise induktiv unterteilt (Abb. 81 c, d). Auch durch eine besondere Armierung des Fernmeldekabels kann man eine Herabsetzung der induzierten Längsspannungen erreichen, da die Schutzwirkung eines Kabelmantels vom Gleichstromwiderstand des Mantels abhängig ist und durch Querschnittsvergrößerung oder leitend mit der

Bewehrung verbundene Kupferadern unmittelbar unter dem Kabelmantel
vergrößert werden kann.

Während hochspannungsbeeinflußte Erdkabel meist für 2 kV Prüfspannung gebaut sind und zu ihrer Abriegelung und induktiven Unterteilung für 2 kV isolierte Übertrager genügen, sind selbsttragende Luft-

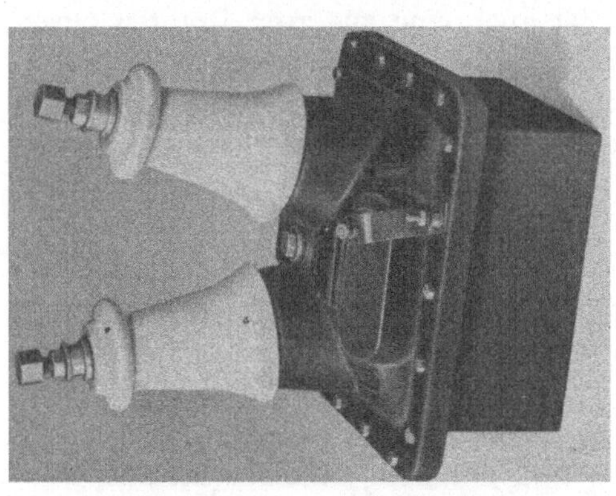

Abb. 82a—d. Hochspannungsschutzeinrichtungen (Siemens & Halske).
a) Schaltung einer Schutzeinrichtung für selbsttragende Luftkabel. b) Schaltung einer Schutzeinrichtung für Nachrichtenfreileitungen am
Hochspannungsgestänge c) Ansicht einer
Schutzeinrichtung. d) Erdungsdrossel zur
Schutzeinrichtung.

kabel häufig für höhere, selten aber für mehr als 4 kV Prüfspannung
gebaut. Es ist dann nötig, sie mit höher isolierten Übertragern abzu-
schließen. Soweit die Gefahr atmosphärischer Überspannungen oder
einer direkten Berührung zwischen Kabelader und Hochspannungsleitung
besteht, werden die hochspannungssicheren Ringübertrager noch durch
vorgeschaltete Sicherungseinrichtungen geschützt (Abb. 82a).

Fernsprechfreileitungen am Hochspannungsgestänge werden bei Spannweiten bis zu 80 m mit massiven Siliziumbronzeleitern oder verzinkten Eisenleitern von mindestens 3 mm $\varnothing$ verlegt und bei Spannweiten über 120 m als verseilte Leiter mit einem Querschnitt von mindestens 10 mm² aus denselben Werkstoffen. Sie werden entweder fortlaufend in den Spannfeldern oder an bestimmten Masten in durchschnittlich 250 m Abstand verdrillt, wobei die Lage der Verdrillungspunkte über die ganze Leitungsstrecke nach einem „Verdrillungsplan" errechnet wird, damit der Ausgleich der Störspannungen der Verdrillungsabschnitte möglichst vollkommen geschieht.

Als Schutz gegen die Gefährdungsspannungen werden hier Hochspannungsschutzeinrichtungen verwendet, die der Möglichkeit einer direkten Berührung zwischen Nachrichtenfreileitung und Hochspannungsfreileitung Rechnung tragen (Abb. 82b). Für Hochspannungsnetze bis 60 kV Betriebsspannung sind derartige Schutzeinrichtungen allgemein zugelassen, auch beim Übergang auf posteigene Leitungen; die Schutztransformatoren sind in diesen Fällen für 30 kV Prüfspannung gebaut. Eine Erdungsdrosselspule leitet die Überspannungen dauernd nach Erde ab.

Zur Einführung hochspannungsbeeinflußter Fernsprechfreileitungen in Hochspannungsstationen werden öfters Fernsprechkabel verwendet. Soweit diese nur für eine normale Prüfspannung gebaut sind, müssen sie durch „Überführungskästen" (das heißt, am Mast im Freien angebrachte Hochspannungsschutzeinrichtungen) vor Gefährdungsspannungen geschützt werden. Es ist in den letzten Jahren jedoch üblich geworden, höher isolierte Einführungskabel zu benutzen, damit die Schutzeinrichtung erst am Ende des Kabels in der Station eingebaut werden kann, und somit ihre Montage und Wartung bequemer werden.

Zur Ableitung von Wanderwellen, die in gewitterreichen Gegenden oder durch das Schalten großer Leistungen bei hoher Spannung auftreten können, werden mitunter Kathodenfallableiter vor die ganze Hochspannungsschutzeinrichtung geschaltet.

Eine Fernmeldefreileitung am Hochspannungsgestänge ist technisch zweckentsprechend, wenn es sich darum handelt, nur einen Leitungskreis für Fernmeldezwecke über nicht zu große Entfernungen einzurichten. Mehr als ein Freileitungspaar läßt sich auf einem Hochspannungsgestänge im allgemeinen nicht gut unterbringen. Insbesondere ist eine Viererschaltung aus zwei hochspannungsbeeinflußten Fernsprechfreileitungen praktisch nicht durchführbar, weil dann außer der Verdrillung der beiden Leiter einer Schleife noch ein Platzwechsel der Stammpaare untereinander nötig wäre, um die Störspannungen im Viererkreis auszugleichen. Diese Aufgabe ist, da schon eine gute Verdrillung des Stammkreises schwierig ist, praktisch nicht lösbar. Wenn wirklich in Ausnahmefällen zwei Fernsprechleitungspaare an einem Hochspannungsgestänge verlegt sind, kann man den Viererkreis aus diesen beiden Leitungspaaren nicht für Fernmeldezwecke benutzen.

Die Störspannung auf derartigen Fernsprechfreileitungen sind trotz aller Gegenmaßnahmen unterhalb etwa 20 kHz höher als bei nicht beeinflußten Leitungen. Trotzdem ist eine Mehrfachausnutzung solcher Nachrichtenfreileitungen am Hochspannungsgestänge möglich, und zwar mit normalen, für unbeeinflußte (Post-)Leitungen entwickelten Trägerfrequenzgeräten, wenn Trägerfrequenzen oberhalb etwa 25 kHz verwendet werden. In diesem Frequenzbereich ist die Störung durch die Hochspannungsanlage bereits genügend abgesunken. Selbstverständlich sind abweichend von den unbeeinflußten (Post-) Trägerfrequenzanlagen Schutzeinrichtungen nötig, die verhindern, daß Gefährdungsspannungen an den Nachrichtengeräten auftreten.

b) Schätzung der Baukosten für werkseigene Fernmeldeleitungen.

Bei einem Vergleich der Kosten einer werkseigenen Nachrichtenleitung und einer Trägerfrequenznachrichtenanlage, die über Hochspannungsleitungen betrieben wird, stehen folgende Aufwendungen einander gegenüber:

Besondere Nachrichtenleitung		Trägerfrequenzübertragung
Freileitung	Kabel	
Leitungsmaterial mit Isolatoren	Kabel mit Armaturen, gegebenenfalls Pupinisierung	Übertragungsgerät mit Ankopplung und Überbrückungen unterwegs
Verlegung	Verlegung Montagearbeiten	Aufstellung und Inbetriebsetzung
Schutzeinrichtungen	Schutzeinrichtungen	—
Stromversorgung der Nachrichtengeräte	Stromversorgung der Nachrichtengeräte	Besondere Notstromversorgung der Übertragungsgeräte

Die Kosten der Stromversorgung normaler Niederfrequenznachrichtengeräte sind im Regelfall niedrig im Vergleich zu denen der Notstromversorgung der Übertragungsgeräte einer Trägerfrequenzanlage; allerdings sind Notstromversorgungen nicht immer notwendig (s. S. 122).

Zur Schätzung der Kosten einer besonderen Nachrichtenleitung verwendet man zweckmäßig Rechenblätter, um rasch einen Überblick über die verschiedenen Ausführungsmöglichkeiten zu bekommen.

Zum Entwurf eines Rechenblattes (Abb. 83) entnimmt man die Werte für die Kurven $P = f$ (Paarzahl) einer Kabelpreisliste, wobei entsprechende Zuschläge für Armaturen, Pupinisierung und Montage hinzukommen. Nach der Wahl der (metrischen) Teilungen auf den Leitern für $P + V$ und K zeichnet man die Verbindungslinie von $K = 0$ nach $P = 0 = V$. Auf dieser werden durch Verbindungslinien von verschiedenen Werten K zu verschiedenen Werten P die Punkte $\frac{K}{P}$ einer Hilfsskala ermittelt. Diese Hilfsskala wird durch Parallelen zu den Skalenträgern $P + V$ (und K) auf den Skalenträger für L projiziert. Entsprechend den Erfahrungswerten für V werden für verschiedene Verlegungs-

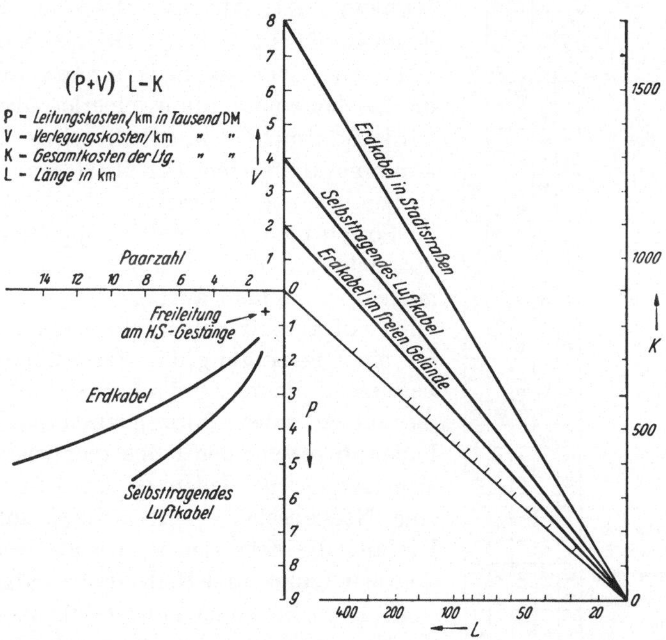

Abb. 83. Rechenblatt zur Ermittlung der Baukosten für werkseigene Fernmeldeleitungen.

arten weitere Verbindungslinien von verschiedenen Punkten der V-Skala zum Punkt $K = 0$ gezogen.

Bei der Benutzung des Rechenblattes geht man von der gewünschten Anzahl von Adernpaaren aus und stellt je nach Kabelart verschiedene Werte von P fest. Außerdem ermittelt man senkrecht über L die zu der vorliegenden Übertragungsentfernung gehörenden Hilfspunkte V' als Schnittpunkte mit den schrägen Linien von $K = 0$ nach V, je nachdem, welche Art der Kabelverlegung in Betracht kommt. Die Verbindungslinien der verschiedenen Punkte P mit den verschiedenen Hilfspunkten V' ergeben in ihrer Verlängerung Schnittpunkte mit dem Skalenträger K und damit die Gesamtkosten der Leitungsanlage für die verschiedenen Varianten.

c) Fernschreiber und Hellschreiber.

Die Fernschreiber arbeiten nach einem Codeprinzip [6]. Jeder Buchstabe wird durch eine Zusammenstellung von fünf gleichlangen Schritten dargestellt, denen jeweils ein Anlaufschritt vorangeht und ein Sperrschritt folgt. Es sind also insgesamt sieben Schritte zur Übertragung eines Buchstabens nötig. Als Grundlage dient das zwischenstaatliche Telegrafenalphabet Nr. 2 (nach MURRAY USA., Abb. 84). Die größte Schreibgeschwindigkeit beträgt 428 Zeichen je Minute. Die Übertragung ist einwandfrei, wenn die Zeichenkombination fehlerlos übertragen wird; Störimpulse innerhalb einer Zeichenkombination fälschen den übertragenen Buchstaben in einen anderen.

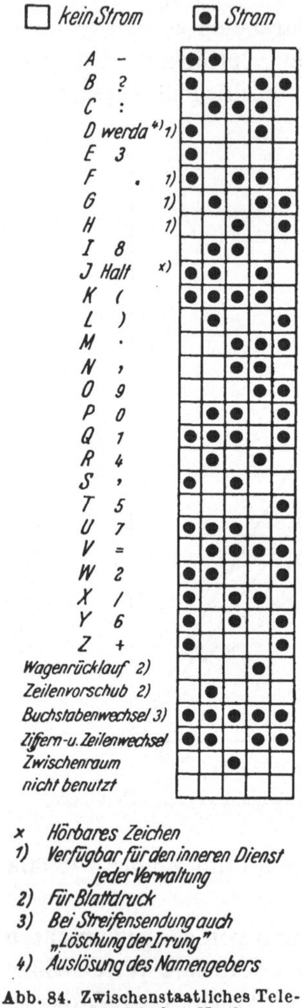

Soweit nicht bereits eine Doppeltontastung ausreicht, um derartigen Störimpulsen zu begegnen, kann man anstatt des Codeprinzips auch ein vereinfachtes Bildtelegrafenprinzip für die Übertragung der Fernschreibzeichen benutzen. Beim „Hellschreiber" [6] werden die auf einfachste Form gebrachten Zeichenbilder in verschieden lange rechteckige Bildelemente zerlegt. Jedem Zeichen ist im Sender eine Nockenscheibe zugeordnet, auf deren Umfang die Zeichenelemente als Nocken in richtiger Länge und Reihenfolge aufgetragen sind. Beim Betätigen einer Zeichentaste wird die Nockenscheibe durch einen Kontakt abgetastet und so die den Bildelementen entsprechende Impulsfolge auf den Übertragungskanal gegeben. Im synchron laufenden Empfänger werden die Impulse durch eine Schreibspirale wieder in Zeichenelemente umgesetzt und zu Zeichenbildern zusammengefügt. Störimpulse können ein geschriebenes Zeichen nur verwischen, nicht aber die Wiedergabe eines ganz anderen Zeichens zur Folge haben. Die Lesbarkeit bleibt also erhalten, sofern der Störpegel nicht außergewöhnlich hoch ist (Abb. 85).

Die Telegrafiergeschwindigkeit bei Hellschreibern ist größer als bei Fernschreibern; daher genügt die Bandbreite eines für 50 Baud bemessenen Fernschreibkanals nicht zur Übertragung der Hellschreiberzeichen (Anhang h).

Abb. 84. Zwischenstaatliches Telegrafenalphabet Nr. 2 (MURRAY, U.S.A.).

Abb. 85 a—c. Empfangsstreifen des Hellschreibers, unter verschiedenen
Betriebsbedingungen aufgenommen.
a) Störungsfreier Betrieb. b) Mangelnder Gleichlauf zwischen Sender und
Empfänger. c) Hoher Störpegel im Übertragungskanal.

d) Modulation, Überlagerung, Schwebung.

Eine „Modulation" ist definiert durch Produktgleichungen [Gl. (18)
u. (19)]. Diese geben einen unmittelbaren Aufschluß über den Verlauf
der modulierten Schwingung (Abb. 33 a, b). Da jede periodische Funktion in eine Summe von Kosinusschwingungen zerlegt werden kann, ist
es stets möglich, die Produktgleichungen durch eine mathematische
Umformung in identische Summengleichungen zu überführen.

Dieser mathematischen Umformung entspricht ein physikalischer
Sachverhalt. Die einzelnen Summanden stellen die durch den Modu-
lationsvorgang entstehenden Seitenschwingungen dar. Eine durch eine
Summengleichung dargestellte modulierte Schwingung ist als Summe
der Teilschwingungen verschiedener Frequenzen anzusehen, die im
Modulator entstehen.

Es gibt eine ganze Reihe von „Modulatoren", also Einrichtungen zur
Verschiebung einer Nachrichtenfrequenz in eine höhere Frequenzlage,
und von „Demodulatoren", also Einrichtungen zur Rückverschiebung in
die ursprüngliche Frequenzlage. Alle diese Frequenzumsetzer sind
praktisch nichtlineare Widerstände, in denen durch die steuernden
Schwingungen gesteuerte Schwingungen in einer anderen Frequenzlage
erzeugt werden. Es handelt sich bei der Modulation physikalisch gesehen
um den gleichen Vorgang wie er später (Anhang e) als nichtlineare Verzerrung beschrieben wird, nur daß die Modulation ein beabsichtigter
Effekt ist, um eine Nachricht in eine andere Frequenzlage zu verschieben,
während die nichtlineare Verzerrung ein unerwünschter Effekt ist, der
sich letzten Endes als Störpegel in einem Übertragungskanal anderer
Frequenzlage auswirkt.

Im Gegensatz zur Modulation handelt es sich bei der „Überlagerung"
darum, daß Wechselströme verschiedener Frequenz gleichzeitig durch
einen linearen Widerstand fließen. Jede Stromart verhält sich, als ob
die andere gar nicht vorhanden wäre. Die Überlagerung ist also eine
Addition zweier Spannungen verschiedener Frequenz an linearen Wider-
ständen (auch „Superposition)".

Man kann auch die Modulation als Änderung der Kurvenform eines Stromes auffassen, und zwar derart, daß ganz bestimmte neue Frequenzen entstehen, während bei der Überlagerung die Ströme verschiedener Frequenz von Anfang an gegeben sind und gleichzeitig auf einen linearen Widerstand geleitet werden.

Durch die Überlagerung zweier sinusförmiger Schwingungen mit nur wenig voneinander abweichender Frequenz entsteht eine „Schwebung" (auch „Interferenz"). Bei gleicher Amplitude der beiden Grundschwingungen verläuft die Hüllkurve der resultierenden Schwingung entsprechend kommutierten Sinuslinien (einfache Schwebung, Abb. 86a); im allgemeinen Fall bei ungleicher Amplitude ist die Überlagerung zweier nichtmodulierter Sinusschwingungen gleichwertig einer einzigen modulierten Schwingung, deren Amplitude nicht genau sinusförmig mit der Differenzfrequenz der beiden Grundschwingungen um einen Mittelwert schwankt (Abb. 86b).

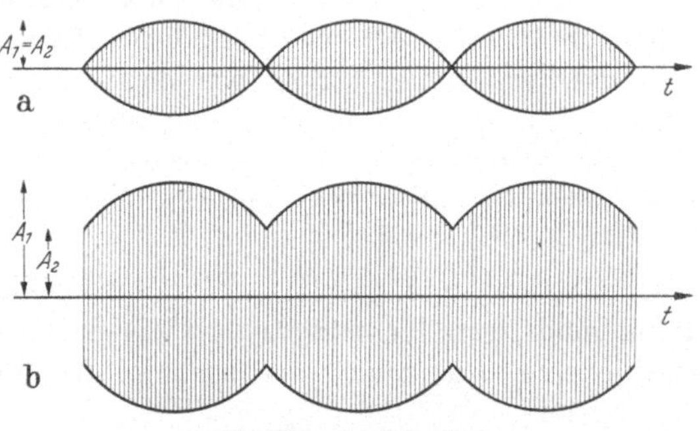

Abb. 86a u. b. Schwebung.
a) Einfache Schwebung aus zwei Grundschwingungen gleicher Amplitude. b) Schwebung aus zwei Grundschwingungen ungleicher Amplitude.

Nimmt zum Beispiel ein Hochfrequenzempfänger die Schwingungen zweier verschiedener Sender auf, die bis auf eine kleine Differenz gleich abgestimmt sind, so wirkt sich die Interferenz so aus, als ob ein mit einer Tonfrequenz modulierter Hochfrequenzträger empfangen würde. Wenn die Differenz der Sendefrequenzen konstant bleibt, entstehen Pfeiftöne, bei einer nicht konstanten Differenz dagegen Heultöne.

e) Verzerrungen in Fernsprechkanälen.

Man unterscheidet genauer zwischen folgenden Arten von Verzerrungen:

„Dämpfungsverzerrung".

Sie wird auch „Amplitudenverzerrung" oder „lineare Verzerrung" genannt und ist dann vorhanden, wenn die Dämpfung für die verschiedenen zu übertragenden Frequenzen nicht gleich ist.

„Phasenverzerrung".

Das „Dämpfungsmaß" einer Leitung [Gl. (13)] kennzeichnet nur die Größe der Dämpfung, nicht dagegen die Drehung, die der Vektor von Strom oder Spannung durch die Leitung erfährt. Der Zusammenhang

von Spannung oder Strom am Leitungsanfang und am Leitungsende
wird vollständig erfaßt durch das „Übertragungsmaß" [*19*], [*27*].

$$g = b - ja \tag{26}$$

für eine an beiden Enden mit dem Wellenwiderstand abgeschlossene Leitung. Es enthält als zweite für die Übertragung charakteristische Größe
das „Phasenmaß" a.

Wenn der Winkel a eines Übertragungssystems proportional der übertragenen Frequenz ω verläuft, ist die Spannung am Empfänger gegenüber
der Sendespannung lediglich verzögert. Eine Phasenverzerrung liegt vor,
wenn das Winkelmaß a nicht mehr proportional der Frequenz ω verläuft.
In Fernsprechkreisen äußert sich dies durch den Unterschied der Laufzeit[1] bei 800 Hz gegenüber der bei der unteren beziehungsweise oberen
Frequenz des zu übertragenden Frequenzbandes. Für eine internationale
Verbindung zum Beispiel hat das CCIF festgesetzt, daß die Laufzeit bei
der unteren Eckfrequenz höchstens um 10 ms, der bei der oberen Eckfrequenz höchstens um 5 ms von der Laufzeit bei 800 Hz abweichen darf.
Mit dieser „Laufzeitverzerrung" eines Übertragungssystems ist die Verständlichkeit noch nicht merklich geringer als ohne Phasenverzerrung.
Die unterschiedlichen Begriffe Phasenverzerrung und Laufzeitverzerrung
ergeben sich aus der Betrachtung von Ursache und Auswirkung bei
demselben Sachverhalt.

Für die Übertragung hochfrequenter Nachrichtenströme über Hochspannungsfreileitungen ist die Phasenverzerrung ohne Bedeutung, weil
die Gesamtlaufzeit gering ist; bei Nachrichtenkabeln dagegen ist die
Laufzeit größer und damit spielt hier auch die Phasenverzerrung eine
wesentliche Rolle. Als äußerst zulässige Laufzeit ist vom CCIF für alle
internationalen Fernsprechverbindungen 250 ms angegeben.

„Nichtlineare Verzerrung."

Sie wird auch „Krümmungsverzerrung" genannt und ist dann vorhanden, wenn bei der Übertragung von Nachrichtenschwingungen unerwünschte Teilschwingungen höherer Frequenz entstehen. Sie werden
durch nichtlineare Glieder im Übertragungskanal hervorgerufen, wie
zum Beispiel durch Verstärker, die über den linearen Teil der Röhren-
kennlinie ausgesteuert sind, oder durch Pupinspulen. Auch an den
Klemmen der Modulatoren, die zur Verschiebung einer Nachricht in eine
andere Frequenzlage benutzt werden, treten unerwünschte Modulations-

---

[1] Genauer „Gruppenlaufzeit", das ist die Zeitspanne, die ein Maximum der
Hüllkurve einer Gruppe von zwei Sinusschwingungen der benachbarten Kreis-
frequenzen ω und $\omega - d\omega$ braucht, um den Sprechkreis zu durchlaufen; die
Gruppenlaufzeit ist gleich der Ableitung der Winkelkonstanten a nach der Kreis-
frequenz ω, also $\dfrac{da}{d\omega}$.

produkte höheren Grades auf. Der zu übertragende Strom erzeugt in den nichtlinearen Übertragungsgliedern gleichsam fiktive Stromquellen, die zusätzliche Ströme liefern, und zwar mit anderen Frequenzen als die des zu übertragenden Stromes.

Mit „Klirrverzerrung" bezeichnet man die nichtlineare Verzerrung einer einzigen sinusförmigen Schwingung. Der „Oberschwingungsgehalt" K, auch „Klirrfaktor" genannt, kennzeichnet demnach die Auswirkung der Nichtlinearität eines Übertragungsgliedes bei nur einer Frequenz. Wenn U_1 die effektive Spannung der Grundfrequenz, U_2, U_3, ... die effektiven Spannungen der Oberschwingungen am Ausgang des nichtlinearen Gliedes darstellen, ist der Klirrfaktor definiert durch

$$K = \frac{\sqrt{U_2^2 + U_3^2 + U_4^2 + \cdots}}{\sqrt{U_1^2 + U_2^2 + U_3^2 + U_4^2 + \cdots}} \tag{27}$$

Er kann auch für jede Oberschwingung einzeln angegeben werden, für die dritte Oberschwingung zum Beispiel

$$K_3 = \frac{U_3}{\sqrt{U_1^2 + U_2^2 + U_3^2 + U_4^2 \cdots}}$$

Unter „Klirrdämpfung" b_K versteht man den Wert

$$b_K = \ln \frac{1}{K} = \ln \sqrt{\frac{U_1^2 + U_2^2 + U_3^2 + U_4^2 + \cdots}{U_2^2 + U_3^2 + U_4^2 + \cdots}} . \tag{28}$$

Bei einigen Meßverfahren erhält man statt des Klirrfaktors K die Größe

$$K' = \frac{\sqrt{U_2^2 + U_3^2 + U_4^2 + \cdots}}{U_1} ,$$

die früher als Klirrfaktor bezeichnet wurde. Bei kleinen Klirrfaktoren sind K und K' annähernd gleich, allgemein gelten die Beziehungen

$$K = \frac{K'}{\sqrt{1 + K'^2}} \quad\text{und}\quad K' = \frac{K}{\sqrt{1 - K^2}} .$$

Die Hauptquelle nichtlinearer Verzerrungen bei gewöhnlichen Fernsprechverbindungen (in der natürlichen Frequenzlage, ohne Verstärker) ist das Mikrofon. Durch eingehende Untersuchungen wurde festgestellt, daß es bei ihm nicht nur auf den Klirrfaktor ankommt, sondern auch auf seine zeitliche Konstanz. Bei älteren Mikrofonen sind die Verzerrungen so groß, daß neben ihnen die übrigen Quellen nichtlinearer Verzerrungen keine Rolle spielen. Bei neueren Kohlemikrofonen beträgt der Klirrfaktor nur noch etwa 5%.

Für Fernsprechverstärker mit einer Höchsteistung von 20 mW bei Zweidraht-, von 50 mW bei Vierdrahtbetrieb (jedesmal gemessen am Ausgang des Verstärkers), darf der Klirrfaktor bei 800 Hz nach einer Vorschrift des CCIF nicht mehr als 5% betragen; dies entspricht einer Klirrdämpfung von 3,0 N.

Werden mehrere Sinusschwingungen gleichzeitig auf ein nichtlineares Übertragungsglied gegeben, so entstehen neben den Oberschwingungen auch noch Kombinationstöne. Diese setzen die Güte der Übertragung bei stärkeren Abweichungen von der Linearität mehr herab, als die Oberschwingungen. Als Maß für die Differenztonbildung werden die vom CCI empfohlenen „Differenztonfaktoren" erster Ordnung (Faktor der quadratischen Verzerrung) und zweiter Ordnung (Faktor der kubischen Verzerrung) benutzt. Das Verhältnis des Effektivwertes sämtlicher Oberwellen einschließlich der Kombinationstöne zum Effektivwert des Gesamtgemisches stellt einen erweiterten Klirrfaktor dar, der „Verzerrungsfaktor" genannt wird.

Die Oberschwingungen, die durch die Klirrverzerrung erzeugt werden, ändern die Klangfarbe der Sprache, während sie die Verständlichkeit kaum beeinträchtigen. Im gewöhnlichen Fernsprechverkehr rechnet man mit Klirrverzerrungen bis zu 30%. Die Kombinationsschwingungen sind bei der Übertragung musikalischer Darbietungen besonders unerwünscht, da die Summen- und Differenztöne im allgemeinen unharmonisch zu den ursprünglichen Frequenzen liegen. In Trägerfrequenzverstärkern kann durch die Differenztöne ein „nichtlineares Nebensprechen" entstehen, das heißt, das Gespräch in einem Kanal wird auch in einem anderen hörbar. In solchen Fällen werden die nichtlinearen Verzerrungen nicht mehr durch die Oberwellen, also den Klirrfaktor, erfaßt, sondern durch die wesentlich stärker störenden Kombinationstöne, also die Differenztonfaktoren.

Das Vermeiden nichtlinearer Verzerrungen ist ein wesentlicher Gesichtspunkt bei der Bemessung von Trägerfrequenzgeräten für Mehrfachübertragung. Der Aufbau der Umsetzer, Filter, Verstärker und anderer Baugruppen wird dadurch schwieriger und erfordert einen höheren Aufwand.

f) Fernmeß- und Fernzählgeräte.

Von den zahlreichen Fernmeßverfahren, die im Laufe der Zeit von verschiedenen Firmen entwickelt wurden [6], [11] u. [26] interessieren im Zusammenhang mit der Trägerfrequenzübertragung nur diejenigen, die unabhängig vom Vorhandensein einer Fernleitungsschleife arbeiten können. Für die Übertragung mit Trägerfrequenzen sind zunächst alle Impulsverfahren geeignet, also alle Fernmeßsysteme, die den Meßwert in eine Impulsfolge umwandeln, so daß er durch Tastung des Trägers fernübertragen werden kann. Außerdem sind alle Fernmeßsysteme geeignet, die eine Veränderung der Trägerfrequenz selbst oder eine Modulation der Trägerschwingung ermöglichen.

Aus jeder dieser beiden Gruppen wird hier nur ein Beispiel erwähnt:

Beim „Impulsfrequenzverfahren" (Abb. 87a) wird der Meßwert am Sendeort in eine Impulsfolge umgewandelt, bei der die Dichte der

Impulse ein Maß für die Größe des Meßwertes darstellt. Eine Impulsfrequenz von etwa 3 Impulsen/s entspricht der Größe Null, eine Impulsfrequenz von etwa 12 Impulsen/s der Größe von 100% des Fernmeßwertes. Es kann auch eine Größe mit wechselndem Vorzeichen mit nur einem Geber ferngemessen werden, in der Weise, daß zum Beispiel der negative Maximalwert auf 3 Impulse/s, der Nullpunkt auf 6 Impulse/s und der positive Maximalwert auf 12 Impulse/s liegen, wenn der Meßbereich — 30..., 0 ..., + 60 beträgt.

Die Impulse werden durch Tastung eines Trägers oder einer den Träger modulierenden Zwischenfrequenz übertragen (s. S. 81).

Am Empfangsort wird die Impulsfrequenz durch eine Kondensatorschaltung in einen Gleichstrom umgewandelt, dessen Größe nur von der Dichte der ankommenden Impulse abhängt.

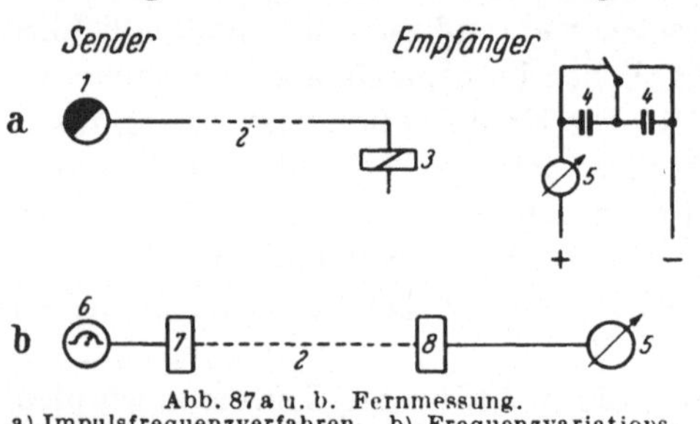

Abb. 87 a u. b. Fernmessung.
a) Impulsfrequenzverfahren. b) Frequenzvariationsverfahren.

1 Impulsfrequenzgeber; *2* Übertragungskanal; *3* Empfangsrelais; *4* Meßkondensatoren; *5* Empfangsinstrument *6* Meßinstrument mit Gebervariometer; *7* Sender für veränderliche Tonfrequenz; *8* Umformer für Frequenzänderungen in Abhängigkeit von Amplitudenänderungen eines Gleichstromes.

Es wurde bei der Ausbildung der einzelnen Geräte für Fernmeßanlagen nach diesem System Vorsorge getroffen, daß den Anforderungen des Hochspannungsbetriebes hinsichtlich Meßgenauigkeit und Einstellgeschwindigkeit entsprochen wird; auch kann fast jede Meßgröße nach diesem Verfahren erfaßt und durch anzeigende oder schreibende Empfangsinstrumente wiedergegeben werden. Am Empfangsort kann leicht eine Summe der einzeln fernübertragenen Werte durch Parallelschalten der Meßkondensatorkreise gebildet werden.

Beim „Frequenzvariationsverfahren" (Abb. 87 b) wird der Meßwert am Sendeort in eine Tonfrequenz umgewandelt. Diese Frequenz ist bestimmt durch die Größe des Meßwertes; die Amplitude der tonfrequenten Spannung (oder des tonfrequenten Stromes) ist zur Kennzeichnung der Größe des Meßwertes ohne Bedeutung. Die Umformung am Sendeort geschieht durch ein auf der Achse eines Meßinstrumentes angebrachtes Gebervariometer, das eine mit der Meßgröße veränderliche Induktivität darstellt und die Resonanzfrequenz eines Schwingkreises auf den Wert einstellt, der jeweils der Größe des fernzuübertragenden Wertes entspricht. Es können ebenfalls Größen mit wechselndem Vorzeichen mit nur einem Geber ferngemessen werden.

Die Tonfrequenz wird zur Modulation eines Hochfrequenzträgers benutzt und am Empfangsort durch einen Umsetzer wieder in ihre ursprüngliche Frequenzlage gebracht.

Am Empfangsort wird die tonfrequente Spannung durch eine Röhrenschaltung in einen Gleichstrom umgewandelt, dessen Größe lediglich von der Frequenz der empfangenen (tonfrequenten) Wechselspannung abhängig ist.

Es wird auch bei diesem System allen bei der Anwendung auftretenden Anforderungen entsprochen, sowohl was die Meßgenauigkeit und die Einstellgeschwindigkeit, als auch die Summenbildung am Empfangsort und die Verwendung von anzeigenden und schreibenden Empfangsinstrumenten anbelangt.

Die Fernzählung wird immer nach dem gleichen Verfahren durchgeführt, nämlich durch die Umwandlung einer bestimmten Arbeitsmenge am Sendeort in einen Zählimpuls mittels eines Kontaktgabezählers (s. S. 11).

Die Übertragung der Fernzählimpulse erfolgt wie die der Fernmeßimpulse bei den Fernmeßimpulsverfahren durch Tastung eines Trägers oder einer den Träger modulierenden Zwischenfrequenz.

Die Wiedergabe der fernübertragenen Zählwerte am Empfangsort kann sehr unterschiedlich durchgeführt werden, je nachdem, ob der Zählwert nur durch ein Zahlentrommelwerk angezeigt, ob er durch Maximumschreiber geschrieben oder durch Druckeinrichtungen in Zahlen gedruckt werden soll. Für die Summierung verschiedener Zählwerte am Empfangsort werden zum Teil mechanisch ziemlich komplizierte Summierwerke hergestellt, die auch umständliche Additionen und Subtraktionen laufend selbsttätig durchführen.

g) Fernmelde- und Fernsteuergeräte.

Von den zahlreichen Verfahren für Fernmelden und Fernsteuern, die im Laufe der Zeit von einer Reihe von Firmen entwickelt wurden [6], [11], [26], interessieren im Zusammenhang mit der Trägerfrequenzübertragung nur diejenigen, die unabhängig vom Vorhandensein einer Fernleitungsschleife arbeiten können. Wie beim Fernmessen (s. S. 167) sind für die Übertragung der Fernmelde- und Fernsteuersignale alle Impulsverfahren geeignet, weil bei diesen eine Tastung des Trägers durchgeführt werden kann. Weiterhin können alle Fernmelde- und Fernsteuerverfahren in Verbindung mit Trägerfrequenzübertragungskanälen verwendet werden, die eine Modulation einer Trägerschwingung mit einer oder einer Gruppe von Zwischenfrequenzen ermöglichen.

Für die Anwendung in Elektrizitätswerken haben überwiegend Systeme der ersten Gruppe Bedeutung. Fernsteuersysteme aus der zweiten Gruppe werden hauptsächlich verwendet, wenn es auf sehr kurze Befehlsübermittlungszeiten ankommt und dies auch mit einem größeren wirtschaftlichen Aufwand verbunden sein kann.

Die Wählergeräte in einer Fernmelde- und Fernsteueranlage (Abb.88) sind aus Bausteinen der Fernsprechvermittlungstechnik aufgebaut. Sie laufen nur an, wenn ein Melde- oder Befehlsvorgang durch Kontakte (außerhalb des Wählergerätes) ausgelöst wird, und haben die Aufgabe, eine für diesen Vorgang charakteristische Impulsfolge herzustellen und die Ausführung der Meldung oder des Steuerbefehls nur dann zuzulassen, wenn die Impulsfolge fehlerfrei über den Übertragungsabschnitt zur Gegenstation gelangt ist. Der Übertragungsvorgang ist nach einigen Sekunden wieder beendet, und die Wählergeräte setzen sich selbsttätig wieder still.

In den Schaltungen dieser Wählergeräte können die Anforderungen an die Sicherung gegen Fehler in der Impulsübertragung, an die Ausbaufähigkeit des Gerätes, an die Beschränkung der Bauelemente auf ein

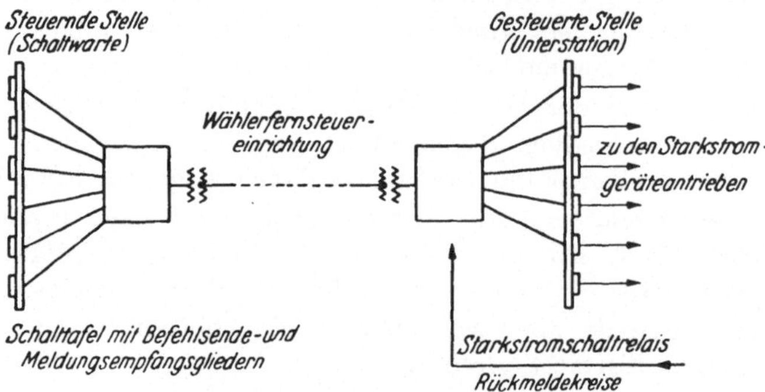

Abb. 88. Fernmelde- und Fernsteuer-Anlage.

Minimum und ähnliches in unterschiedlicher Art erfüllt werden. Dementsprechend baut jede Lieferfirma ein anders benanntes System, wobei der wesentliche Unterschied in den Schaltungsprinzipien liegt.

h) Telegrafiergeschwindigkeit, Bandbreite des Telegrafiekanals.

Wenn man bei der Tastung eines Stromes die Schließungszeit und die Unterbrechungszeit des Sendekontakts gleich lang macht, so gibt die Anzahl der Impulse je Sekunde die Tastgeschwindigkeit an. Impuls und Pause, in der Telegrafie als „Zeichenstrom" und „Trennstrom" bezeichnet, zählen gleichermaßen als Zeichenelement. Im allgemeinen sind in der Telegrafie die Zeichenelemente jedoch verschieden lang. Das kürzeste Zeichenelement bezeichnet man als „Schritt".

Beim Fernschreiber setzt sich ein Zeichen (Buchstabe) stets aus der gleichen Anzahl von Elementen zusammen, die unter sich gleichlang sind (Anhang c). Das Zeichenelement ist also hier gleich dem Schritt. Für die Übermittlung eines Buchstabens werden der Anlaufschritt, fünf Schritte nach dem MURRAY-Alphabet und der Sperrschritt übertragen, insgesamt also sieben Schritte.

Beim Morsebetrieb ist der Punkt das kürzeste Zeichenelement, also der Schritt mit der Dauer τ_0. Für die anderen Zeichenelemente rechnet man den Strich mit $3\,\tau_0$, die Zwischenräume innerhalb eines Buchstabens mit τ_0, die Zwischenräume zwischen den Buchstaben mit $3\,\tau_0$ und zwischen den Wörtern mit $5\,\tau_0$. Die Anzahl der Zeichenelemente je Buchstabe ist dabei verschieden.

Als Maß für die ,,Telegrafiergeschwindigkeit" ist die Anzahl der Schritte in der Sekunde festgelegt, also $\dfrac{1}{\tau_0}$ mit der Bezeichnung ,,Baud" (nach dem Erfinder des BAUDOT-Apparates). Die Telegrafiergeschwindigkeit ist bei den verschiedenen Arten von Telegrafierapparaten unterschiedlich und kennzeichnet nicht die Geschwindigkeit, mit der ein Buchstabe übermittelt wird.

Es ist üblich, bei diesen Betrachtungen eine ,,Punktfrequenz"

$$f_0 = \frac{1}{2\tau_0}$$

einzuführen, die um so höher ist, je kürzer der Schritt wird.

Bezeichnet man die Zahl der in der Zeiteinheit übermittelten Buchstaben mit n und die Zahl der Schritte, die (im Mittel) auf einen Buchstaben entfallen mit z, so ist für jeden Telegrafenapparat

$$n \cdot z \cdot \tau_0 = 1. \tag{29}$$

Der Fernschreiber überträgt maximal nach Gl. (29)

$$n = \frac{1}{z\tau_0} = \frac{50}{7} \approx 7 \text{ Buchst/s}.$$

Für den praktischen Betrieb kommt es auf die ,,Übermittlungsgeschwindigkeit" n an, (auch ,,Telegrafierleistung") die angibt, wieviel Buchstaben man in der Zeiteinheit über eine Telegrafenverbindung übermitteln kann. Die elektrischen Vorgänge in den Übertragungskanälen dagegen hängen hauptsächlich von der Telegrafiergeschwindigkeit ab, also von der Dauer des Schrittes. Die Übermittlungsgeschwindigkeit kann in einem anders als der Fernschreiber aufgebauten Telegrafenapparat trotz größerer Telegrafiergeschwindigkeit (höherer Punktfrequenz) kleiner sein als bei der Fernschreibmaschine. Ein Hellschreiber beispielsweise mit einer Übermittlungsgeschwindigkeit von 5 Buchstaben/s hat bei einer 7 Linienschrift eine Punktfrequenz von

$$f_0 = \frac{1}{2\tau_0} = \frac{7\cdot 7\cdot 5}{2} = 122{,}5 \text{ Hz}$$

und dementsprechend eine Telegrafiergeschwindigkeit

$$\frac{1}{\tau_0} = 2 \cdot 122{,}5 = 245 \text{ Baud}.$$

Obwohl also der Hellschreiber nur 5 Buchstaben/s gegenüber einem Fernschreiber mit 7 Buchstaben/s übermittelt, arbeitet er mit etwa der fünffachen Telegrafiergeschwindigkeit.

Bei der Netzfrequenz von 50 Hz dauert ein Schritt $\frac{1000}{100} = 10\,\mathrm{ms}$; dem entspricht eine Telegrafiergeschwindigkeit von $\frac{1000}{10} = 100$ Baud.

Bei der Modulation einer Trägerschwingung mit einer Nachrichtenfrequenz wird das Frequenzband (für das ein Nachrichtenkanal zur Übertragung des modulierten Trägers eingerichtet sein muß), um so breiter, je höher die modulierende Nachrichtenfrequenz ist (s. S. 65ff). Das gleiche gilt für die Tastung eines Nachrichtenträgers, die man als eine Modulation mit einer rechteckigen Nachrichtenschwingung (Modulationsgrad 100%) auffassen kann. Je schneller der Nachrichtenträger getastet wird, je größer also die Telegrafiergeschwindigkeit ist, um so breiter muß der Nachrichtenkanal sein, in dem die getastete Nachrichtenschwingung mit ihren Seitenschwingungen übertragen werden soll. Eine Übertragung von Zeichen der Punktfrequenz f_0 ist nur dann möglich, wenn der Übertragungsbereich des Kanals mindestens etwa gleich $1{,}6\,f_0$ ist.

Der „Übertragungsbereich" der Nachrichtenkanäle ist in Richtwerten des CCI für die verschiedenen Verwendungszwecke festgelegt durch Zahlenangaben über die höchstzulässigen Werte der Restdämpfung (als Beispiel Abb. 78).

Die „Bandbreite" ist jeweils durch die zulässigen Werte der Dämpfungserhöhungen für die Eckfrequenzen eines zu übertragenden Frequenzbandes gegeben. Für die Wechselstromtelegrafie zum Beispiel gilt als Bandbreite eines Filters der Abstand zwischen denjenigen beiden Punkten auf der Dämpfungskurve des Filters, die um $0{,}5\,N$ höher liegen als die Dämpfung bei der Nennfrequenz des Kanals in der Mitte des Durchlaßbereichs.

Die Bandbreite der Filter bestimmt auch die Laufzeit eines Zeichens. Je schmaler der Durchlaßbereich wird, um so größer wird die Laufzeit.

i) Streckenschutz mit Trägerfrequenzkanälen.

Eine Streckenschutzanlage hat die Aufgabe, die Hochspannungsleitung selbsttätig abzuschalten, wenn ein Kurzschluß oder ein Erdschluß auftritt. Man baut allgemein nur selektive Streckenschutzanlagen, in denen lediglich der fehlerbehaftete Abschnitt der Hochspannungsleitung abgeschalten wird, während die Energieversorgung über das übrige Netz ungestört weitergeht.

Eine Streckenschutzanlage (Abb. 89) enthält an jedem Ende einer Hochspannungsleitung einen Relaissatz, der an die Meßwandler angeschlossen ist und dauernd die Größe der Leistung überwacht. Nimmt diese infolge eines Fehlers im Hochspannungsnetz unzulässig große Werte an, so schalten die Relais in kürzest möglicher Zeit (weniger als 1 Sekunde) die Leistungsschalter an den Enden des fehlerbehafteten Abschnittes aus. Für die meisten Streckenschutzanlagen reicht die Meßgenauigkeit und die Arbeitsgeschwindigkeit der Schutzrelaissätze aus, um alle längs einer Leitung möglichen Fehler zu erfassen und sie in genügend kurzer Zeit abzuschalten; dazu ist keine Signalübertragung zwischen den Schutzrelais an den beiden Enden des Leitungsabschnittes nötig.

Es gibt aber in der Netzschutztechnik eine Reihe von Aufgaben, bei denen die Abschaltzeiten zu lang werden würden, wenn nicht Signalübertragungen zwischen den Endpunkten der zu schützenden Streckenabschnitte zur Beschleunigung des Abschaltevorganges durchgeführt werden. Diese Signalübertragungen werden bei Hoch- und Höchstspannungsleitungen großer Länge mangels anderer Nachrichtenleitungen über Trägerfrequenzkanäle durchgeführt.

Die erforderlichen Abschaltezeiten für die ganze Streckenschutzanlage liegen in der Größenordnung von 100 bis 200 Millisekunden. Es kommt demnach bei der Übertragung von Impulsen darauf an, daß im

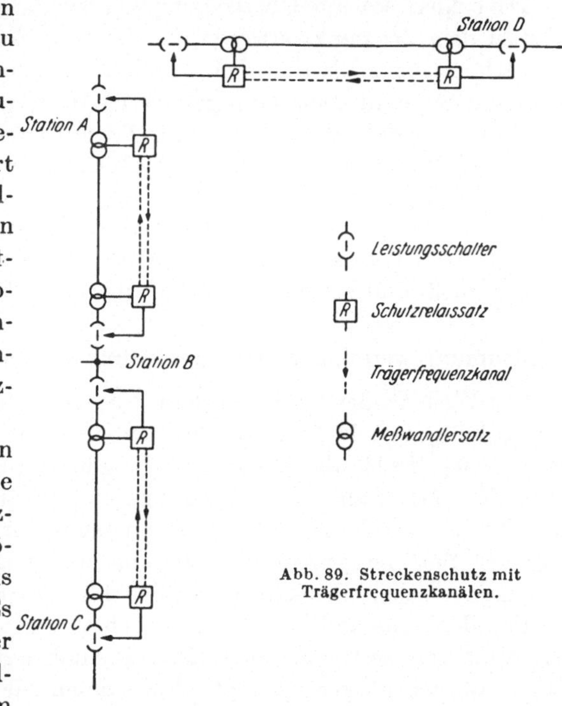

Abb. 89. Streckenschutz mit Trägerfrequenzkanälen.

Impulsübertragungsweg keine „Wiedergabeverzögerung" (Anhang l), also im Trägerfrequenzkanal auch keine „Laufzeit" (Anhang e) auftritt, deren Größe im Verhältnis zu dieser kurzen Gesamtzeit nennenswert ist.

Es gibt in der Netzschutztechnik einfache „Mitnahmeschaltungen", bei der ein durch einen Leitungsfehler auslösender Leistungsschalter den Schalter in der Gegenstation über einen Signalkanal ebenfalls ausschaltet; hierbei wird durch einen Auslösevorgang nur eine Verkehrsrichtung der Übertragungskanäle beansprucht. Bei einer vollständigen Streckenschutzschaltung (Abb. 89) wird mittels der Energierichtungsrelais an beiden Enden der Hochspannungsleitung durch Richtungsvergleichsignale in ·beiden Verkehrsrichtungen festgestellt, ob der Fehler innerhalb dieses Abschnittes liegt, bevor die Schalter an beiden Enden des Abschnittes abgeschaltet werden.

Schließlich stellt die „Kurzschlußfortschaltung" noch zusätzliche Forderungen an die Signalkanäle, weil nach dem Abschalten der Hochspannungsleitung sofort nochmals eingeschaltet wird, um festzustellen, ob die Fehlerursache noch besteht. Ist der Lichtbogen an der Fehlerstelle erloschen, so kann unter Umständen die Hochspannungsleitung weiter in Betrieb bleiben, liegt dagegen ein andauernder Fehler vor, so wird nochmals, und diesmal endgültig, abgeschaltet.

Die trägerfrequente Übertragung von Schutzsignalen muß mit Sicherheit zu dem Zeitpunkt erfolgen, in dem die Gefahr einer Störung des Trägerfrequenzkanals durch einen Lichtbogen an der Fehlerstelle sehr groß ist. Sie muß auch dann gesichert sein, wenn ein Leiter der Hochspannungsanlage reißt, an den die Trägerfrequenzanlage angekoppelt ist. Diese Bedingungen haben zu verschiedenen Sondermaßnahmen in der Ankopplung sowie in der Bemessung der Laufzeit und der Zeitkonstanten der Pegelregelung in den Übertragungsgeräten geführt, durch die sich die Übertragungskanäle für Streckenschutzimpulse von denen .für Fernmeß- und Fernsteuerimpulse unterscheiden.

k) Dämpfungswerte für Nachrichtenleitungen, Einfluß der Pupinisierung.

Der Wellenwiderstand und damit die Dämpfung einer Nachrichtenleitung hängt von der Frequenz des zu übertragenden Nachrichtenstromes ab (s. S. 56). Es ist üblich, die Dämpfung bezogen auf 800 Hz anzugeben (Abb. 90). Man kann durch Rechnung und Messung feststellen, daß bei einer Freileitung die Dämpfungsverzerrung in der natürlichen Frequenzlage der Sprache praktisch bedeutungslos ist (Abb. 91a). Bei Kabelleitungen werden einerseits wesentlich kleinere Leiterdurchmesser verwendet (der ohmsche Widerstand R wächst), und andererseits nehmen die Ableitung und die Kapazität stark zu. Die hohen Frequenzen des Sprachbandes werden stärker gedämpft als die tiefen, die Dämpfungsverzerrung verläuft annähernd proportional der Frequenz (Abb. 91b). Um wiederum eine für alle Frequenzen des Sprachbandes annähernd gleiche Dämpfung zu erhalten, schaltet man in regelmäßigen Abständen voneinander „Pupinspulen" in die Kabelleitung[1]. Dadurch ergibt sich ein annähernd ebener Dämpfungsverlauf (Abb. 91 c). Bei den „Pupinkabelleitungen" hängt die Lage der „Grenzfrequenz" im wesentlichen von der Länge der Spulenfelder und der Induktivität der Spulen ab. Allgemein kann gesagt

---

[1] Benannt nach PUPIN, der den zuerst von HEAVESIDE im Jahre 1893 geäußerten Gedanken durch Angabe einer Bemessungsregel für die Induktivität solcher Spulen mit Erfolg in der Fernsprechpraxis angewandt hat.

Leitungsart	Adern ⌀ in mm	$\frac{mN}{km}$	Bemerkungen
Unpupinisierte Kabel	0,6	102,0	
	0,8	76,0	
	0,9	66,0	
	1,0	59,0	
	1,2	48,5	
	1,4	41,0	
	1,6	35,0	
	1,8	31,0	
	2,0	27,5	
Pupinisierte Kabel (Stammleitungen)	0,9	18,6	mittelschwer pupinisiert $L = 140$ m H, $s=1,7$ km
		31,0	Leicht pupinisiert $L=50$ m H, $s=2$ km
		36,0	Leicht pupinisiert $L =30$ mH, $s=1,7$ km
	1,4	9,45	mittelschwer pupinisiert $L=140$ mH, $s=1,7$ km
		16,6	leicht pupinisiert $L=30$ mH, $s=1,7$ km
		32,8	sehr leicht pupinisiert $L=3,2$ mH, $s=1,7$ km
Freileitungen	2,5	5,9	Werte für Kupfer, Rauhreif, Leiterabstand 200 mm
	3	4,4	
	4	2,8	
	5	2,2	

Abb. 90. Dämpfung von Nachrichtenleitungen (für 800 Hz).

werden, daß bei gleichbleibendem Spulenabstand die Restdämpfung einer Strecke mit steigender Spuleninduktivität kleiner wird. Bei dieser an-

anfangs durchgeführten schweren Pupinisierung strebte man also eine möglichst geringe Dämpfung für eine längere Kabelleitung an. Dem sind jedoch Grenzen gesetzt, da mit wachsender Induktivität zwangsläufig die Grenzfrequenz immer niedriger wird und das Sprachband nicht nach Belieben beschnitten werden kann. Mit der Entwicklung der Verstärker entstand ein anderes Mit-

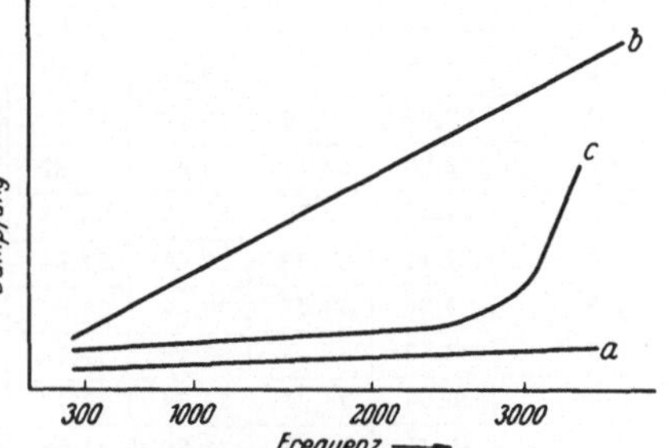

Abb. 91. Dämpfungsverzerrung von Nachrichtenleitungen.
a) Freileitungen. b) Unpupinisierte Kabel. c) Pupinisierte Kabel.

tel zur Herabsetzung der Restdämpfung, und man begann deshalb nur noch eine mittlere Pupinisierung, später eine leichte Pupinisierung

n	0	1	2	3	4	5	6	7	8	9
0,0	1	1,010	1,020	1,030	1,041	1,051	1,062	1,073	1,083	1,094
0,1	1,105	1,116	1,127	1,139	1,150	1,162	1,174	1,185	1,197	1,209
0,2	1,221	1,234	1,246	1,259	1,271	1,284	1,297	1,310	1,323	1,336
0,3	1,350	1,363	1,377	1,391	1,405	1,419	1,433	1,448	1,462	1,477
0,4	1,492	1,507	1,522	1,537	1,553	1,568	1,584	1,600	1,616	1,632
0,5	1,649	1,665	1,682	1,699	1,716	1,733	1,751	1,768	1,786	1,804
0,6	1,822	1,840	1,859	1,878	1,896	1,916	1,935	1,954	1,974	1,994
0,7	2,014	2,034	2,054	2,075	2,096	2,117	2,138	2,160	2,181	2,203
0,8	2,226	2,248	2,271	2,293	2,316	2,340	2,363	2,387	2,411	2,435
0,9	2,460	2,484	2,509	2,535	2,560	2,586	2,612	2,638	2,664	2,691
1,0	2,718	2,746	2,773	2,801	2,829	2,858	2,886	2,915	2,945	2,974
1,1	3,004	3,034	3,065	3,096	3,127	3,158	3,190	3,222	3,254	3,287
1,2	3,320	3,353	3,387	3,421	3,456	3,490	3,525	3,561	3,597	3,633
1,3	3,669	3,706	3,743	3,781	3,819	3,857	3,896	3,935	3,975	4,015
1,4	4,055	4,096	4,137	4,179	4,221	4,263	4,306	4,349	4,393	4,437
1,5	4,482	4,527	4,572	4,618	4,665	4,711	4,759	4,807	4,855	4,904
1,6	4,953	5,003	5,053	5,104	5,155	5,207	5,259	5,312	5,366	5,419
1,7	5,474	5,529	5,585	5,641	5,697	5,755	5,812	5,871	5,930	5,989
1,8	6,050	6,110	6,172	6,234	6,297	6,360	6,424	6,488	6,554	6,619
1,9	6,686	6,753	6,821	6,890	6,959	7,029	7,099	7,171	7,243	7,316
2,0	7,389	7,463	7,538	7,614	7,691	7,768	7,846	7,925	8,004	8,085
2,1	8,166	8,248	8,331	8,415	8,499	8,585	8,671	8,758	8,846	8,935
2,2	9,025	9,116	9,207	9,300	9,393	9,488	9,583	9,679	9,777	9,875
2,3	9,974	10,07	10,18	10,28	10,38	10,49	10,59	10,70	10,80	10,91
2,4	11,02	11,13	11,25	11,36	11,47	11,59	11,70	11,82	11,94	12,06
2,5	12,18	12,30	12,43	12,55	12,68	12,81	12,94	13,07	13,20	13,33
2,6	13,46	13,60	13,74	13,87	14,01	14,15	14,30	14,44	14,59	14,73
2,7	14,88	15,03	15,18	15,33	15,49	15,64	15,80	15,96	16,12	16,28
2,8	16,44	16,61	16,78	16,95	17,12	17,29	17,46	17,64	17,81	17,99
2,9	18,17	18,36	18,54	18,73	18,92	19,11	19,30	19,49	19,69	19,89
3,0	20,09	20,29	20,49	20,70	20,91	21,12	21,33	21,54	21,76	21,98
3,1	22,20	22,42	22,65	22,87	23,10	23,34	23,57	23,81	24,05	24,29
3,2	24,53	24,78	25,03	25,28	25 53	25,79	26,05	26,31	26,58	26,84
3,3	27,11	27,39	27,66	27,94	28,22	28,50	28,79	29,08	29,37	29,67
3,4	29,96	30,27	30,57	30,88	31,19	31,50	31,82	32,14	32,46	32,79
3,5	33,12	33,45	33,78	34,12	34,47	34,81	35,16	35,52	35,87	36,23
3,6	36,60	36,97	37,34	37,71	38,09	38,47	38,86	39,25	39,65	40,04
3,7	40,45	40,85	41,26	41,68	42,10	42,52	42,95	43,38	43,82	44,26

n	0	1	2	3	4	5	6	7	8	9
3,8	44,70	45,15	45,60	46,06	46,53	46,99	47,47	47,94	48,42	48,91
3,9	49,40	49,90	50,40	50,91	51,42	51,94	52,46	52,98	53,52	54,05
4,0	54,60	55,15	55,70	56,26	56,83	57,40	57,97	58,56	59,15	59,74
4,1	60,34	60,95	61,56	62,18	62,80	63,43	64,07	64,72	65,37	66,02
4,2	66,69	67,36	68,03	68,72	69,41	70,11	70,81	71,52	72,24	72,97
4,3	73,70	74,44	75,19	75,94	76,71	77,48	78,26	79,04	79,84	80,64
4,4	81,45	82,27	83,10	83,93	84,77	85,63	86,49	87,36	88,23	89,12
4,5	90,02	90,92	91,84	92,76	93,69	94,63	95,58	96,54	97,51	98,49
4,6	99,48	100,5	101,5	102,5	103,5	104,6	105,6	106,7	107,8	108,9
4,7	109,9	111,1	112,2	113,3	114,4	115,6	116,7	117,9	119,1	120,3
4,8	121,5	122,7	124,0	125,2	126,5	127,7	129,0	130,3	131,6	133,0
4,9	134,3	135,6	137,0	138,4	139,8	141,2	142,6	144,0	145,5	146,9
5,0	148,4	149,9	151,4	152,9	154,5	156,0	157,6	159,2	160,8	162,4
5,1	164,0	165,7	167,3	169,0	170,7	172,4	174,2	175,9	177,7	179,5
5,2	181,3	183,1	184,9	186,8	188,7	190,6	192,5	194,4	196,4	198,3
5,3	200,3	202,4	204,4	206,4	208,5	210,6	212,7	214,9	217,0	219,2
5,4	221,4	223,6	225,9	228,1	230,4	232,8	235,1	237,5	239,8	242,3
5,5	244,7	247,2	249,6	252,1	254,7	257,2	259,8	262,4	265,1	267,7
5,6	270,4	273,1	275,9	278,7	281,5	284,3	287,1	290,0	292,9	295,9
5,7	298,9	301,9	304,9	308,0	311,1	314,2	317,3	320,5	323,8	327,0
5,8	330,3	333,6	337,0	340,4	343,8	347,2	350,7	354,2	357,8	361,4
5,9	365,0	368,7	372,4	376,2	379,4	383,8	387,6	391,5	395,4	399,4
6,0	403,4	407,5	411,6	415,7	419,9	424,1	428,4	432,7	437,0	441,4
6	403,4	445,9	492,7	544,6	601,8	665,1	735,1	812,4	897,8	992,3
7	1097	1212	1339	1480	1636	1808	1998	2208	2441	2697
8	2981	3294	3641	4024	4447	4915	5432	6003	6634	7332
9 $\times 10^8$	8,103	8,955	9,897	10,94	12,09	13,36	14,76	16,32	18,03	19,93
10 $\times 10^8$	22,03	24,34	26,90	29,73	32,86	36,31	40,13	44,35	49,02	54,17
11 $\times 10^8$	59,87	66,17	73,13	80,82	89,32	98,71	109,1	120,6	133,2	147,3
12 $\times 10^8$	162,8	179,9	198,8	219,7	242,8	268,3	296,5	327,7	362,2	400,3
13 $\times 10^6$	0,4424	0,4889	0,5404	0,5972	0,6600	0,7294	0,8061	0,8909	0,9846	1,089
14 $\times 10^6$	1,203	1,329	1,469	1,623	1,794	1,983	2,191	2,422	2,676	2,958
15 $\times 10^6$	3,269	3,613	3,993	4,413	4,877	5,390	5,956	6,583	7,275	8,040
16 $\times 10^6$	8,886	9,820	10,85	11,99	13,26	14,65	16,19	17,89	19,78	21,86
17 $\times 10^6$	24,15	26,69	29,50	32,60	36,03	39,82	44,01	48,64	53,76	59,41
18 $\times 10^6$	65,66	72,56	80,20	88,63	97,95	108,3	119,6	132,2	146,1	161,5
19 $\times 10^6$	178,5	197,2	218,0	240,9	266,3	294,3	325,2	359,4	397,2	439,0
	485,2	536,2	592,6	654,9	723,8	799,9	884,0	977,0	1080	1193

einzuführen und entsprechend in regelmäßigen Abständen Verstärker
einzubauen. Durch das Herabsetzen der Spuleninduktivität ergaben
sich immer höhere Grenzfrequenzen, so daß leicht pupinisierte Kabelleitungen auch mit Trägerfrequenzverbindungen oberhalb des Sprachbandes belegt werden können.

Für die verschiedenen Verwendungszwecke wurden bestimmte
„Pupinisierungssysteme" festgelegt und damit eine Vereinheitlichung für
den Bau von Pupinkabelleitungen herbeigeführt.

1. Verzerrung bei der Telegrafie.

Nach einer Festlegung des CCIT wird zur Beurteilung der Güte einer
Übertragungseinrichtung für Telegrafierimpulse der „Verzerrungsgrad" δ
angegeben.

$$\delta = \frac{t_{max} - t_{min}}{\tau_0}.$$

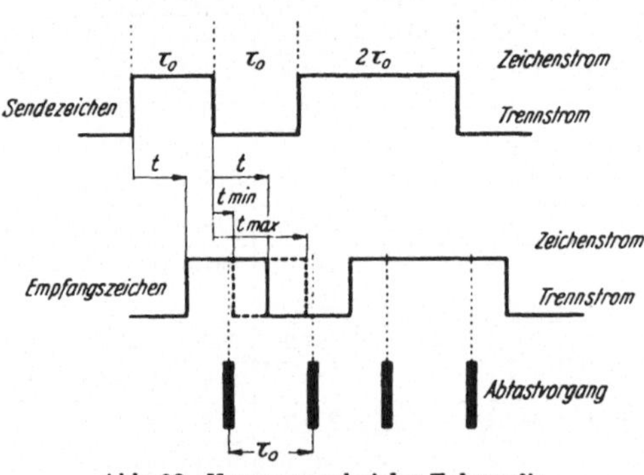

Abb. 92. Verzerrung bei der Telegrafie.

Dabei bedeutet t die Verschiebung der Schritteinsätze
des Empfangszeichens gegenüber der von einem Impulsgeber gegebenen Schritt-
gruppe (Abb. 92); sie wird als
„Wiedergabeverzögerung"
bezeichnet. Sie gibt die Zeit
an, die für die Übertragung
eines Zeichens vom Sender zum Empfänger nötig ist und setzt sich
aus der Laufzeit über die Leitung und den Anzug- und Abfallverzöge-
rungen der Relais zusammen. Die Wiedergabeverzögerung ist nicht konstant, sie schwankt zwischen den Werten t_{max} und t_{min}. Dabei stellt
τ_0 den Schritt dar (Anhang h).

Der Verzerrungsgrad kann auch zur Beurteilung der Güte der Übertragung anderer Impulse verwendet werden, zum Beispiel der Wahlimpulse in Fernsprechanlagen oder der Impulse in Fernmeßanlagen.

Schrifttumsverzeichnis.

[1] BARSTOW, J. M.: Carrier Telephones for farms. Bell Labor. Rec. Bd. 25, H. 10 (1947) S. 363—366.

[2] BARTELS, H.: Grundlagen der Verstärkertechnik. 3. Aufl. Leipzig: Hirzel 1949.

[3] CHEEK, R. C.: Ein Vergleich von Amplitudenmodulation, Frequenzmodulation und Einseitenbandsystem für Kraftlinien-Trägerstromübertragung (Referat). Frequenz Bd. 2, H. 9 (1948) S. 253—254.

[4] HERRMANN, J. u. J. ERBEN: Einseitenbandverfahren oder Frequenzmodulation in der EW-Telefonie? Frequenz Bd. 3, H. 12 (1949) S. 341—348.

[5] FRANKE, D.: Hochfrequenz-12fach-Übertragung auf Hochspannungsleitungen. ETZ 70, H. 10/11 (1949) S. 321—328.

[6] GOETSCH, H.: Taschenbuch für Fernmeldetechniker. Hrsg. v. A. OTT. 11. Aufl., T. 1 u. 2. München: Leibniz-Verlag 1948—50.

[7] GOLDSTEIN, A.: Hochfrequenzübertragung längs Hochspannungsleitungen. Brown Boveri Mitt. Bd. 35, H. 9/10 (1948) S. 266—275.

[8] HÄSSLER, G.: Frequenzmodulation für drahtgebundene Übertragung. FTZ Bd. 3, H. 12 (1950) S. 445—454.

[9] HENKLER, O.: Anwendung der Modulation beim Trägerfrequenzfernsprechen auf Leitungen. Leipzig: Hirzel 1948.

[10] HENKLER, O., u. R. OTTO: Modulation. Veröff. Geb. Nachr. Techn. Bd. 11, F. 1 (1941) S. 49—60.

[11] HENNING, W.: Die Fernbedienungstechnik im Dienste der Elektrizitätsversorgung. München: Oldenbourg 1950.

[12] KADEN, H.: Über den Verlustwiderstand von Hochfrequenzleitern. Arch. Elektrotechn. Bd. 28, H. 12 (1934) S. 818—825.

[13] KADEN, H., u. K. BRÜCKERSTEINKUHL: Die Ableitungsverluste von Freileitungen bei Rauhreif. ETZ Bd. 55, H. 47 (1934) S. 1146—1148.

[14] KENEFAKE, F. W.: Frequenzmodulation für Trägerstrombetrieb über Hochspannungsleitungen (Referat). Frequenz Bd. 2, H. 8 (1948) S. 219—220.

[15] KOSKE, B.: Prüfung der Isolation von Hochspannungsfreileitungen und Schaltanlagen im Betrieb. 3. Aufl. Essen: Girardet 1951.

[16] LATREILLE, A., u. M. ZWEGUINTZOW: Télécommunications à haute fréquence. Rev. Gén. Electr. Bd. 58, H. 9 (1949) S. 349—356.

[17] LOEBNER, F.: Die Eindringtiefe von Hochfrequenzströmen und Magnetflüssen in Starkstromleitern. Veröff. Geb. Nachr. Techn. Bd. 3, F. 3 (1933) S. 253—262.

[18] LUTSCH, A.: Beitrag zur Frage der Anwendbarkeit des Einseitenbandverfahrens für frequenzmodulierte Schwingungen. FTZ Bd. 2, H. 11 (1949) S. 347—351.

[19] ZUR MEGEDE, W.: Fortleitung elektrischer Energie längs Leitungen in Starkstrom- und Fernmeldetechnik. Berlin/Göttingen/Heidelberg: Springer-Verlag 1950.

[20] MOEBES, R.: EW-Fernmeldeanlagen als Ursache von Rundfunkstörungen. Telegr. Prax. Bd. 18, H. 10 (1938) S. 153—154.

[21] MOEBES, R.: Gegenseitige Beeinflussung von drahtgebundenen und drahtlosen Funkdiensten. ETZ Bd. 63, H. 9/10 (1942) S. 113—116.

[22] PUNGS, L.: Die Modulation und die neuere Entwicklung der Modulationsverfahren in der drahtlosen Telephonie. ETZ Bd. 69, H. 3, S. 89—96 u. H. 5 (1948) S. 161—170.

[23] Quervain, A. de: Leitungsgerichtete Hochfrequenzverbindungen im Dienste der Energieversorgung und -verteilung. Brown Boveri Mitt. Bd. 35, H. 3/4 (1948) S. 116—119.

[24] RODHE, S.: New Carrier Frequency Systems for Telephony and Remote Metering and Control on Power Lines. Ericsson Rev. H. 1 (1946) S. 2—34.

[25] STEVENS, R. F.: Microwaves Supplement Present Channels. Electr. Wld., N. Y. Bd. 131, H. 1 (1949) S. 39—42.

[26] VENZKE, W. P.: Fernbedienungsanlagen im Energieversorgungsbetrieb. Essen: Girardet 1950.

[27] WALLOT, J.: Einführung in die Theorie der Schwachstromtechnik. 5. Aufl. Berlin/Göttingen/Heidelberg: Springer 1949.

[28] VILBIG, FR.: Lehrbuch der Hochfrequenztechnik. 4. Aufl. Nachdr., Bd. 1 u. 2. Leipzig: Akadem. Verlagsges. 1945.